Erweiterte Deformationsmodelle
und Versagenskriterien
der Werkstoffmechanik

Holm Altenbach · Johannes Altenbach · Alexander Zolochevsky

Erweiterte Deformationsmodelle und Versagenskriterien der Werkstoffmechanik

39 Abbildungen und 24 Tabellen

 Deutscher Verlag für Grundstoffindustrie Stuttgart 1995

Prof. Dr.-Ing. habil. Holm Altenbach
Institut für Werkstofftechnik und -prüfung
Otto-von-Guericke-Universität Magdeburg
Postfach 4120
D-39016 Magdeburg

Prof. Dr.-Ing. habil. Dr.h.c. Johannes Altenbach
Förderstedter Str. 28
D-39112 Magdeburg

Doz. Dr. techn. Wiss. Alexander Zolochevsky
ul. Eidemana 15/104
UKR-310118 Kharkov

Die Deutsche Bibliothek - CIP-Einheitsaufnahme

Altenbach, Holm:
Erweiterte Deformationsmodelle und Versagenskriterien der
Werkstoffmechanik: 24 Tabellen / Holm Altenbach; Johannes
Altenbach; Alexander Zolochevsky. - Leipzig; Stuttgart:
Dt. Verl. für Grundstoffindustrie, 1995
    ISBN 3-342-00674-9
NE: Altenbach, Johannes:; Zolochevskyj, Aleksandr:

Das Werk, einschließlich aller seiner Teile, ist urheberrechtlich geschützt. Jede Verwertung ist ohne Zustimmung des Verlages außerhalb der engen Grenzen des Urheberrechtsgesetzes unzulässig und strafbar. Das gilt insbesondere für Vervielfältigungen, Übersetzungen, Mikroverfilmungen und die Einspeicherung und Verarbeitung in elektronischen Systemen.

© 1995 Deutscher Verlag für Grundstoffindustrie, P.O.Box 30 03 66, D-70443 Stuttgart
Printed in Germany
Druck: Gruner Druck GmbH, D-91058 Erlangen

Vorwort

Die Palette der Konstruktionswerkstoffe, auf die der Ingenieur in den unterschiedlichsten Bereichen der Technik zurückgreifen kann, hat sich in den letzten Jahren ständig erweitert. Die klassischen Modelle des Materialverhaltens und die daraus folgenden Aussagen über die Deformation und über das Versagen eines Werkstoffes erfassen das Verhalten neuer Werkstoffe oft nur in grober Näherung.

Der verstärkte Einsatz von Nichteisenmetallen, von Gußwerkstoffen, von Polymer- und Verbundwerkstoffen, von keramischen Werkstoffen, aber auch von Geomaterialien erfordern eine Erweiterung der klassischen Modelle des phänomenologischen Werkstoffverhaltens und der Bewertungskonzepte des Grenzverhaltens für den Entwurf sowie für den Nachweis ausreichender Festigkeit und Steifigkeit einer Konstruktion. Die Analyse möglicher Versagenszustände hat dabei eine zentrale Bedeutung.

Für ausgewählte neue Werkstoffe haben die sogenannten Effekte höherer Ordnung häufig einen nicht zu vernachlässigenden Einfluß auf das elastische oder inelastische Deformations- und Grenzverhalten. Besonders deutlich zeigen sich diese Effekte höherer Ordnung, wie das unterschiedliche Verhalten bei Zug und Druck oder das unabhängige Verhalten bei Zug und Torsion, der Einfluß des hydrostatischen Druckes, die Kompressibilität sowie der POYNTING-SWIFT-Effekt, beim Kriechen und bei der phänomenologischen Bewertung von Versagenszuständen isotroper und anisotroper Werkstoffe. Ähnliche Erscheinungen werden jedoch auch bei rein-elastischen Deformationsprozessen beobachtet. Die klassischen Konzepte der Formulierung von Konstitutivgleichungen und von Versagenszuständen müssen daher systematisch erweitert werden. Da die Werkstoffanisotropie die Ableitung verallgemeinerter Konstitutivgleichungen und Versagenshypothesen sehr aufwendig macht, werden im Rahmen dieses Buches die Erweiterungen der klassischen Theorie im wesentlichen für isotrope Werkstoffe dargestellt. Bezüglich der Terminologie zur Bezeichnung der aufgelisteten Effekte existiert derzeit in der Fachliteratur keine einheitliche Auffassung. Der im englischsprachigen Raum gebräuchliche Begriff second-order-effects umfaßt nicht alle Erscheinungen.

Das vorliegende Buch will in möglichst einfacher und verständlicher Weise in die genannte Thematik einführen. Die Beschränkung auf phänomenologische Modelle ergibt sich aus der Zielstellung, für die Ingenieurpraxis handhabbare Aussagen und Methoden abzuleiten. Daher werden auch bestimmte, für die Praxis durchaus bedeutsame Fälle bewußt aus der Betrachtung ausgeschlossen. Dazu gehört u.a. die Berücksichtigung großer Verzerrungen. Die wesentlichen Erweiterungen der klassischen Modelle des Werkstoffverhaltens werden bereits für geometrisch lineare Verzerrungen deutlich und die Ableitungen bleiben übersichtlicher. Eine weitere Einschränkung betrifft die Belastungen. Hier wird in nahezu allen Fällen monotone Belastung vorausgesetzt. Für Entlastungsbereiche können derzeit kaum Aussagen getroffen werden, da systematische experimentelle Untersuchungen fehlen. Aufgrund der prinzipiellen Bedeutung derartiger Lastfälle für den Maschinenbau ist es jedoch notwendig, zukünftige Forschungsarbeiten in diese Richtung zu lenken.

Das Buch gliedert sich in insgesamt 7 Kapitel. Die im einleitenden Kapitel beschriebenen experimentellen Ergebnisse, die durch zahlreiche Literaturangaben belegt werden, verdeutlichen den Einfluß von Effekten höherer Ordnung auf das Deformationsverhalten und das Versagen ausgewählter Werkstoffe. Diese Ergebnisse der Werkstoffprüfung gaben die

Motivation für die Ausarbeitung eines erweiterten theoretischen Konzepts der Werkstoffmodellierung, das die experimentellen Aussagen besser erfassen kann als die klassischen Deformations- und Versagensmodelle, diese aber mit einschließt. Die mathematischen und mechanischen Grundlagen der phänomenologischen Beschreibung des Werkstoffverhaltens unter Berücksichtigung von Effekten höherer Ordnung werden im Kapitel 2 dargelegt. Dabei erfolgt hier und in den weiteren Kapiteln eine Beschränkung auf isotherme Prozesse sowie kleine Verzerrungen. Die Kapitel 3 und 4 bilden den Schwerpunkt des Buches. Es werden unterschiedliche Modelle des Deformationsverhaltens isotroper Werkstoffe unter Einschluß von Effekten höherer Ordnung (Kapitel 3) sowie isotrope Modelle des Grenzverhaltens für statische monotone Belastung und für periodische Beanspruchungen bei Beschränkung auf Niedriglastspielzahl-Ermüdung (low-cycle fatigue) sowie die Kopplung von Kriechen und Ermüdungsschädigung (Kapitel 4) behandelt. Kapitel 5 zeigt die Einbeziehung der Werkstoffanisotropie. Alle Werkstoffmodelle unterscheiden sich von den klassischen Modellen, deren Deformationsverhalten besonders im isotropen Fall durch sehr wenige Werkstoffkennwerte ausreichend genau beschrieben werden kann, deutlich in der Anzahl der experimentell zu ermittelnden Kennwerte. Im 6. Kapitel werden ausgewählte Anwendungsbeispiele analysiert. Diese lassen im bestimmten Maße Aussagen über die Güte der abgeleiteten, im allgemeinen Fall tensoriell-nichtlinearen, Konstitutivgleichungen zu. Der erreichte Stand bei der Aufstellung phänomenologischer Modelle des Werkstoffverhaltens wird in einer Zusammenfassung noch einmal übersichtlich beschrieben, und es wird ein Ausblick auf notwendige Weiterentwicklungen gegeben.

Der Hauptteil des Buches umfaßt somit die systematische Ableitung und ausführliche Diskussion von Werkstoffmodellen unter Berücksichtigung der Effekte höherer Ordnung sowie die notwendigen Erweiterungen und Verallgemeinerungen der Versagensmodelle. Da die Modellgleichungen von einer größeren Anzahl von Parametern abhängen, werden auch die experimentellen Anforderungen einschließlich der Fragen der Parameteridentifikation diskutiert. Bei der Ableitung der Modellgleichungen wird die für die klassischen Werkstoffmodelle gewählte Gliederung beibehalten, für die Versagensmodelle gelten analoge Aussagen.

Das Buch richtet sich an Studenten konstruktiver und ingenieurtheoretischer Studienrichtungen des Maschinenbaus und des Bauingenieurwesens sowie an Studenten werkstoffwissenschaftlicher Fachbereiche. Es will auch den auf diesem Gebiet tätigen Lehrkräften Anregungen für einführende Vorlesungen in dieses Spezialgebiet der Werkstoffmechanik geben.

Das Buch entstand im Rahmen einer langjährigen wissenschaftlichen Zusammenarbeit zwischen der Otto-von-Guericke-Universität Magdeburg und der Staatlichen Polytechnischen Universität Kharkov (Ukraine). Diese Zusammenarbeit wurde in besonderem Maße durch die Alexander von Humboldt-Stiftung und den Deutschen Akademischen Austauschdienst (DAAD) gefördert. Ohne die Gewährung eines Humboldt-Stipendiums für Alexander Zolochevsky und eines Krupp-Integrationsstipendiums für Holm Altenbach sowie die Förderung gegenseitiger Arbeitsaufenthalte einschließlich einer Gastprofessur (Holm Altenbach) durch den DAAD wäre die Zusammenfassung gemeinsamer Forschungsergebnisse in Buchform nicht möglich gewesen. Eine Hilfe für den Abschluß der Forschungsarbeiten in Buchform war auch die Förderung der wissenschaftlichen Kontakte (Johannes Altenbach) zur Staatlichen Polytechnischen Universität Kharkov durch das Kultusministerium des Landes Sachsen-Anhalt. Die Autoren bedanken sich bei den Professoren W. Brocks (Institut für Werkstoffmechanik der Fraunhofer-Gesellschaft, Freiburg) und K.-H. Schwalbe (Institut für Werkstofforschung, GKSS Geesthacht) für die kritische Begutachtung des Buches sowie bei Herrn M. Spencker vom Deutschen Verlag für Grundstoffindustrie für die Unterstützung des Buchprojektes.

H. ALTENBACH, J. ALTENBACH, A. ZOLOCHEVSKY

Inhaltsverzeichnis

1	**Einleitung**	**9**
1.1	Experimentelle Motivation	9
1.1.1	Werkstoffversuche zur Identifikation der mechanischen Eigenschaften bei kleinen Verzerrungen	10
1.1.2	Belastungsabhängiges elastisches Werkstoffverhalten	13
1.1.3	Erweiterte Effekte der Plastizität	16
1.1.4	Werkstoffkriechen in Abhängigkeit von der Beanspruchungsart	20
1.1.5	Erweiterungen klassischer Versagenskriterien	26
1.1.6	Niederzyklische Ermüdung unter Berücksichtigung erweiterter Effekte	28
1.2	Materialtheoretische Motivation	29
1.3	Klassische und erweiterte Werkstoffmodelle	31
2	**Mathematische Beschreibung des Werkstoffverhaltens**	**33**
2.1	Klassifikation der Werkstoffmodelle	33
2.2	Elemente der Tensorrechnung	34
2.3	Modelle des Deformationsverhaltens auf der Basis von Potentialformulierungen	45
2.4	Versagensmodelle im Rahmen von Grenzflächenkonzepten	55
3	**Isotrope Deformationsmodelle unter statischer Belastung**	**58**
3.1	Einheitliche Darstellung von Modellen des Deformationsverhaltens unter Berücksichtigung von Effekten höherer Ordnung	58
3.2	Elastizität	64
3.2.1	Konstitutivgleichung	64
3.2.2	Grundversuche	65
3.2.3	Sonderfall: 3-Parameter-Modell	69
3.3	Plastizität	72
3.3.1	Konstitutivgleichung	72
3.3.2	Grundversuche	75
3.3.3	Sonderfälle	77
3.4	Kriechen	79
3.4.1	Konstitutivgleichung	80
3.4.2	Grundversuche	82
3.4.3	Sonderfälle	84
4	**Isotrope Modelle des Grenzverhaltens**	**87**
4.1	Grenzverhalten bei statischer Belastung	87
4.1.1	Formulierung eines verallgemeinerten Versagenskriteriums	88
4.1.2	Grundversuche	90
4.1.3	Sonderfälle des 6-Parameter-Kriteriums	93
4.2	Berücksichtigung von Werkstoffschädigung	104
4.2.1	Kopplung von Kriechprozessen und Schädigungsakkumulation	104
4.2.2	Konstitutiv- und Evolutionsgleichungen	105
4.2.3	Grundversuche	107
4.2.4	Sonderfälle	109

4.3	Zyklische Beanspruchungen	111
4.3.1	Formulierung eines verallgemeinerten Ermüdungsfestigkeitskriteriums	112
4.3.2	Grundversuche	113
4.3.3	Sonderfälle	114
4.4	Kopplung von zyklenabhängigem Kriechen und Niedriglastspielzahl-Ermüdung	117
4.4.1	Kontinuumsschädigungsmechanisches Modell	118
4.4.2	Grundversuche	118
4.4.3	Sonderfälle	119

5 Einbeziehung der Werkstoffanisotropie — 121

5.1	Einheitliche Darstellung anisotroper Modellgleichungen	121
5.2	Sonderfälle der Anisotropie	123
5.3	Anisotropes Kriechen und Schädigung	124
5.4	Anisotrope Grundmodelle mit einer reduzierten Parameterzahl	125
5.4.1	Elastisches Modell	125
5.4.2	Plastisches Modell	128
5.4.3	Kriechmodell	130

6 Ausgewählte Anwendungen erweiterter Modelle — 132

6.1	Elastisches Werkstoffverhalten	132
6.1.1	Isotrope Elastizität	132
6.1.2	Orthotrope Elastizität	134
6.2	Elastisch-plastisches Werkstoffverhalten	135
6.2.1	Isotropes Werkstoffverhalten	135
6.2.2	Orthotropes Werkstoffverhalten	137
6.3	Werkstoffkriechen	140
6.3.1	2-Parameter-Modell für isotropes Kriechen	140
6.3.2	3-Parameter-Modelle für isotropes Kriechen	142
6.3.3	Orthotropes Kriechen	144
6.4	Kriechen mit Schädigung	145
6.5	Festigkeitskriterien	147
6.6	Zyklische Beanspruchungen	152

7 Zusammenfassung und Ausblick — 155

Literaturverzeichnis — 157

Stichwortverzeichnis — 169

1 Einleitung

Im einleitenden Kapitel werden zunächst einige experimentelle Befunde zum elastischen und zum inelastischen Werkstoffverhalten vorgestellt, die sich insgesamt als Effekte eines von der Belastungsart abhängigen Werkstoffverhaltens deuten lassen. Solche Effekte treten insbesondere bei Werkstoffen auf, die im Hochtechnologiebereich, z.B. die Luft- und Raumfahrt, der Energiemaschinenbau und die Mikroelektronik, bzw. bei extremen Beanspruchungsbedingungen eingesetzt werden. Die experimentell nachgewiesenen Effekte müssen sich auch in den phänomenlogischen Modellgleichungen zur Beschreibung des Werkstoffverhaltens widerspiegeln. Daher wird im Anschluß an die Darlegung der experimentellen Befunde in knapper Form auf die Entwicklung von Modellen zur Beschreibung des Werkstoffverhaltens eingegangen. Den Abschluß des Kapitels bildet die Definition der im Buch betrachteten Werkstoffmodellklasse. Die Ausführungen zu den werkstoffmechanischen Grundlagen können entprechend [5, 18] vertieft werden.

Zahlreiche experimentelle Daten wurden der angegebenen russischsprachigen Fachliteratur entnommen. Die experimentellen Untersuchungen beziehen sich vorrangig auf neue Werkstoffe der Hochtechnologie. Die in den Arbeiten verwendeten Werkstoffbezeichnungen lassen nicht immer eine genauere Identifikation der Werkstoffzusammensetzungen zu. Es wurden daher die angeführten Werkstoffbezeichnungen beibehalten.

1.1 Experimentelle Motivation

Experimentelle Untersuchungen zum elastischen und zum inelastischen Werkstoffverhalten bestimmter künstlicher und natürlicher Werkstoffe (hierzu gehören u.a. einige hochreine Metalle, Leichtmetallegierungen, Polymer- und Kompositwerkstoffe sowie Böden, Sandstein und Eis) lassen den Schluß zu, daß die traditionellen Vorstellungen zum Werkstoffverhalten nicht immer ihre Berechtigung haben. Zu diesen traditionellen Vorstellungen gehört identisches Verhalten des Werkstoffs bei Zug- und Druckbeanspruchung, Vernachlässigung des Einflusses des hydrostatischen Drucks auf das plastische Fließen bzw. Kriechen u.a.m. Folglich stellen unterschiedliches Verhalten bei Zug und Druck , der Einfluß des hydrostatischen Drucks auf plastisches Fließen bzw. Kriechen, inelastische Dilatation, das Auftreten von Dehnungen und Dilatation bei reiner Torsion (POYNTING-Effekt bzw. KELVIN Effekt) nichttraditionelle Effekte des Werkstoffverhaltens dar. Die entsprechenden Beispiele werden in der Fachliteratur mit unterschiedlicher Intensität, jedoch teilweise äußerst kontrovers diskutiert. Dies beginnt mit der Frage nach der realen Existenz derartiger Effekte bzw. ob diese Effekte nur im Ergebnis ungenauer oder falscher Messungen auftreten. Daneben ist die Klassifikation dieser Effekte des Werkstoffverhaltens einschließlich der zugehörigen mechanischen Modelle in der Form geeigneter konstitutiver Gleichungen Gegenstand der wissenschaftlichen Diskussion. Offensichtlich treten die genannten Effekte in Abhängigkeit vom äußeren Beanspruchungszustand auf, d.h., die Werkstoffreaktionen und -eigenschaften können sich in Abhängigkeit von diesem deutlich ändern. Insgesamt kann man ein derartiges Verhalten als von der Belastungsart abhängig bezeichnen [179]. In [104, 119] wird dagegen dieses Werkstoffverhalten als vom Spannungszustand abhängiges Verhalten bezeichnet.

Die beschriebenen zusätzlichen Effekte lassen sich prinzipiell bei allen Werkstoffen mehr oder weniger vollständig nachweisen. Dabei spielt jedoch die Genauigkeit der Meßtechnik eine entscheidende Rolle. So läßt sich beispielsweise zeigen, daß das Spannung-Dehnungsdiagramm bei Zug und bei Druck sowohl bezüglich des Anstiegs, aber auch bezüglich des Kennwertes für den Übergang vom elastischen in den inelastischen Bereich Unterschiede aufweisen kann. Diese Unterschiede lassen sich aus physikalischer Sicht und aus der Analyse der realen Werkstoffstruktur begründen. Die reale Werkstoffstruktur ist u.a. durch Inhomogenitäten (Poren, Einschlüsse usw.) gekennzeichnet. Diese reagieren unterschiedlich auf Zug- und auf Druckbeanspruchung. Bei der überwiegenden Anzahl von Werkstoffen und Einsatzbedingungen sind diese Unterschiede nicht signifikant bzw. im Bereich der allgemeinen Meßgenauigkeit nicht nachweisbar. Für bestimmte Werkstoffe sind aber diese Unterschiede nicht zu vernachlässigen, wobei sich diese Aussage sowohl auf das Deformationsverhalten als auch auf das Grenzverhalten dieser Werkstoffe bezieht. Entsprechende Effekte der Abhängigkeit der Werkstoffkennwerte vom Beanspruchungszustand sind bei statischer und bei dynamischer Beanspruchung feststellbar. Sie sind bei skleronomem Werkstoffverhalten (Elastizität, Plastizität), aber auch bei rheonomem Werkstoffverhalten (Kriechen) nachweisbar. Derartige Effekte, die teilweise bereits seit 100 Jahren aus Versuchen bekannt sind, werden seit dieser Zeit zunehmend durch Zusatzterme in den konstitutiven Gleichungen berücksichtigt. Dabei entstanden die ersten Arbeiten offensichtlich auf dem Gebiet der Formulierung von Festigkeitshypothesen. Spätestens seit Anfang der 50er Jahre begann eine intensive Arbeitsperiode zur Entwicklung erweiterter konstitutiver Beziehungen. Da diese Arbeiten besonders durch experimentelle Befunde beeinflußt wurden, soll zunächst nachfolgend über ausgewählte Versuchsergebnisse berichtet werden.

1.1.1 Werkstoffversuche zur Identifikation der mechanischen Eigenschaften bei kleinen Verzerrungen

Das Verhalten von Werkstoffen läßt sich methodisch unterschiedlich beschreiben. Bei Beschränkung auf mechanische Effekte eignen sich zur Beschreibung insbesondere werkstoffmechanische Modelle sowie experimentelle Befunde der Werkstoffprüfung. Während innerhalb der Werkstoffmechanik mathematisch-mechanische Modelle (Konstitutiv- und Evolutionsgleichungen) begründet werden, ermöglicht die Werkstoffprüfung die Identifikation der entsprechenden Modellparameter durch geeignete Werkstoffkennwerte [5]. Zum besseren Verständnis der nachfolgenden Ausführungen sollen daher zunächst ausgewählte Werkstoffgrundversuche zur Ermittlung grundlegender mechanischer Eigenschaften erläutert werden.

In den Experimenten werden in der Regel Kräfte und Geometrieänderungen gemessen. Zur Beschreibung des Konstitutivverhaltens werden jedoch Spannungen und Verzerrungen benötigt. Damit ist eine Umrechnung der Kräfte in Spannungen und der Geometrieänderungen in Verzerrungsgrößen notwendig. Wichtige Voraussetzung dafür ist die Existenz von homogenen Spannung-Verzerrungszuständen im Prüfkörper bzw. in der Werkstoffprobe. Derartige Zustände lassen sich nur schwer realisieren, es kann aber vielfach von einer näherungsweisen Erfüllung ausgegangen werden. Dies setzt die Hypothese voraus, daß das Werkstoffverhalten durch Effekte unterschiedlicher Bedeutung oder Größenordnung beeinflußt werden kann [104]. Zunächst werden nur die sogenannten wesentlichen Haupteffekte beschrieben bzw. gemessen. Weniger bedeutsame Effekte werden im Vergleich zu den Haupteffekten vernachlässigt, jedoch werden sie nicht identisch Null angenommen. Zusammenfassend kann festgestellt werden, daß nur bestimmte Experimente zur Identifikation geeignet sind. Damit sind gleichzeitig die Möglichkeiten der experimentellen Bewertung bestimmter Effekte eingeschränkt.

Experimente lassen sich unterschiedlich klassifizieren. Wichtige Klassifikationsmerkmale sind die Anzahl der wesentlichen Koordinaten des Spannungs- und des Verzerrungstensors, der zeitliche Verlauf der Beanspruchung usw. [104]. Für die nachfolgende Diskussion der Experimente werden ausschließlich mechanische Effekte analysiert, Temperatureffekte, die gleichfalls wesentlich für die Bewertung des Werkstoffverhaltens sein können, werden vernachlässigt, d.h., es werden isotherme Zustände vorausgesetzt.

Der wichtigste Werkstoffversuch ist der Zugversuch bei statischer Belastung. Er gehört zu den Grundversuchen der mechanischen Werkstoffprüfung [43]. Unter der Voraussetzung kleiner Verzerrungen gilt

$$\sigma = \frac{F}{A}, \quad \varepsilon = \frac{\Delta l}{l_0} = \frac{l - l_0}{l_0}$$

Hierbei ist F die anliegende Kraft, A der aktuelle Probenquerschnitt, l, l_0 sind die aktuelle bzw. die Ausgangslänge der Probe (genauer des Meßbereiches). σ stellt dann die Zugspannung dar und ε ist die Dehnung in Richtung der angreifenden Belastung. Aufgrund der Voraussetzung, daß die Verzerrungen klein sind, wird angenommen, daß Querschnittsänderungen vernachlässigbar sind, d.h., der aktuelle Querschnitt A wird mit dem Ausgangsquerschnitt A_0 gleichgesetzt. Damit bewegt sich der Zugversuch im Rahmen des Nennspannungskonzepts. Dies bedeutet nicht, daß die Querschnittsänderung als identisch Null angenommen wird, sie stellt aber zunächst nur einen zweitrangigen Effekt dar. Ungeachtet dessen kann man die Querschnittsänderung messen und somit eine weitere Größe - die Querkontraktion (negative Querdehnung) ε_q - definieren

$$\varepsilon_q = \frac{\Delta d}{d_0} = \frac{d - d_0}{d_0}$$

Dabei ist d_0 der Durchmesser der Probe im Ausgangszustand (Rundprobe) und d der aktuelle Durchmesser. Da $d < d_0$ ist, stellt ε_q eine negative Größe dar. Zwischen ε_q und ε gibt es für elastisches Werkstoffverhalten einen Zusammenhang über die Querkontraktionszahl

$$\nu = -\frac{\varepsilon_q}{\varepsilon}$$

Aus Versuchen mit isotropen Werkstoffen ist bekannt, daß ν im Wertebereich von 0 bis 0,5 liegt. Folglich ist die Querdehnung dem Betrag nach tatsächlich kleiner als die Längsdehnung und die Zuordnung der Längsdehnung zu den Haupteffekte und der Querdehnung zu den Nebeneffekten scheint gerechtfertigt zu sein.

Für zahlreiche Werkstoffe ist der Zusammenhang zwischen σ und ε zunächst linear elastisch und dieser Bereich ist dadurch gekennzeichnet, daß keine bleibenden Dehnungen auftreten. Oberhalb der elastischen Grenze sind inelastische Effekte zu berücksichtigen. Die Grenze selbst ist für unterschiedliche Werkstoffe verschieden ausgeprägt. Der elastische Bereich kann auch nichtlineare Abschnitte aufweisen, was insbesondere auf bestimmte Nichteisenmetalle bzw. Kunststoffe sowie Elastomere zutrifft. Damit gilt allgemein für die reversiblen, elastischen Dehnungen

$$\varepsilon^{el} = \varepsilon^{el}_{linear} + \varepsilon^{el}_{nichtlinear},$$

wobei auch $\varepsilon^{el}_{linear} = 0$ möglich ist.

Als zweiten Grundversuch kann man den Druckversuch heranziehen. In diesem Fall lassen sich für zahlreiche Werkstoffe ähnliche Effekte wie im Zugversuch beobachten. Zu beachten ist, daß die Spannung $\sigma = -F/A$ eine Druckspannung ist und damit eine Verkürzung des Probekörpers eintritt. Folglich ist auch ε eine negative Größe. In Analogie zum Zugversuch läßt sich auch für den Druckversuch eine Querdehnung bestimmen. Da der Druckversuch insgesamt im Experiment schwer zu realisieren ist, wird allgemein auf die Ermittlung einer entsprechenden Querdehnung sowie einer darauf basieren Querkontraktionszahl verzichtet. Für zahlreiche Werkstoffe fällt der lineare Abschnitt des Spannung-Dehnungsdiagramms für den Zugversuch und den Druckversuch bei entsprechender Vernachlässigung des Vorzeichens vollständig zusammen. Auf davon abweichendes Verhalten wird in den nachfolgenden Abschnitten eingegangen.

Der dritte Grundversuch ist der Torsionsversuch. Dieser Versuch wird an dünnwandigen Hohlproben realisiert. Die Schubspannungen und die Gleitungen werden als die wesentlichen Größen angesehen. Es wird davon ausgegangen, daß die Spannungen homogen in Längsrichtung sowie konstant über den Querschnitt sind. Die Beanspruchung erfolgt durch ein Torsionsmoment M. Damit erhält man die Spannungen

$$\tau = \frac{M}{2\pi R^2 h}$$

R ist der mittlere Radius der Hohlprobe, h die Wandstärke. Aus dem Verdrehwinkel θ läßt sich die Gleitung γ wie folgt bestimmen

$$\gamma = \frac{R\theta}{l_0}$$

Für die meisten Werkstoffe beobachtet man bei entsprechender Umrechnung eine Übereinstimmung der $\sigma - \varepsilon$-Kurven mit den $\tau - \gamma$-Kurven, wobei diese Aussage für Zug und für Druck gleichermaßen getroffen werden kann. Auf davon abweichende experimentelle Ergebnisse wird in den weiteren Abschnitten speziell eingegangen.

Neben den genannten Grundversuchen wird vielfach noch der hydrostatische Druckversuch durchgeführt. Dieser Versuch wird für die Beurteilung des Einflusses der Kompressibilität von Werkstoffen benötigt. Während für inelastisches Werkstoffverhalten bei vielen praktisch wichtigen Werkstoffen von Inkompressibilität ausgegangen wird, kann für elastisches Werkstoffverhalten stets Kompressibilität beobachtet werden. Auf Werkstoffbeispiele mit inelastischer Kompressibilität wird später eingegangen. Im Versuch wird der Zusammenhang zwischen der Volumendeformation

$$e = \frac{\Delta V}{V_0} = \frac{V - V_0}{V_0}$$

mit V, V_0 als aktuellem bzw. Ausgangsvolumen und dem hydrostatischen Druck p aufgezeichnet. Dabei gilt

$$\varepsilon_{11} = \varepsilon_{22} = \varepsilon_{33} = \frac{e}{3}$$

mit $\varepsilon_{11}, \varepsilon_{22}, \varepsilon_{33}$ als Dehnungen in Richtung der Achsen 1, 2, 3 sowie

$$\sigma_{11} = \sigma_{22} = \sigma_{33} = -p$$

mit $\sigma_{11}, \sigma_{22}, \sigma_{33}$ als zugeordnete Normalspannungen. Die übrigen Koordinaten des Verzerrungs- bzw. Spannungstensors sind identisch Null. Da der Druck einer negativen Spannung entspricht, kann problemlos mit $e < 0$ gerechnet werden. Damit bleibt der einzige elastische Werkstoffkennwert (Kompressionsmodul K) in diesem Fall eine positive Größe. Versuche mit allseitigem Druck laufen in Druckkammern ab. Diese eignen sich auch für weitere kombinierte Versuche. Beispielsweise kann man den Zugversuch oder den Druckversuch in einer Druckkammer ablaufen lassen. Entsprechende Versuche werden für verallgemeinerte Deformations- und Versagensmodelle als Grundversuche verwendet (vgl. Kapitel 3 und 4). Daneben gibt es noch zahlreiche, andere Versuche für zusammengesetzte bzw. mehrachsige Beanspruchungen. Wichtige Beispiele sind mit dem Biaxialtest (Zug bzw. Druck in zwei zueinander orthogonalen Richtungen), Triaxialtest (Zug bzw. Druck in drei zueinander orthogonalen Richtungen) sowie Hohlproben unter Zug, Torsion und Innendruck gegeben. Damit lassen sich unterschiedliche mehrachsige Beanspruchungsregime fahren.

1.1.2 Belastungsabhängiges elastisches Werkstoffverhalten

Als erstes sollen experimentelle Ergebnisse zum belastungsabhängigen elastischen Werkstoffverhalten diskutiert werden. Traditionelles Werkstoffverhalten ist dadurch gekennzeichnet, daß der Elastizitätsmodul bei Zug und Druck gleich ist, d.h., das Spannung-Dehnungsdiagramm ist bei Vernachlässigung des Vorzeichens für Zug und Druck identisch. Dazu kommt, daß mit guter Näherung der Anfangsabschnitt des Spannung-Dehnungsdiagramms für Zug und Druck als linear angesehen werden kann.

Für Grauguß, Graphit, einige Polymere und Komposite ist die Analyse des elastischen Bereiches des Spannung-Dehnungsdiagramms nicht so einfach. Die Diagramme weisen bereits im Anfangsbereich deutliche Nichtlinearitäten auf bzw. der lineare elastische Bereich ist nur sehr klein. Damit tritt an die Stelle des Elastizitätsmoduls ein Tangentenmodul bzw. ein Sekantenmodul. Daraus folgen voneinander deutlich abweichende Resultate verschiedener Autoren für den Elastizitätsmodul in Abhängigkeit von der Art der Bestimmung des Moduls. Teilweise wird von identischen Werten bei Zug und Druck ausgegangen, in anderen Fällen werden wesentliche Unterschiede nachgewiesen. Bei unterschiedlichen Elastizitätsmoduln im Zugbereich und im Druckbereich kann dieser Unterschied das 2 bis 4fache betragen, für einige Werkstoffe liegt der Unterschied bei einer oder mehreren Zehnerpotenzen. Beispiele zum unterschiedlichen Verhalten bei Zug und bei Druck sind in der Literatur zahlreich angegeben:

- für metallische Werkstoffe in [63] (Grauguß),
- für Graphit, welches sich durch Sprödheit und Porosität auszeichnet, in [20, 120, 180],
- für Kunststoffe [75, 116, 174],
- für Komposite [66, 120, 169, 198],
- für Geomaterialien in [69] (Granit, Sandstein)

Die Monographie [19] faßt wichtige Aspekte des unterschiedlichen elastischen Verhaltens von Werkstoffen im Zug- und im Druckbereich zusammen. In [104] werden insbesondere zahlreiche experimentelle Befunde kommentiert.

Die Ermittlung des Elastizitätsmoduls ist mit bestimmten Schwierigkeiten verbunden. Genaue Analysen zeigen, daß der lineare Abschnitt für Werkstoffe bei Zug und bei Druck aus zwei quasilinearen Abschnitten besteht. Diese Eigenschaft ist in zahlreichen Versuchen mit Polymerwerkstoffen nachweisbar. Ein entsprechendes Beispiel ist auf Bild 1.1 dargestellt. Mit σ und ε werden nachfolgend die Spannung und die Dehnung im Zugversuch bezeich-

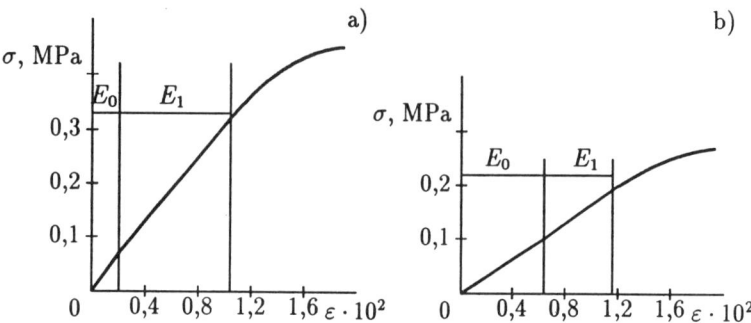

Bild 1.1 Spannung-Dehnungsdiagramme für Phenopolyurethan unterschiedlicher Dichte [133]: a) Druckbelastung ($\rho = 76$ kg/m^3), b) Zugbelastung ($\rho = 56$ kg/m^3)

net. Dabei ist zu beachten, daß für den Druckbereich $E_0 > E_1$ ist, dagegen gilt für den Zugbereich $E_0 < E_1$. Ausführliche Untersuchungen zeigten für das angegebene Beispiel, daß keine Energiedissipation auftrat, d.h., der betrachtete Werkstoff ist rein elastisch. Auf die Existenz von verschiedenen Elastizitätsmoduln wird auch von anderen Autoren hingewiesen (vgl. z.B. [25]).

Für die Modellierung, aber auch für das Verständnis des Werkstoffverhaltens ist die Abhängigkeit des Elastizitätsmoduls von der Dichte gleichfalls von Bedeutung. Entsprechende Beispiele sind auf Bild 1.2 dargestellt. Zu erkennen ist, daß E_0 bei Zug und bei

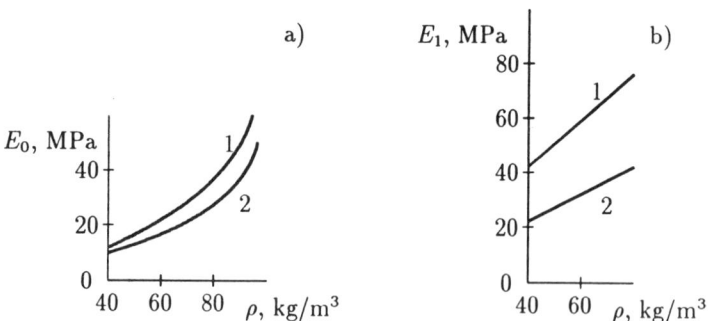

Bild 1.2 Abhängigkeit des Elastizitätsmoduls von der Dichte [133]: a) Phenopolyurethan, b) PVC (1 - Zug, 2 - Druck)

Druck nahezu identisch ist, während E_1 eine deutlichere Abhängigkeit von der Belastungsrichtung aufweist. Ähnliche Ergebnisse sind von Grauguß, organischem Glas, Polymerbeton, Phenopolystyrol usw. bekannt.

Für das elastische Verhalten ausgewählter Werkstoffe läßt sich somit feststellen, daß zwei Elastizitätsmoduln (E_0, E_1) nachweisbar sind. Damit steht die Frage nach der richtigen Auswahl des Elastizitätsmoduls. Zur Verfügung steht neben dem traditionellen Wert (Anstieg der Graden) bzw. dem Tangentenmodul auch der Sekantenmodul. Da die Ermittlung von E_0 jedoch schwierig und der entsprechende elastische Bereich oft vernachlässigbar klein ist, läßt sich eine besonders einfache Modellvariante unter ausschließlicher Berücksichtigung des Elastizitätsmoduls für den zweiten Abschnitt unter Beachtung der Abhängigkeit von der Beanspruchungsrichtung entwickeln. Damit wird der erste Abschnitt sowie jegliche Nichtlinearitäten im Anfangsbereich vernachlässigt.

Die bisherigen Beispiele bezogen sich auf isotropes Werkstoffverhalten. Ähnliche Effekte sind auch für anisotrope Werkstoffe nachweisbar. In den Tabellen 1.1 und 1.2 sind dazu Beispiele aus [66] für das unterschiedliche Zug-Druckverhalten von Fasergeweben angeführt. Diese bestehen aus sich rechtwinklig kreuzenden Fadensystemen (Kette und Schuß), die zu einer bidirektionalen Verstärkung führen [67].

Temperatur, K	Elastizitätsmodul, GPa			
	Zug		Druck	
	Kettrichtung	Schußrichtung	Kettrichtung	Schußrichtung
293	18,93	6,33	15,59	13,53
373	16,47	6,54	13,93	11,38
473	16,40	6,57	12,75	10,98
673	12,59	3,60	9,91	3,01

Tabelle 1.1 Elastizitätsmoduln für einen räumlich-verstärkten Komposit (Kohlenstofftextolit) in Kett- und Schußrichtung [66]

Temperatur, K	Elastizitätsmodul, GPa			
	Zug		Druck	
	Kettrichtung	Schußrichtung	Kettrichtung	Schußrichtung
293	20,28	10,61	15,75	15,75
373	19,38	9,75	15,45	14,86
473	18,06	9,50	4,56	13,87
573	15,61	4,60	8,02	4,06
673	17,12	3,92	9,41	4,26

Tabelle 1.2 Elastizitätsmoduln für einen räumlich-verstärkten Komposit (Kohlenstoffmetallplast) in Kett- und Schußrichtung [66]

Weitere Beispiele beanspruchungsabhängigen Werkstoffverhaltens sind aus der Literatur bekannt (z.B. [198]). Bei Torsionsversuchen kann man beispielsweise neben den den Schubspannungen zugeordneten Gleitungen auch axiale Dehnungen, d.h. Verlängerungen (POYNTING-Effekt), und Dilatation, d.h. Volumenzunahme (KELVIN-Effekt), feststellen [164]. Beide Effekte, die beispielsweise für lange Stahl- oder Kupferzylinder im Experiment nachgewiesen wurden, gehören zu den Effekten zweiter Ordnung, sie sind im allgemeinen von untergeordneter Bedeutung. Entsprechende konstitutive Gleichungen, die diese Effekte beschreiben, sind auch vom Standpunkt der Theorie interessant. Daher werden sie auch in zahlreichen Lehrbüchern und Monografien zur Elastizitätstheorie (vgl. u.a. [24, 123]) behandelt.

1.1.3 Erweiterte Effekte der Plastizität

Die klassische Plastizitätstheorie [60, 99] beschreibt isotropes plastisches Werkstoffverhalten, welches im allgemeinen in einachsigen Versuchen identifiziert wird. Zu den wichtigsten Aussagen gehören die Übereinstimmung der Spannung-Dehnungskurven bei Zug und Druck [57] sowie die Tatsache, daß das Verhältnis der Fließgrenze bei Zug σ_F und bei Torsion τ_F sich durch

$$\sigma_F = \sqrt{3}\tau_F$$

beschreiben läßt [97]. Daneben wird angenommen, daß der hydrostatische Druck keinen Einfluß auf das Fließen hat [54] und daß die Volumenänderungen voll reversibel, d.h. rein elastisch, sind. Damit ist der Tensor der plastischen Verzerrungen deviatorisch. Dies gilt für die Mehrzahl der heute eingesetzten technischen Werkstoffe. Generell kann man diese Aussagen jedoch nicht immer treffen, worüber in unterschiedlicher Weise in Arbeiten zur Auswertung experimenteller Befunde berichtet wird [58, 118, 182]. Insbesondere gilt dies für den elastisch-plastischen Übergangsbereich metallischer Werkstoffe, wofür in [127] auch eine metallphysikalische Begründung gegeben wird.

Ausführliche Untersuchen zeigen u.a., daß hochfeste Stähle mit martensitischer, bainitischer oder bestimmter ferritischer Struktur unterschiedliche Fließspannungen bei Zug und Druck aufweisen (vgl. z.B. [182]). Dieser Effekt wird auch als strength-differential-effect oder S-D-Effekt bezeichnet. Für die in [182] untersuchten Stähle AISI 4310 und 4330, deren chemische Zusammensetzung in Tabelle 1.3 angegeben ist, beträgt der Wert des S-D-Effekts

$$\text{S-D} = 2\frac{\sigma_{Druck} - \sigma_{Zug}}{\sigma_{Druck} + \sigma_{Zug}} \approx 6\%$$

Stahl	C	Mn	P	S	Si	Ni	Cr	Mo
4310	0,12	0,81	0,001	0,009	0,28	1,75	0,77	0,22
4330	0,34	0,80	0,001	0,010	0,26	1,80	0,85	0,24

Tabelle 1.3 Chemische Zusammensetzung der Stähle AISI 4310 und 4330 [182]

Ähnliche Aussagen werden für andere Stähle in [137, 163] getroffen, wobei der S-D-Wert teilweise geringer ausfällt. Auch in Zug- und Druckversuchen mit Gußeisen kann unterschiedlicher Fließbeginn nachgewiesen werden [118], wobei die Druckfließspannungen stets größer als die Zugfließspannungen sind. Gleichzeitig kann gezeigt werden, daß die Graphitausbildung im Gußeisen Einfluß auf das unterschiedliche Verhalten bei Zug und Druck hat.
Ungeachtet der Tatsache, daß der Unterschied in den Fließgrenzen relativ gering sein kann, ist zu beachten, daß deutliche Unterschiede in den Werten der bleibenden Verzerrungen auftreten. Auf den Bildern 1.3 a) und b) sind die wahren Spannung-Dehnungsdiagramme für die bereits erwähnten Stähle AISI 4310 und 4330 dargestellt. Beide Versuchskurven bestätigen die getroffene Aussage.
Für bestimmte Werkstoffe läßt sich gleichfalls zeigen, daß das Verhalten bei Zug nicht auf der Basis von reinen Torsionsexperimenten bzw. daß das Torsionsverhalten nicht mit Hilfe des Zugversuches beschrieben werden kann. Auf Bild 1.4 sind entsprechende Versuchsergebnisse für einen basischen Polyamidwerkstoff aus dem Institut für Technische Mechanik der bulgarischen Akademie der Wissenschaften dargestellt. Für Graphit-Werkstoffe gelten die

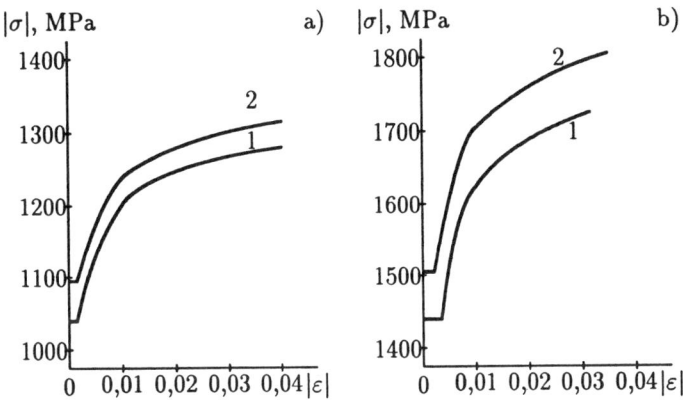

Bild 1.3 Wahre Spannung-Dehnungsdiagramme für die Stähle a) AISI 4310 und b) AISI 4330: (1) Zugversuch, (2) Druckversuch [182]

gleichen Aussagen. Dazu kommt, daß sich auch das Verhalten bei Zug und Druck unterscheidet. Entsprechende Versuchsergebnisse sind auf den Bildern 1.5 a) und b) dargestellt. Auf den Bildern 1.4 und 1.5 wurden mit $\sigma_{vM}, \varepsilon_{vM}$ die Vergleichsspannung bzw. die Vergleichsdehnung nach VON MISES bezeichnet. Diese Größen werden allgemein wie folgt berechnet

$$\sigma_{vM} = \sqrt{\tfrac{3}{2}s_{kl}s_{kl}}; \quad s_{kl} = \sigma_{kl} - \tfrac{1}{3}\sigma_{nn}\delta_{kl}$$
$$\varepsilon_{vM} = \sqrt{\tfrac{2}{3}e_{kl}e_{kl}}; \quad e_{kl} = \varepsilon_{kl} - \tfrac{1}{3}\varepsilon_{nn}\delta_{kl} \qquad \delta_{kl} = \begin{cases} 1 & k=l \\ 0 & k \neq l \end{cases}$$

$\sigma_{kl}, \varepsilon_{kl}$ sind die Koordinaten des Spannungstensors und des Verzerrungstensors und s_{kl}, e_{kl} die Koordinaten der entsprechenden Deviatoren. δ_{kl} stellt das KRONECKER-Symbol dar.
Zur Druckabhängigkeit des Fließverhaltens wurde in [182] ausgeführt, daß für die untersuchten Stahlsorten diese Abhängigkeit höher war als beispielsweise in [54] angegeben. Auf Bild 1.6 ist der Zusammenhang zwischen hydrostatischem Druck und der Volumendeformation dargestellt. Die entsprechenden Daten stammen aus einer in [104] zitierten Arbeit von BRIDGEMAN. Man kann dem Bild entnehmen, daß für Drücke in der Größenordnung der Fließgrenze bei Zug ein linearer Zusammenhang zwischen e und p existiert. Daraus

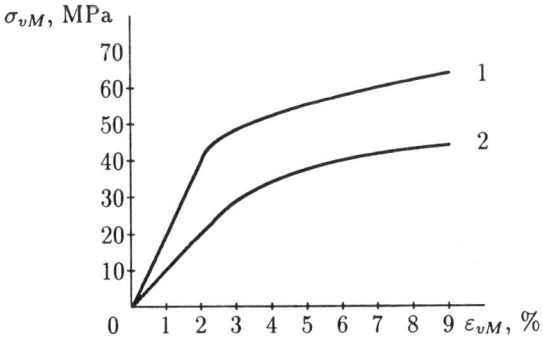

Bild 1.4 Ergebnisse zum Zugverhalten (1) und zum Torsionsverhalten (2) für Polyamid [104]

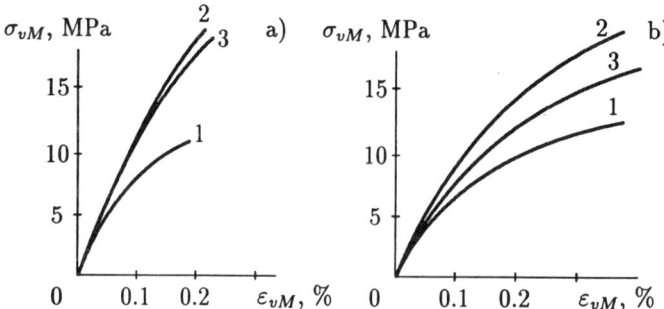

Bild 1.5 Experimentelle Ergebnisse zum Zugverhalten (1), zum Druckverhalten (2) und zum Torsionsverhalten (3) für verschiedene Graphit-Werkstoffe [26]: a) verformungsärmerer Graphit-Werkstoff, b) verformungsreicherer Graphit-Werkstoff

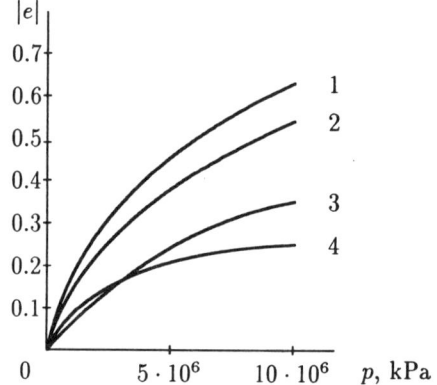

Bild 1.6 Volumendeformation in Abhängigkeit vom hydrostatischen Druck für ausgewählte Werkstoffe [104]: 1 - Rubidium, 2 - Kalium, 3 - Lithium, 4 - Eisen

folgt die plastische Inkompressibilität. Bei sehr hohen Drücken wird der Zusammenhang nichtlinear. Für granulare und geologische Materialien kann eine derartige Nichtlinearität auch im Bereich kleiner Deformationen beobachtet werden. Es kann gleichfalls nachgewiesen werden, daß die Streckgrenze und die Fließspannung stark vom hydrostatischen Druck abhängen. Diese Aussagen werden auch in [162] bestätigt. In [150] wird über den Einfluß hydrostatischen Drucks auf das plastische Fließen bestimmter reiner Metalle (Eisen mit einem Kohlenstoffgehalt von 0,002 %; 99,91 % reines Zink) berichtet.

Bei Torsionsversuchen, die im plastischen Bereich durchgeführt werden, können im Experiment neben plastischen Gleitungen auch Dehnungen beobachtet werden (SWIFT-Effekt). Dies wurde erstmalig bei Metallzylindern aus kaltverfestigtem Material im Experiment nachgewiesen [183]. Für diesen Werkstoff trat eine Verlängerung ein, während bei nichtkaltverfestigtem Material (z.B. Blei) eine Verkürzung zu beobachten war [164]. Weitere experimentelle Daten dazu sind beispielsweise in [70, 86] enthalten.

Ein weiterer Effekt ist mit dem Auftreten plastischer Dilatation verbunden. Die Dilatation, die wie folgt ausgedrückt werden kann

$$e = \frac{\Delta V}{V_0} = \varepsilon_{kk} = \boldsymbol{\varepsilon} \cdot\cdot \, \mathbf{I},$$

wird in den klassischen Vorstellungen über das Werkstoffverhalten vernachlässigt. Das dies nicht unbedingt gerechtfertigt ist, zeigen die Versuchsergebnisse mit gefülltem Polyethylen [65], die auf Bild 1.7 dargestellt sind. Wie zu erkennen ist, tritt bei Zug- und bei Druckbean-

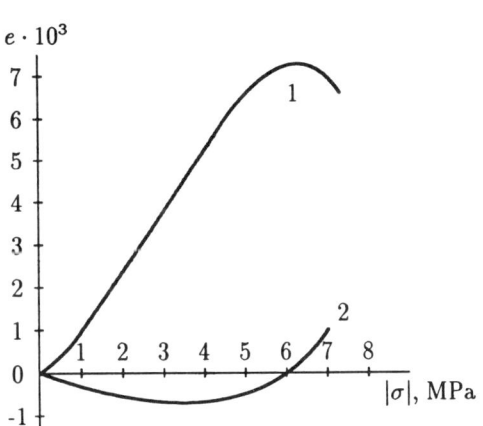

Bild 1.7 Volumendeformationen in Abhängigkeit von der anliegenden einachsigen Spannung (1 - Zug, 2 - Druck) für gefülltes Polyethylen geringer Dichte (20% Kreide) bei einer Temperatur von $T = 293$ K [65]

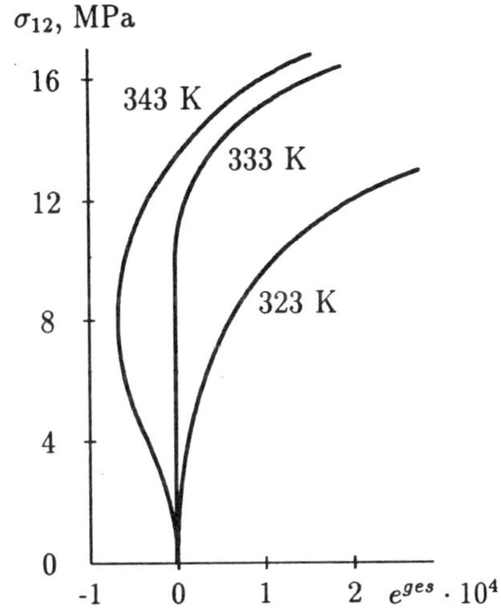

Bild 1.8 Einfluß reiner Torsionsbeanspruchungen auf die elastisch-plastische Volumendilatation e^{pl} bei Umgebungsdruck (Werkstoff - Polymethylmetacrylat)[75]

spruchung Volumenänderung auf, wobei diese einen elastischen und einen plastischen Anteil aufweist. Für Druck kann die Dilatation negativ, aber auch positiv sein. Der experimentelle Nachweis der plastischen Volumenänderung ist gleichbedeutend mit dem Abgehen von eine plastischen Querzahl [34] mit dem Wert 0,5. Zu plastischen Volumenänderungen bei Kunststoffen sind ausführliche Diskussionen in [174] zu finden. Bild 1.8 zeigt Volumenänderungen infolge von Torsionsbeanspruchungen. Es ist zu erkennen, daß die Volumenänderung dabei unterschiedliches Vorzeichen hat (bei gleichem Vorzeichen für die Beanspruchung).
Erweiterte plastische Effekte sind auch aus der Bodenmechanik bekannt. Experimentelle Untersuchungen, über die u.a. in [48] berichtet wird, zeigen, daß unterschiedliches Verhalten bei Zug und Druck sowie plastische Dilatation typisch sind. Beide Effekte sind im Experiment nachgewiesen. Eine der Ursachen für das Auftreten dieser Effekte liegt in der körnigen Struktur bestimmter Geomaterialien, worauf REYNOLDS bereits 1885 hingewiesen hat [164]. Eine monografische Zusammenfassung experimenteller Befunde zur Boden- und Gesteinsmechanik erfolgte in [62]. Damit im Zusammenhang steht die Forderung, derartige Effekte auch bei der Formulierung der Fließbedingung sowie der konstitutiven Beziehungen einzubeziehen.
Den Abschluß dieses Abschnittes bilden ausgewählte experimentelle Befunde für anisotropes elastisch-plastisches Werkstoffverhalten. Ein exemplarisches Beispiel ist mit einem glasfaserverstärkten Kompositwerkstoff, für den in [178] experimentelle Daten veröffentlicht wurden, gegeben. Die Darstellung ist im Falle anisotropen Werkstoffverhaltens nur für

die Hauptspannungen möglich. Auf den Bildern 1.9 bis 1.11 sind entsprechende Spannung-Dehnungsdiagramme für Zug, Druck und Torsion dargestellt. Die Werkstoffproben wurden unter verschiedenen Winkeln ($0°, 22.5°, 45°$) entnommen. Die Ziffern auf den Bildern 1.9 und 1.10 entsprechen der Längsdehnung (1) und der Querdehnung (2), auf Bild 1.11 entspricht (1) der Richtung der maximalen Hauptspannung und (2) der Richtung der minimalen Hauptspannung. Die Auswertung der Bilder läßt folgende Aussagen zu:

- Bei gleichem Spannungsniveau sind die Dehnungen bei Druckbeanspruchung dem Betrag nach kleiner als bei Zug.

- In Faserrichtung ist das Dehnungsverhalten linear bei Druck. Bei Zug kann nichtlineares Verhalten beobachtet werden.

- Die Hauptdehnungsdiagramme bei Torsionsbeanspruchung stellen einen zusätzlichen Nachweis dafür dar, daß man von unterschiedlichem Zug-Druckverhalten für den betrachteten glasfaserverstärkten Kompositwerkstoff ausgehen kann.

1.1.4 Werkstoffkriechen in Abhängigkeit von der Beanspruchungsart

Kriechprozesse in bestimmten natürlichen Materialien (Geomaterialien, Eis, Ton usw.) und in einigen künstlich erzeugten Werkstoffen (Leichtmetalle und ihre Legierungen, Grauguß, Kupfer, Keramik, Graphit, Polymere, Komposite) zeigen Effekte, die bei anderen Werkstoffen weitestgehend vernachlässigt werden. Dazu gehören u.a. unterschiedliches Verhalten bei Zug und Druck, unterschiedliche auf die Vergleichspannungen und -dehnungen normierte Spannung-Dehnungsdiagramme bei Zug und bei Torsion, die Berücksichtigung des Einflusses des hydrostatischen Drucks auf das Kriechen usw. Die Deutung, daß die entsprechenden Effekte teilweise eine Folge möglicher Anisotropien sind, kann nicht immer bestätigt werden, da diese Effekte auch bei isotropen Werkstoffen auftreten können.

Am häufigsten werden in der Literatur experimentelle Daten zum unterschiedlichen Zug-Druck-Verhalten veröffentlicht. Es wird beobachtet, daß bei dem Absolutbetrag nach gleichen Zug- und Druckspannungen und bei gleichen Temperaturen deutliche Unterschiede in den sich einstellenden Kriechdeformationen beispielsweise für ausgewählte leichte Legierungen und Polymerwerkstoffe zu verzeichnen sind. Bei Zug treten 1,5 bis 4fach, manchmal auch 10fach größere Kriechdeformationen im Vergleich zu den Werten bei Druck auf [116, 122, 142, 157, 160, 174, 194]. Ein Beispiel dazu ist auf Bild 1.12 dargestellt. Ähnliche Ergebnisse erhält man für bestimmte Nickel- und Aluminiumlegierungen, aber auch teilweise für wärmebehandelte Stähle [205]. Es kann auch gezeigt werden, daß für diese Werkstoffe alle drei Stadien des Kriechprozesses (verzögertes, stationäres und beschleunigtes Kriechen) nachweisbar sind, jedoch die Unterschiede im Zug-Druck-Verhalten erst für das stationäre und beschleunigte Kriechen signifikant werden. Eine mögliche Erklärung dafür ist, daß sich die zunehmende Werkstoffschädigung bei Zug und bei Druck anders entwickelt.

Der stationäre Kriechprozeß bei einachsigem Zug wird häufig durch das NORTONsche Kriechgesetz [145] approximiert

$$\dot{\varepsilon}^{kr} = L_+ \sigma^n$$

L_+ und n sind in erster Näherung konstant für eine gegebenes Material und eine bestimmte Temperatur. Der Punkt über dem Symbol bedeutet Ableitung nach der Zeit t. Analog läßt sich das Kriechen bei Druck näherungsweise wie folgt beschreiben

1.1 Experimentelle Motivation 21

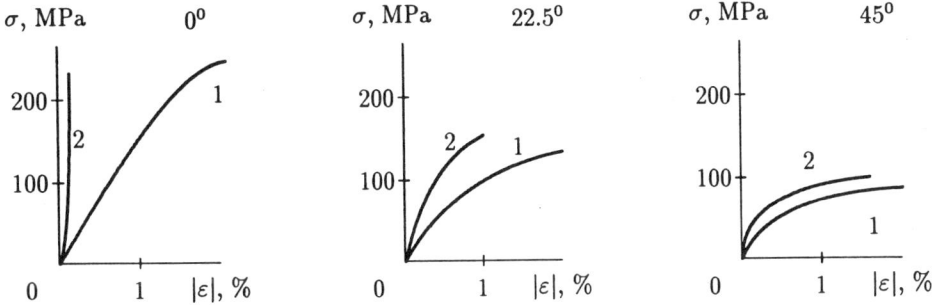

Bild 1.9 Spannung-Dehnungsdiagramme bei Zugbeanspruchung für einen glasfaserverstärkten Kompositwerkstoff [178]

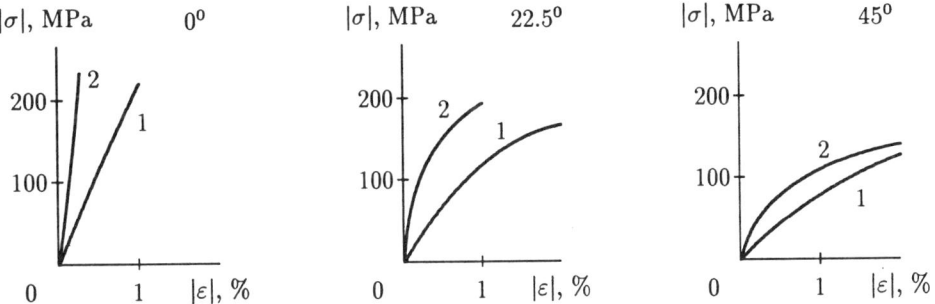

Bild 1.10 Spannung-Dehnungsdiagramme bei Druckbeanspruchung für einen glasfaserverstärkten Kompositwerkstoff [178]

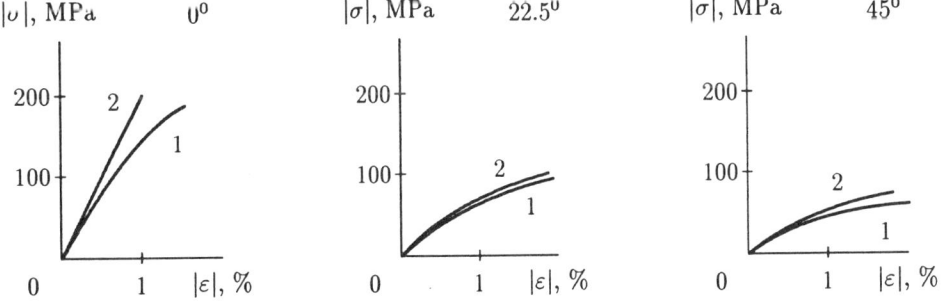

Bild 1.11 Hauptspannung-Hauptdehnungsdiagramme bei Torsionsbeanspruchung für einen glasfaserverstärkten Kompositwerkstoff [178]

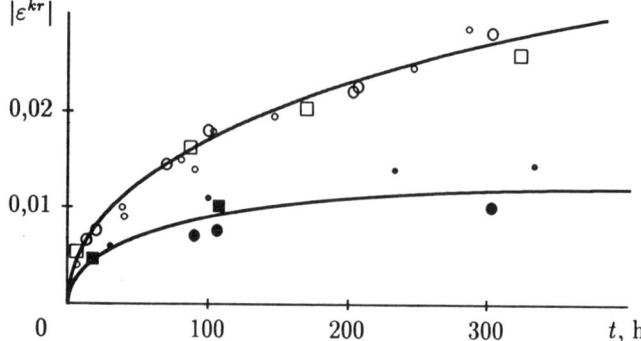

Bild 1.12 Kriechkurven bei Zug und Druck für Zircaloy-2 [122]. Die Proben wurden in Querrichtung entnommen.

$$\dot{\varepsilon}^{kr} = -L_-|\sigma|^n$$

L_- ist wiederum ein Werkstoffkennwert, wobei $L_- > 0$ vorausgesetzt wird. Der Kriechexponent wird hier als von der Belastungsart unabhängig angenommen, d.h., n ist für Zug und Druck gleich. Diese Aussage wird durch zahlreiche Experimente gestützt [128]. Ein Maß für das unterschiedliche Zug-Druck-Verhalten ist der Koeffizient L_+/L_-. Er beträgt für ausgewählte Leichtmetallegierungen 2 bis 3 [80, 81, 189, 205], für Polymere (Polystyrol, Polyethylen, PVC, Polymethylmetacrylat) 1,5 bis 5 [52, 116, 205]. Noch deutlicher können die Koeffizienten sich beispielsweise bei keramischen Werkstoffen (Aluminiumoxid) unterscheiden. Hierfür wurde z.B. bei einer Temperatur von 1373 K ein Wert von 39 erreicht [157]. Für heiß gepreßtes Siliciumnitrid HPSN wird bei einer Temperatur von 1473 K der Wert 289 angegeben [157]. In Tabelle 1.4 sind für ausgewählte Werkstoffe die Kennwerte für Zug (+) und Druck (−) angeführt, wobei der Zusammenhang $|\varepsilon^{kr}| = L_{\pm}t^m|\sigma|^n$ als Kriechgesetz vorausgesetzt wird. Dabei ist zu beachten, daß das angeführte Kriechgesetz primäres (verzögertes) und sekundäres (stationäres) Kriechen beschreiben kann, für $m = 1$ geht es in das NORTONsche Gesetz für das sekundäre Kriechen über.

Für die meisten Modellbetrachtungen bei Kriechprozessen werden einachsige Experimente herangezogen, wobei fast ausschließlich der Zugversuch verwendet wird [149, 160]. Damit wird u.a. dem Absolutbetrag nach identisches Verhalten bei Zug und Druck impliziert. Gleichzeitig wird angenommen, daß die Schubspannung-Gleitungsbeziehungen mit Hilfe von Werkstoffkennwerten aus dem Zugversuch beschrieben werden können. Dies gilt jedoch selbst bei isotropen Werkstoffen nicht immer. Ein Beispiel dazu ist auf Bild 1.13 dargestellt. Die beiden Kriechkurven entsprechen dem gleichen Wert der Vergleichsspannung nach VON MISES von $\sigma_{vM} = 170$ MPA. Die Vergleichskriechdehnung ε_{vM}^{kr} nach VON MISES wird wie folgt berechnet

$$\varepsilon_{vM}^{kr} = \sqrt{\tfrac{2}{3} e_{kl}^{kr} e_{kl}^{kr}}; \qquad e_{kl}^{kr} = \varepsilon_{kl}^{kr} - \tfrac{1}{3}\varepsilon_{nn}^{kr}\delta_{kl}$$

1.1 Experimentelle Motivation

Werkstoff	Temperatur	Kennwerte				$\dfrac{L_+}{L_-}$	Quelle
		n	m	L_+	L_-		
	K			10^{-n} MPa^{-n} h^{-m}			
AK4-1T	473	8	1	$5 \cdot 10^{-15}$	$2{,}5 \cdot 10^{-15}$	2	[189]
OT-4	748	4	1	$13{,}5 \cdot 10^{-10}$	$7{,}5 \cdot 10^{-10}$	1,8	[81]
BT-9	673	5,9	0,27	$1{,}45 \cdot 10^{-14}$	$5{,}1 \cdot 10^{-15}$	2,84	[81]
Polystyrol	313	1,5	0,38	$2{,}37 \cdot 10^{-3}$	$4{,}4 \cdot 10^{-3}$	5,39	[52]
Polymethylmethacrylat	253	3,3	0,78	$9{,}41 \cdot 10^{-6}$	$6{,}31 \cdot 10^{-6}$	1,49	[52]
Polystyrol	333	1,1	0,53	$1{,}09 \cdot 10^{-2}$	$2{,}9 \cdot 10^{-3}$	3,76	[52]
Polyethylen	77	3,2	0,33	$2{,}04 \cdot 10^{-4}$	$1 \cdot 10^{-6}$	2,04	[52]

Tabelle 1.4 Kennwerte im Kriechgesetz bei Zug und bei Druck für ausgewählte Werkstoffe (Aluminiumlegierung AK4-1T, Titanlegierungen OT-4, BT-9). L_+, L_-, n, m sind Werkstoffkennwerte.

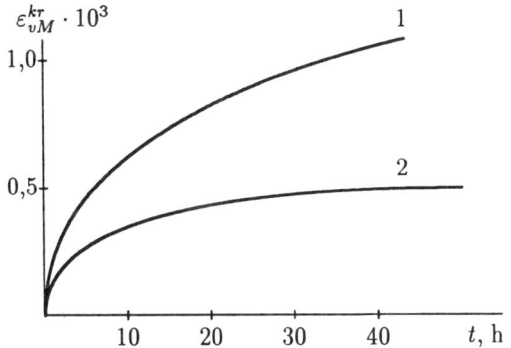

Bild 1.13 Kriechkurven für einen austenitischen Stahl der Marke EI-257 bei einer Temperatur von $T = 873$ K [160]: 1 - einachsiger Zug, 2 - reine Torsion

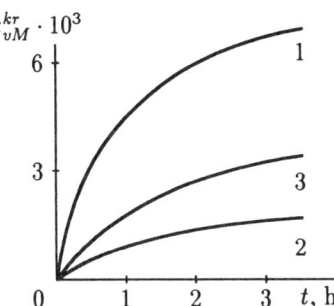

Bild 1.14 Kriechkurven bei axialer Zug- (1), Druck- (2) und Torsionsbeanspruchung (3) für Polyethylen hoher Dichte ($T = 77$ K, $\sigma_{vM} = 94$ MPa) [52]

ε_{kl}^{kr} sind die Koordinaten des Kriechverzerrungstensors und e_{kl}^{kr} die Koordinaten des entsprechenden Deviators. Die Unabhängigkeit der Kriechprozesse bei reinem Zug und bei reiner Torsion, die auf Bild 1.13 exemplarisch dargestellt ist, wird auch in anderen Experimenten mit isotropen Werkstoffen bestätigt [39, 52, 106, 107, 109, 139, 196]. Dabei muß die relative Lage der Kurven zueinander nicht unbedingt wie im Bild 1.13 sein.

Auf Bild 1.14 ist ein Beispiel dargestellt, bei dem sich der Werkstoff dadurch auszeichnet, daß sich unterschiedliches Kriechen bei Zug-, Druck- und Torsionsbeanspruchung einstellt. In allen Fällen liegt die dem Betrag nach gleiche Vergleichsspannung an. Gleichzeitig ist zu erkennen, daß sich das Werkstoffverhalten bei Torsionsbeanspruchung nicht auf der Grundlage des Verhaltens bei Zug oder Druckbeanspruchung prognostizieren läßt. Die entsprechende bezogene Kriechkurve liegt in deutlichem Abstand von der bezogenen Kurve bei Zug- bzw. bei Druckbeanspruchung. Derartige Effekte bei PMMA werden auch in [173] beschrieben. Über unterschiedliches Langzeitverhalten von GUP-Mattenlaminaten (glasfaserverstärkte Polyesterharze) bei Zug-, Druck- und Biegebeanspruchung wird in [175] berichtet, wobei die Unterschiede im Verhalten geringer waren als bei Polyethylen hoher Dichte. Zur Realisierung von Versuchen mit einachsiger und beliebiger ebener Belastung sowie über Versuchsergebnisse mit dem Kunststoff PBTP werden in [168] Ausführungen gemacht. Die Ergebnisse zeigen gleichfalls eine deutliche Abhängigkeit vom Beanspruchungszustand (Zug, Druck, Torsion, kombinierte Beanspruchungen).

Der Einfluß des hydrostatischen Druckes auf das Kriechverhalten zahlreicher Werkstoffe ist im allgemeinen so gering, daß er vernachlässigt werden kann. Auf Bild 1.15 ist jedoch ein Beispiel für Zelluloid bei einer Temperatur von $T = 338$ K angeführt, welches einen deutlichen Einfluß des überlagerten hydrostatischen Drucks p auf den Zugversuch zeigt. Für

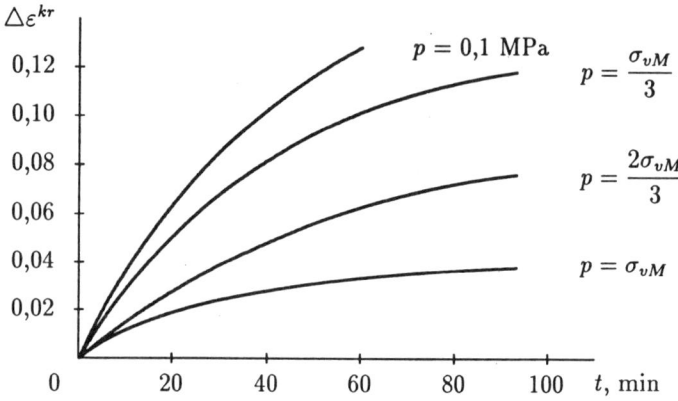

Bild 1.15 Kriechkurven für Zelluloid bei einachsigem Zug mit überlagertem hydrostatischen Druck p bei $\sigma_{vM} = 11{,}5$ MPa, $T = 338$ K [144]

alle Kriechkurven ist σ_{vM} gleich groß (11,5 MPa), $\triangle\varepsilon^{kr} = \varepsilon^{kr}_{11} - \varepsilon^{kr}_{22}$. Ein deutlicher Einfluß des hydrostatischen Drucks kann auch bei Geomaterialien [62], einigen Metallen (Aluminium, Zink, Wismut) sowie Polymeren (Polyethylen, Fluoroplast) [74, 75, 114, 205] beobachtet werden.

Bei der traditionellen Modellierung von Kriechprozessen wird in der Regel von der Annahme ausgegangen, daß der Werkstoff während des Kriechprozesses inkompressibel ist. Für isotrope Werkstoffe bedeutet dies, daß bei einachsigem Zug und Druck eine Querzahl $\nu^{kr} = 0{,}5$ vorausgesetzt werden muß. Die Kriechquerzahl ν^{kr} stellt dabei eine Analogie zur plastischen Querzahl dar. Kriechexperimente sind jedoch im allgemeinen mit großen Streuungen verbunden. Folglich kann man auch mit gleicher Wahrscheinlichkeit für die Querzahl Werte messen, die geringfügig von 0,5 abweichen, was jedoch eine Verletzung der Inkompressibilitätshypothese darstellt. Daneben sind auch Experimente bekannt, die Kompressibilität bei Kriechprozessen für einige Werkstoffe (Kupfer, Aluminium-, Mangan-, Titanlegierungen, PVC, Geomaterialien) nachweisen [62, 74, 75, 116, 205]. Häufige Ursachen dafür sind Auflockerungen (Softening), wie sie bei Titanlegierungen beobachtet werden können, Strukturveränderungen infolge Alterung (einige Aluminiumlegierungen) sowie Porenbildung.

Auf Bild 1.16 ist für Kriechvorgänge die Beeinflussung der Kompressibilität durch hydrostatischen Druck dargestellt. Dabei ist zu erkennen, daß die Kriechdilatation deutlich durch die Zunahme des hydrostatischen Drucks vergrößert wird.

Weitere Effekte sind mit Torsionsbeanspruchungen beim Kriechen verbunden. Ausgangspunkt sind in diesem Falle Schubspannungen, die neben Gleitungen auch axiale Kriechdehnungen zur Folge habe. Dieser Effekt ist bereits aus Experimenten bei elastischen Werk-

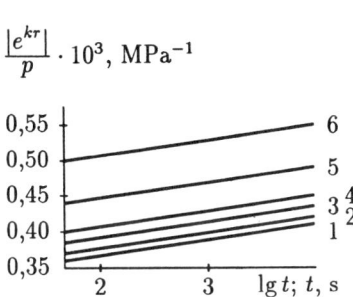

Bild 1.16 Kompressibilität beim Kriechen in Abhängigkeit vom hydrostatischen Druck p für Polytetrafluoroethylen (Teflon) bei $T = 313$ K (1 - $p = 90$ MPa, 2 - $p = 50$ MPa, 3 - $p = 40$ MPa, 4 - $p = 30$ MPa, 5 - $p = 20$ MPa, 6 - $p = 10$ MPa) [75]

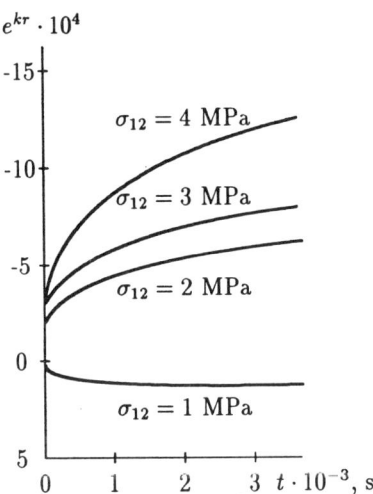

Bild 1.17 Einfluß reiner Torsionsbeanspruchungen auf das Volumenkriechen bei Umgebungsdruck (Werkstoff - Polyethylen hoher Dichte, Versuchstemperatur $T = 313$ K) [75]

stoffen als POYNTING-Effekt bekannt und wird im Zusammenhang mit Kriechprozessen als POYNTING-SWIFT-Effekt [41] bezeichnet. Beispielsweise konnte für dünnwandige Rohrproben aus der Aluminiumlegierung AK4-1T ein derartiges Verhalten bei einer Versuchstemperatur von 473 K nachgewiesen werden [80]. Bei einer Beanspruchung von 100 MPa betrug das Verhältnis zwischen axialer Dehnung und Gleitung 0,02. Auf Bild 1.17 ist der Einfluß der Torsion ($\sigma_{12} \neq 0$) auf das Volumenkriechen dargestellt. In Abhängigkeit vom Werkstoff, von den Temperaturbedingungen, von den Belastungen usw. kann es zur Volumenschrumpfung oder zur Volumendehnung kommen.

Änderungen des Volumens im Zusammenhang mit der Analyse von Kriechprozessen bei Polymeren werden vielfach nur im Zusammenwirken mit hydrostatischem Druck untersucht. Auf Bild 1.18 sind die Volumenkriechdeformationen e^{kr} für einen Polymerwerkstoff (Polytetrafluorethylen) unter Einwirkung einer Zug- bzw. einer Torsionsbeanspruchung bei einer Versuchstemperatur von 298 K dargestellt [153]. In beiden Fällen entsprach die Beanspruchung einer VON MISESschen Vergleichsspannung von 8,6 MPa.

Schädigungsprozesse, die nach der klassischen Theorie als vom Beanspruchungszustand unabhängig angesehen werden, d.h., nur die Beanspruchungshöhe ist für die Schädigung bedeutsam, lassen sich unterschiedlich charakterisieren. Eine Möglichkeit besteht darin, daß die spezifische Dissipationsarbeit

$$A = \int_0^t \sigma_{ij} \dot{\varepsilon}_{ij}^{kr} \, dt$$

als Maß für die Schädigung herangezogen wird. Auf Bild 1.19 wird für die Aluminiumlegierung AK4-1T gezeigt, daß der Wert der spezifischen Dissipationsarbeit von der Art des Beanspruchungszustandes entscheidend beeinflußt wird.

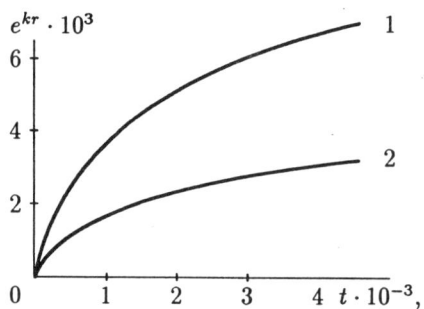 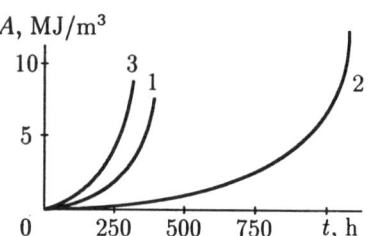

Bild 1.18 Volumenkriechen in Abhängigkeit von der Beanspruchungsart: (1) - Zug, (2) - Torsion ($T = 298$ K, $\sigma_{vM} = 8{,}6$ MPa) [153]

Bild 1.19 Spezifische Dissipationsarbeit in Abhängigkeit von der Beanspruchungsart: (1) - Zug, (2) - Druck, (3) - Torsion ($T = 473$ K, $\sigma_{vM} = 170$ MPa) [80]

1.1.5 Erweiterungen klassischer Versagenskriterien

Die Untersuchung von Versagenszuständen, insbesondere der Festigkeitsverlust (Sprödbruch) und das plastische Fließen, haben eine entscheidende Bedeutung für die Auslegung von Konstruktionselementen. Deshalb ist spätestens seit GALILEI die Formulierung von Versagensbedingungen eine zentrale Frage der Mechanik und der Werkstofftechnik. Ausgangspunkt für die quantitative Beurteilung eines durch äußere Beanspruchungen belasteten Bauteils ist eine mechanische (elastizitätstheoretische oder allgemein kontinuumsmechanische) Erfassung der lokal auftretenden Spannungs- und Verzerrungszustände. Das Problem besteht dann darin, daß experimentelle Untersuchungen zum Versagen auf Versagenskennwerte führen, die aber in der Regel nur für einen konkreten Versuch (z.B. Zugversuch) Gültigkeit besitzen und ohne zusätzliche Annahmen ist eine Bewertung realer (im allgemeinen mehrachsiger) Zustände kaum möglich. Die Annahmen dienen dabei beispielsweise der Zuordnung bestimmter Anteile des Spannungstensors zu den entsprechend geeigneten Kennwerten (Werkstoffwiderstandsgrößen) (vgl. u.a. [125]).

Bei der Vielzahl von Annahmen, die in der Zeit nach GALILEI getroffen wurden, ist eine Tendenz erkennbar: einfachste Annahmen werden schrittweise durch Hinzunahme der bis dahin vernachlässigten Terme erweitert, wobei diese Erweiterung sowohl die Koordinaten des Spannungstensors bzw. deren Kombinationen, aber auch die Anzahl der unabhängigen Kennwerte betrifft. Zu diesen einfachen Annahmen gehören u.a., daß der Werkstoff im Zugbereich und im Druckbereich bei den dem Betrag nach gleichen Grenzwerten der Spannung versagt oder daß die Grenzwerte des Versagens bei Zug- und bei Torsionsbeanspruchung in einem festen Verhältnis zueinander stehen. Nimmt man beispielsweise die Versagenskriterien nach HUBER-VON MISES-HENCKY und nach COULOMB-TRESCA-ST. VENANT, kann man feststellen, daß im ersten Fall der hydrostatische Spannungszustand, im zweiten Fall die mittlere Hauptspannung unberücksichtigt bleibt. Bezeichnet man die Grenzspannung, bei der Versagen im Zugversuch eintritt, mit σ_G (Grenzzugspannung), können die entsprechenden Grenzspannungen bei Druck und bei Torsion mit σ_D bzw. τ_G bezeichnet werden. Nach beiden genannten Kriterien ergibt sich dann

$$\frac{\sigma_G}{\sigma_D} = 1,$$

während für das Verhältnis σ_G/τ_G unterschiedliche Werte für beide Kriterien erhalten werden [82]. Im Fall des HUBER-VON MISES-HENCKY-Kriteriums folgt $\sqrt{3}$, für das COULOMB-

TRESCA-ST. VENANT-Kriterium 2. Vergleicht man diese theoretischen Vorhersagen mit dem Experiment, folgen zahlreiche Werkstoffe dem HUBER-VON MISES-HENCKY-Kriterium, d.h., auch im Experiment erhält man näherungsweise $\sqrt{3}$ [97]. Daneben gibt es auch Veröffentlichungen, die andere Werte angeben. So wird in [151] für Grauguß ein experimentell bestimmter Wert von 1.51 angegeben.

Noch komplizierter ist die Situation für das Verhältnis der Grenzwerte bei Zug und bei Druck. Hier wird für zahlreiche Werkstoffe eine teilweise deutlichere Abweichung vom Wert 1 angegeben. Der entsprechende Effekt, der auch hier die Bezeichnung strength-differential-effect trägt, tritt insbesondere bei ausgewählten metallischen Werkstoffen [162, 163], bei Böden und Geomaterialien [62, 79] auf. Für ausgewählte Konstruktionswerkstoffe sind in Tabelle 1.5 die Werte für die Verhältniszahl $\chi = \sigma_G/\sigma_D$ angegeben.

Werkstoff	χ
hochfestes Gußeisen	0,2…0,3
Schmiedeeisen	0,7…0,95
Grauguß	0,2…0,4
hochfeste Stähle	0,9…1,0
Instrumentenstähle nach Wärmebehandlung	0,4…0,5
Metallkeramik (Basis Wolframkarbid)	0,1…0,4
Graphit	0,2…0,6
Glas	0,07…0,2

Tabelle 1.5 Mittlere Werte für den Koeffizienten $\chi = \sigma_G/\sigma_D$ für ausgewählte Konstruktionswerkstoffe [114]

Auch die weit verbreitete Ansicht, daß der hydrostatische Spannungszustand keine Rolle bei der Formulierung eines Versagenskriteriums spielt, wird durch das Experiment nicht immer bestätigt [54, 182]. Erweiterte Effekte bei Werkstoffversagen werden für metallische Werkstoffe umfassend in [158] diskutiert. Zum Stand in der Bodenmechanik kann man sich einen umfangreichen Überblick in [49, 51] verschaffen. Hinweise zu Kompositwerkstoffen kann man u.a. in [129, 185] finden, wobei hierbei noch der Einfluß der Anisotropie zu beachten ist.

Mit den aufgezählten Befunden ist eine Erweiterung der Versagenskriterien durch Hinzunahme weiterer Terme in die Versagensbedingung verbunden. Beispielsweise stellt das HUBER-VON MISES-HENCKY-Kriterium eine Versagensbedingung dar, in die nur die 2. Invariante des Spannungsdeviators eingeht. Die Hinzunahme der 3. Invariante des Spannungsdeviators würde zumindest gestatten, unterschiedliches Versagen bei Zug und Druck zu prognostizieren. Nimmt man noch die 1. Invariante des Spannungstensors in das Versagenskriterium auf, kann auch der mögliche Einfluß des hydrostatischen Spannungszustandes berücksichtigt werden. Entsprechende Ansätze (einschließlich einer experimentellen Verifikation) werden für verschiedene Anwendungsfälle in der Literatur angegeben. In [79] werden die Grenzen und Möglichkeiten der MOHR-COULOMBschen Bruchbedingung diskutiert, wobei insbesondere unterschiedliches Zug- und Druckverhalten bei Böden und Geomaterialien behandelt werden. In [182] wird ein Kriterium unter Einschluß von drei Invarianten für Metalle diskutiert, wobei eine Parameteranpassung erfolgt. Das entsprechende Kriterium wird dabei zur Beschreibung des plastischen Fließen unter Berücksichtigung des S-D-Effektes und des Einflusses des hydrostatischen Drucks vorgeschlagen. Ein anderes Kriterium mit drei Invarianten zur Beschreibung des plastischen Fließen von trockenem Sand unter Beachtung des Einflusses des hydrostatischen Drucks wird ausführlich in [83] diskutiert.

1.1.6 Niederzyklische Ermüdung unter Berücksichtigung erweiterter Effekte

Erweiterte Effekte des Werkstoffverhaltens lassen sich auch bei periodisch wechselnder zyklischer Beanspruchung beobachten. Aus den klassischen Konzepten der Versagensbewertung bei periodischer Belastung ist bekannt, daß der Werkstoff oder das Bauteil bei Spannungswerten versagt, die weit unter dem Wert der Zugfestigkeit R_m bzw. teilweise unter dem Wert der Fließgrenze R_{p_x} liegen. Die entsprechende Versagensform wird als Ermüdung bezeichnet [23]. Dabei ist prinzipiell zwischen Dauerschwingbeanspruchung (high-cycle fatigue) und Niedriglastspielzahl-Ermüdung (low-cycle fatigue) zu unterscheiden. Im ersten Fall tritt die Ermüdung bei Spannungen unterhalb der Fließgrenze auf, im zweiten Fall oberhalb, wobei die Grenzlastspielzahl unter 10^4 liegt. Die letztgenannte Situation wird insbesondere im Energiemaschinenbau beobachtet, d.h. in einem Bereich, in dem die in diesem Buch betrachteten Sonderwerkstoffe eingesetzt werden.

Zyklische Beanspruchungen lassen sich u.a. durch die auf dem Bild 1.20 angegebenen Größen kennzeichnen. Die Asymmetrie der Schwingungsperiode hat wesentlichen Einfluß auf die

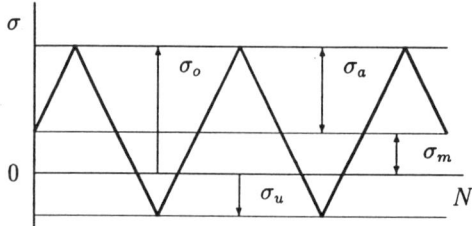

Bild 1.20 Spannungsänderungen bei zyklischer Beanspruchung (σ_a, σ_m Amplitude und Mittelwert der Spannung, σ_o, σ_u Maximalwert und Minimalwert der Spannung bzw. Ober- und Unterspannung, N Zyklenanzahl)

Niedriglastspielzahl-Ermüdung. Für den Fall, daß die Mittelspannung eine Zugspannung ist, führt deren Zunahme zur Abnahme des Ermüdungswiderstandsvermögens des Werkstoffs. Ist dagegen die Mittelspannung eine Druckspannung, nimmt bei Zunahme der Mittelspannung auch das Widerstandsvermögen zu.

Die meisten Hypothesen zur Dauerschwingfestigkeit (auch als Ermüdungsfestigkeit oder Dauerfestigkeit bezeichnet) enthalten die Annahme, daß bestimmte Kennwerte von Einstufenversuchen (WÖHLER-Versuche) in einem festen Verhältnis zueinander stehen. Beispielsweise gilt für Wechselfestigkeiten, d.h. bei einem symmetrischen Belastungszyklus (Oberspannung ist gleich der Unterspannung bzw. die Mittelspannung ist identisch Null), die für Beanspruchung in axialer Richtung bzw. für Torsionsbeanspruchung bestimmt werden

$$\frac{\sigma_W}{\tau_W} = \sqrt{3} \cong 1.73$$

Hierbei sind σ_W und τ_W die Wechselfestigkeiten aus den Versuchen bei axialer Beanspruchung bzw. bei Torsionsbeanspruchung. Für einige ausgewählte Werkstoffe trifft die Annahme eines festen Verhältniswertes von σ_W/τ_W nicht zu. Beispielsweise gilt diese Aussage nicht für die in Tabelle 1.6 aufgeführten Stähle, die sich u.a. durch unterschiedlichen Kohlenstoffgehalt unterscheiden.

Werkstoff	σ_W, MPa	τ_W, MPa	$\dfrac{\sigma_W}{\tau_W}$
Armko-Eisen	199	110	1,81
Stahl (0,02 % C)	183	88	2,08
Stahl (0,13 % C)	257	166	1,55
Stahl (0,25 % C)	251	117	2,15
Stahl (0,38 % C)	299	95	3,15
Stahl (0,52 % C)	294	154	1,91
Stahl (0,93 % C)	394	203	1,94
Stahl (0,35 % Ni)	383	246	1,56

Tabelle 1.6 Experimentell bestimmte Wechselfestigkeiten bei einachsiger axialer und Torsionsbeanspruchung [158]

1.2 Materialtheoretische Motivation

In der Festkörpermechanik ist die Erarbeitung effektiver Berechnungsverfahren für die Strukturanalyse von Bauteilen und Konstruktionselementen die zentrale Aufgabe. Dabei nehmen numerische Verfahren eine herausgehobene Stellung ein, was durch die Vielzahl von erfolgreichen Anwendungen belegt werden kann. Die Strukturanalyse ist mit drei Modellierungsroblemen verbunden:

- Modellierung der Struktur- und Elementgeometrie, der Elementverbindungen und der Lagerung,

- Modellierung der Belastungen,

- Modellierung des Werkstoffverhaltens.

Dabei werden die geometrischen Verhältnisse des Bauteils oder der Konstruktion sowie deren Lagerungen und Belastungen sehr genau approximiert, die Abbildung des realen Werkstoffverhaltens in den strukturmechanischen Modellen beruht dagegen meist auf einfachen Modellansätzen und ist folglich der sehr genauen Beschreibung der Geometrie und der Belastungen nicht adäquat. So werden bei der Einschätzung des Tragverhaltens vielfach nur linear elastische Werkstoffmodelle herangezogen (konservative Konstruktionsvorschriften). Dem entgegen stehen Anforderungen nach einer verbesserten Werkstoffauslastung, was nur durch Verlassen des linear elastischen Bereiches möglich ist. Daneben treten im Zusammenhang mit dem Werkstoffeinsatz im Bereich der Hochtechnologie bzw. bei extremen Beanspruchungen Formen des Werkstoffverhaltens auf, die sich im Rahmen der traditionellen elastischen und inelastischen Werkstoffmodelle nicht erfassen lassen.

Bei der Entwicklung von Werkstoffmodellen geht man nach unterschiedlichen Konzepten vor. Eine Möglichkeit der Klassifikation der Modelle ist mit dem Größenmaßstab des zu modellierenden Effektes gegeben (vgl. Tabelle 1.7). Für die Ingenieurpraxis nehmen im Zusammenhang mit strukturmechanischen Analysen die phänomenologischen Werkstoffmodelle eine dominante Stellung ein. Dabei wird das Werkstoffverhalten unter Vernachlässigung der realen Struktur mit ihren Inhomogenitäten und mikroskopischen Defekten mit Hilfe von Mittelungsmethoden beschrieben. Ausgangspunkt ist die Annahme der Existenz eines Kontinuums, d.h. einer stetigen Ausfüllung des Raumes oder von Teilen des Raumes mit

Größenmaßstab	mikroskopisch	mesoskopisch	makroskopisch
Untersuchungsgegenstand	Mechanismen der Deformation und des Bruchs	Struktur-Eigenschaftsbeziehungen	phänomenologisches Werkstoffverhalten
Wissenschaftsdisziplin	Festkörperphysik	Werkstoffkunde	Festkörpermechanik

Tabelle 1.7 Einteilung der Werkstoffmodelle nach dem Größenmaßstab

materiellen Punkten (vgl. u.a. [18, 171]). Damit können die Effekte des Werkstoffverhaltens im Mittel phänomenologisch richtig erfaßt werden. Lokale Struktureffekte sind innerhalb diese Konzeptes nur sehr schwer und meistens nur ungenau erfaßbar.

Phänomenologische Werkstoffmodelle können methodisch unterschiedlich abgeleitet werden. Derzeit lassen sich die methodischen Konzepte der Modellierung des Werkstoffverhaltens in drei Gruppen einordnen:

- deduktive Modellierung auf der Grundlage der Rationalen Kontinuumsmechanik und der Materialtheorie (s. beispielsweise [18, 28, 110, 138]),

- induktive (ingenieurmäßige) Modellierung [24, 36, 115] sowie

- Anwendung rheologischer Modelle [72, 155, 164].

Im Rahmen der Rationalen Kontinuumsmechanik und der Materialtheorie werden phänomenologische Ansätze gemacht, die durch mathematisch-physikalische Kriterien (Bilanzen und Axiome) eingeschränkt sind. Dabei erhält man allgemeine Konstitutivgleichungen mit den bekannten Modellen als Sonderfälle. Die induktive Modellierung geht den umgekehrten Weg. Zunächst werden einfachste experimentelle Befunde beschrieben. Die dabei formulierten Gleichungen werden dann induktiv verallgemeinert. Die somit gefundenen Modelle sind vielfach schnell in der Praxis einsetzbar. Nachteilig ist jedoch, daß die physikalische Begründung (z.B. die thermodynamische Konsistenz) in bestimmten Fällen mit Schwierigkeiten verbunden ist. Die Methode der rheologischen Modelle enthält jeweils Elemente der deduktiven und der induktiven Beschreibung des Materialverhaltens. Die deduktive Vorgehensweise wird von den Mathematikern bzw. den mathematisch orientierten Forschern bevorzugt, während der induktive Weg typisch für den Ingenieur ist [148].

Traditionell erfolgt die Modellierung des Werkstoffverhaltens auf der Grundlage experimenteller Befunde. Dies können Beobachtungen von in der Natur ablaufenden Prozessen, aber auch spezielle, unter Laborbedingungen ablaufende Werkstoffversuche sein. Diese Aussagen werden dann mit bestimmten mathematischen Lösungen für Modellgleichungen verglichen. Zur Erfassung komplizierten Werkstoffverhaltens bietet sich an, die physikalischen und die mathematischen Experimente durchzuführen. Damit kann man, bei Existenz einer Identifikationsprozedur, den in den konstitutiven Gleichungen enthaltenen Parametern geeignete Werkstoffkennwerte zuordnen. Eine entsprechende Methodik kann Bild 1.21 entnommen werden. Diese Vorgehensweise, die aus der Werkstoffmechanik bekannt ist [5] und die sich auch bei anderen Aufgabenstellungen bewährt hat (vgl. dazu u.a. [4]), wird in den späteren Kapiteln zur Parameteridentifikation genutzt. Abschließend ist dann nur noch die Frage der Verifikation, d.h. der Reproduzierbarkeit der Ergebnisse, zu klären.

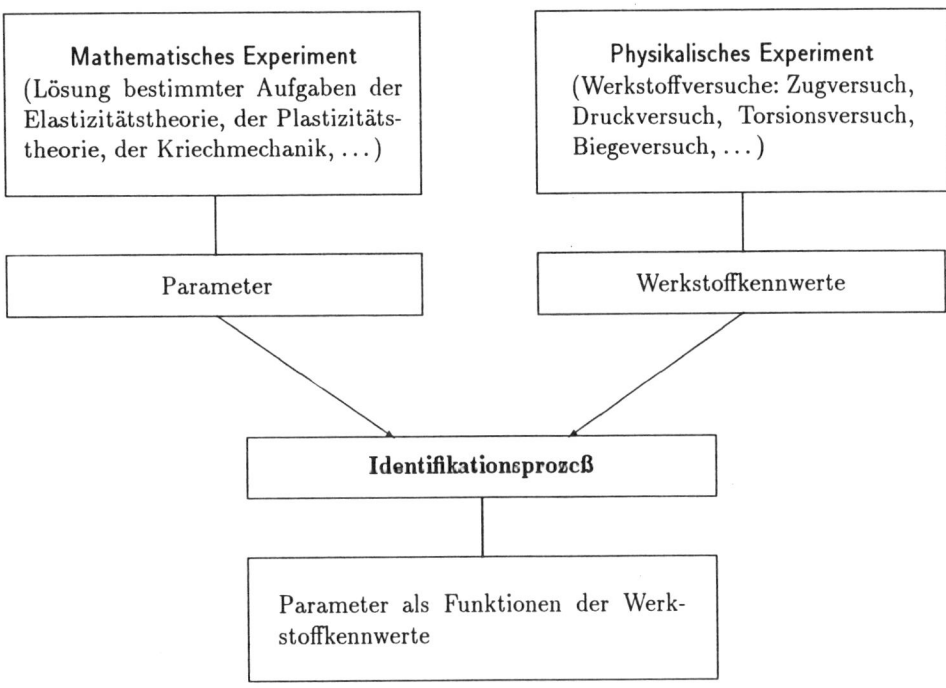

Bild 1.21 Identifikation von Parametern in den konstitutiven Gleichungen durch Werkstoffkennwerte

1.3 Klassische und erweiterte Werkstoffmodelle

Im Rahmen dieses Buches wird nichtlineares Deformationsverhalten von Werkstoffen auf der Grundlage der Annahme der Existenz eines Potentials betrachtet. Das jeweilige Potential hängt dabei von einer noch zu definierenden Vergleichsspannung ab. Die Analyse von Grenzzuständen von Werkstoffen erfolgt mit Hilfe von Festigkeits- bzw. Fließkriterien, die ihrerseits auch von zu definierenden Vergleichsspannungen abhängen. Die Auswahl eines konkreten Ausdrucks für die Vergleichsspannung ist dann im Zusammenhang mit bestimmten physikalischen Modellen zu sehen, d.h. beispielsweise der Elastizitätstheorie, der Plastizitätstheorie, der Kriechtheorie, der Kurz- bzw. der Langzeitfestigkeit oder der Dauerschwingfestigkeit bzw. der Niedriglastspielzahl-Ermüdung. Dabei muß der mathematische Ausdruck für die Vergleichsspannung die physikalischen Eigenschaften des jeweiligen Werkstoffs möglichst gut wiedergeben. Die Vergleichsspannung ist eine skalare Funktion der Koordinaten des Spannungstensors sowie weiterer Parameter. Diese Parameter, die den physikalischen Zustand des Werkstoffs (Elastizität, Plastizität, Kriechen, Versagen) kennzeichnen, sind experimentell zu bestimmen. Dabei sind Grundversuche mit standardisierten Proben aus den betrachteten Werkstoffen durchzuführen, wobei im Versuch homogene Spannungszustände zu realisieren sind. Zu diesen Grundversuchen gehören neben den im Abschnitt 1.1.1 beschriebenen einachsigem Zugversuch, einachsigem Druckversuch sowie Torsionsversuch (reiner Schub), Versuche mit Hohlproben, die durch Längskraft, Torsionsmoment sowie Innen- und Außendruck in unterschiedlichen Kombinationen beansprucht werden. Mit den derart ermittelten Parametern kann dann die Vergleichspannung für beliebige Spannungszustände berechnet werden.

Modelle für isotrope Werkstoffe, die auf einer Vergleichsspannung mit Parametern basieren, die auf der Grundlage eines einzigen Grundversuchs (meist Zugversuch) ermittelt werden können, sollen nachfolgend als klassische Modelle bezeichnet werden. Alle Modelle für isotrope Werkstoffe, für deren Parameteridentifikation mehr als ein unabhängiger Grundversuch benötigt wird, heißen dann erweiterte Modelle. Diese Klassifikation läßt sich sinngemäß auf anisotrope Werkstoffe übertragen: *Modelle für anisotrope Werkstoffe, für deren Parameteridentifikation der gleiche Grundversuch in verschiedenen Richtungen ausreicht, heißen klassische Modelle. Die notwendige Anzahl und die Richtungen für die Realisierung dieses Grundversuches hängen von der gegebenen Werkstoffanisotropie ab. Sind unterschiedliche Grundversuche erforderlich, liegt ein erweitertes Modell vor.*

Die gegebene Klassifikation läßt sich bezüglich ihrer Anwendung an einfachen Beispielen erläutern. So werden in der linearen isotropen Elastizitätstheorie, der das verallgemeinerte HOOKEsche Gesetz zu Grunde liegt, als Werkstoffkennwerte (Parameter) der Elastizitätsmodul und die Querkontraktionszahl verwendet. Beide Größen lassen sich aus dem einachsigen Zugversuch bestimmen. Folglich ist das entsprechenden Werkstoffmodell ein klassisches. In der Plastizitätstheorie bzw. in der Kriechmechanik für isotrope Werkstoffe wird u.a. eine Potentialformulierung verwendet, die der Vergleichsspannung nach VON MISES entspricht. Die entsprechende Theorie verwendet nur Parameter, die sich aus einem Grundversuch (z.B. einachsiger Zugversuch) bestimmen lassen. Damit sind die entsprechenden Modelle nach unserer Klassifikation gleichfalls klassische Modelle. In der Plastizitätstheorie bzw. in der Kriechmechanik anisotroper Werkstoffe kann man von einem Potential ausgehen, welches auf einem Vorschlag für die Vergleichsspannung nach HILL beruht [88]. Die entsprechenden Parameter lassen sich aus einachsigen Zugversuchen an Proben, die in verschiedenen Richtungen entnommen wurden, bestimmen. Somit ist auch das entsprechende anisotrope Modell ein klassisches Modell. Ein typisches Beispiel für ein erweitertes Versagensmodell ist das MOHRsche Festigkeitskriterium, daß die Kenntnis der Versagenskennwerte bei Zug und Druck voraussetzt. Dazu sind zwei unabhängige Grundexperimente notwendig.

Anmerkung: Das beschrieben Konzept, auf der Grundlage von Vergleichsspannungen das Werkstoffverhalten zu beschreiben, läßt sich sinngemäß auf andere Vergleichsgrößen übertragen. In jedem Fall sind Vergleichshypothesen zu formulieren, wofür prinzipiell drei Möglichkeiten existieren [166]:

1. Berechnung skalarer Vergleichsspannungswerte σ_V aus den Koordinaten des Spannungstensors (Spannungshypothesen),

2. Berechnung von skalaren Vergleichsdehnungswerten ε_V aus den Koordinaten des Verzerrungstensors (Verzerrungshypothesen) sowie

3. Berechnung einer Vergleichsenergie (Energiehypothesen).

Damit kann man in Analogie zu den nachfolgenden Modellen auf der Grundlage von Vergleichsspannungen klassische bzw. erweiterte Modelle, z.B. auch auf Basis von Vergleichsdehnungen, entwickeln.

2 Mathematische Beschreibung des Werkstoffverhaltens

An die Werkstoffmodellierung kann unterschiedlich herangegangen werden. Zum besseren Verständnis ist es daher notwendig, eine Einteilung der Modelle des Werkstoffverhaltens vorzunehmen. Diese orientiert sich hier an den drei Grundmodellen Elastizität, Plastizität und Kriechen. Zusätzlich wird ein Modell des Grenzverhaltens diskutiert. Der mathematisch-mechanischen Beschreibung der Grundmodelle des Deformations- und Grenzverhaltens sind zahlreiche Monografien und wissenschaftliche Artikel gewidmet. Für die in den späteren Kapiteln behandelten Modelle können einheitliche Konzepte verwendet werden, die im Grenzfall mit den klassischen Modellen zusammenfallen. Daher werden kurz die klassischen Modelle zur Darstellung der auch bei den Erweiterungen verwendeten Methodik behandelt. Den Abschluß bildet eine kurze Einführung in das für die mathematisch-mechanische Modellierung wichtige mathematische Hilfsmittel der Tensorrechnung.

2.1 Klassifikation der Werkstoffmodelle

Für die Beschreibung des Verhaltens realer Werkstoffe werden heute zunehmend kontinuumsmechanische Konzepte eingesetzt [22, 56], wobei materialtheoretische Überlegungen in letzter Zeit eine besondere Stellung einnehmen [2, 3, 5]. Für die nachfolgenden Ausführungen kann der Begriff „Material" eingeschränkt werden, da in diesem Buch ausschließlich Werkstoffe analysiert werden, die in der Mechanik dem Festkörpermodell zuzuordnen sind. Dabei soll der Begriff Festkörper im Sinne eines Materiales, daß im Gegensatz zu einer Flüssigkeit in der Lage ist, seine Form unter Eigengewicht zu bewahren, definiert sein [24]. Diese Definition muß zumindest für kurze Zeiträume (Momentanreaktion des Materials) gültig sein. Damit ist die Gruppe der sogenannten Pseudofestkörper eingeschlossen, so daß z.B. das unter Belastung mit der Zeit ständig zunehmende Verformungsverhalten (z.B. Kriechen) innerhalb des Modells Festkörper beschrieben werden kann. In den nachfolgenden Ausführungen werden die Begriffe Material und Werkstoff synonym gebraucht.

Die Materialeigenschaften können sich u.a mit der Zeit, in Abhängigkeit vom Ort und von der Temperatur ändern. Im ersten Fall spricht man von alterndem Material, der zweite Fall entspricht inhomogenem Materialverhalten, im dritten Fall spricht man von nichtisothermem Materialverhalten. Bei den nichtklassischen Werkstoffen können sich die Materialeigenschaften auch in Abhängigkeit von der Art und/oder der Größe der Belastung ändern. Im folgenden wird vorausgesetzt, daß das Material alterungsfrei ist und sich homogen verhält. Es wird folglich davon ausgegangen, daß die mechanischen Werkstoffeigenschaften zeitlich konstant sind und daß der Ort, an dem beispielsweise die Werkstoffprobe entnommen wurde, keinen Einfluß hat. Die erste Modellvereinfachung läßt sich für zahlreiche Werkstoffe im Rahmen der allgemeinen Modellgenauigkeit vornehmen. Alterungsprozesse treten insbesondere bei chemisch aktiven Werkstoffen auf, die hier damit weitestgehend ausgeschlossen bleiben. Die zweite Modellrestriktion (vorausgesetzte Homogenität des Werkstoffes) ist stets Streitpunkt zwischen den Festkörpermechanikern und den Werkstoffwissenschaftlern. Für die phänomenologische Beschreibung des Deformationsverhaltens kann in den meisten Fällen Homogenität bzw. eine durch Mittelungsmethoden erreichte Quasihomogenität angenommen werden. Die Analyse von lokalen Effekten des Werkstoffverhaltens (z.B. Rißentstehung) wird jedoch durch die Annahme der Homogenität erschwert, da die Werkstoffinhomogenitäten von entscheidender Bedeutung sind. Besonders deutlich wird dies bei Faser-Verbundwerkstoffen. Während die globale Strukturanalyse mit ausreichender Genauigkeit mit einem quasihomogenen Konstitutivmodell (die Kompositeigenschaften stellen eine Mittlung der Fasereigenschaften und der Matrixeigenschaften unter Beachtung des jeweiligen Volumenanteils dar) vorgenommen werden kann, sind für die Versagensbewertung insbesondere die lokalen Effekte von Bedeutung (z.B. die Sprünge in den mechanischen Eigenschaften am Übergang Faser-Matrix). Für die nachfolgend diskutierten phänomenologischen Modelle des Deformationsverhaltens und der Festigkeitsbewertung genügt das Modell „quasihomogener Werkstoff". Diese Aussage gilt unabhängig von möglichen Werkstoffanisotropien. Auch wenn hier isotrope Werkstoffmodelle dominieren, können Erweiterungen unter Einbeziehung der Werkstoffanisotropie überall vorgenommen werden. Außerdem wird angenommen, daß die betrachteten Prozesse isotherm sind, so daß die Werkstoffeigenschaften als temperaturunabhängig modelliert werden können.

Für die Klassifikation der Werkstoffmodelle sind vier weitere Grundbegriffe für die Beschreibung des Deformationsverhaltens von Bedeutung. Man unterscheidet elastisches, inelastisches, skleronomes und rheonomes Werkstoffverhalten. Skleronomes Werkstoffverhalten ist dadurch gekennzeichnet, daß die Reaktion des Werkstoffes auf mögliche Beanspruchungen augenblicklich eintritt, d.h., es gibt keine zeitliche Verzögerung. Beispiele dafür sind das elastische und das plastische Werkstoffverhalten. Von rheonomen Werkstoffverhalten spricht man dagegen, wenn die Reaktion zeitlich verzögert auftritt, wie es beispielsweise im Kriechtest zu beobachten ist. Wird dabei eine Werkstoffprobe konstant auf Zug belastet, nehmen die Dehnungen mit der Zeit zu. Von elastischem Werkstoffverhalten spricht man, wenn sich unter Belastung Verzerrungen einstellen, die nach vollständiger Entlastung wieder völlig verschwinden. Es treten keine bleibenden Verzerrungen auf bzw. es kommt energetisch gesehen zu keiner Umwandlung mechanischer Energie in nichtmechanische Energie. Elastisches Werkstoffverhalten ist somit dissipationsfrei. Unter inelastischem Werkstoffverhalten versteht man dann jegliche Abweichung vom elastischen Werkstoffverhalten, d.h., es treten beispielsweise bleibende Verzerrungen auf, zu derer Liquidation dem System erst wieder Energie zugeführt werden muß.

Neben der Fragestellung nach den Deformationen, die sich infolge der Beanspruchungen einstellen, hat noch ein weiteres phänomenologische Modell grundsätzliche Bedeutung, das Versagen. Für das Versagen werden in der Literatur unterschiedliche Definitionen gegeben. Mit Versagen wird das Auftreten eines Zustandes bezeichnet, in dem das Bauteil oder Konstruktionselement seine vorgegebene Funktion nicht mehr erfüllen kann [126]. Hier soll zunächst unter Versagen ein Überschreiten eines Grenzwertes im einachsigen Beanspruchungszustand verstanden werden. Die wichtigsten Versagensfälle (Grundversagensfälle) sind übermäßige Verformung infolge plastischen Fließens, Bruch und Instabilität [57, 126]. Bei mehrachsiger Beanspruchung ist dann die Zuordnung des mehrachsigen Grenzzustandes zu einem oder zu mehreren von der Werkstoffprüfung gelieferten Grenzwerten ein besonderes Problem. Es wird heute allgemein durch die Einführung von Plastizitäts- oder Festigkeitshypothesen gelöst. Dieser Weg hat sich besonders für die Ingenieuranwendungen bewährt.

2.2 Elemente der Tensorrechnung

Für die systematische Entwicklung von konstitutiven Gleichungen werden verschiedene mathematische Hilfsmittel eingesetzt. Von besonderer Bedeutung ist die Tensorrechnung, da sie zu kompakten und übersichtlichen Gleichungen führt. Ein alternativer Weg ist mit Vektor-Matrix-Beziehungen gegeben. Diese sind stets durch Informationsverluste in den physikalischen Zusammenhängen gekennzeichnet, bieten jedoch Vorteile bei der numerischen Umsetzung von Konstitutivgleichungen in numerische Algorithmen. Die hier formulierten Elemente der Tensorrechnung beschränken sich auf die Darstellung von Tensoren 0. Stufe (Skalare), 1. Stufe (Vektoren), 2. Stufe (Dyaden), 4. Stufe (Tetraden) und 6. Stufe in kartesischen Koordinaten. Weitere Details kann man [18, 35, 46, 100, 103, 117] entnehmen.

Als Skalar wird eine physikalische Größe bezeichnet, die einzig durch ihren Wert gekennzeichnet ist. Zu dieser Gruppe gehören die Dichte ρ, die innere Energie W, die dissipative Leistung D usw. Im Sinne der Tensorrechnung sind Skalare Tensoren 0. Stufe, da sie an keine Richtung gebunden sind.

Als Vektor bezeichnet man physikalische Größen, die durch einen Zahlenwert und eine Richtung gekennzeichnet sind. Zu dieser Gruppe gehört u.a. der Verschiebungsvektor $\mathbf{u}$ (Vektoren werden symbolisch als Fettbuchstaben dargestellt). Vektoren sind Tensoren 1. Stufe. Vektoren können symbolisch und in Komponenten- bzw. Koordinatenschreibweise dargestellt werden. Führt man im dreidimensionalen Raum ein kartesisches Koordinatensystem mit den Basisvektoren $\mathbf{e}_1, \mathbf{e}_2, \mathbf{e}_3$ ein, gilt in Komponentenschreibweise für einen Vektor $\mathbf{a}$

$$\mathbf{a} = a_1 \mathbf{e}_1 + a_2 \mathbf{e}_2 + a_3 \mathbf{e}_3$$

bzw. in Koordinaten- oder Indexschreibweise

$$\mathbf{a} = (a_1, a_2, a_3) \quad \text{oder} \quad \mathbf{a} = (a_i), \ i = 1, 2, 3$$

Dabei sind die Vektoren $\mathbf{e}_i$ orthogonal zueinander und auf 1 normiert. Um den Schreibaufwand weiter zu senken, wird die EINSTEINsche Summationsvereinbarung angewendet. Es gilt dann

$$\mathbf{a} = a_1 \mathbf{e}_1 + a_2 \mathbf{e}_2 + a_3 \mathbf{e}_3 = \sum_{i=1}^{3} a_i \mathbf{e}_i = a_i \mathbf{e}_i$$

Dies bedeutet, daß über doppelt auftretende Indizes summiert wird.

Die algebraische Verknüpfung von 2 Vektoren ist an bestimmte Rechenregeln gebunden. Für die nachfolgenden Darstellungen sind insbesondere zwei multiplikative Verknüpfungen von Bedeutung

- skalare Multiplikation zweier unterschiedlicher Vektoren

$$\mathbf{a} \cdot \mathbf{b} = a_i \mathbf{e}_i \cdot b_j \mathbf{e}_j = a_i b_j \mathbf{e}_i \cdot \mathbf{e}_j = a_i b_j \delta_{ij} = a_i b_i = \alpha$$

Das Ergebnis dieser Multiplikation stellt eine skalare Größe α (Tensor 0. Stufe) dar. Mit δ_{ij} wird das KRONECKER-Symbol bezeichnet. Dieses ist für das gegebene Koordinatensystem wie folgt definiert

$$\delta_{ij} = \begin{cases} 1 & i = j \\ 0 & i \neq j \end{cases}$$

- dyadische Multiplikation zweier unterschiedlicher Vektoren

$$\mathbf{ab} = a_i \mathbf{e}_i b_j \mathbf{e}_j = a_i b_j \mathbf{e}_i \mathbf{e}_j = T_{ij} \mathbf{e}_i \mathbf{e}_j = \mathbf{T}$$

Das Ergebnis dieser Multiplikation stellt eine Dyade $\mathbf{T}$ (Tensor 2. Stufe) dar.

Mit Hilfe der Definition der dyadischen Multiplikation können Tensoren beliebiger Stufe $n \geq 2$ definiert werden. Ein Tensor 2. Stufe ist die dyadische Verknüpfung zweier Vektoren

$$\mathbf{T} = \mathbf{ab} = a_i b_j \mathbf{e}_i \mathbf{e}_j = T_{ij} \mathbf{e}_i \mathbf{e}_j$$

Tensoren 2. Stufe sind physikalische Objekte, die durch Zahlenwerte und jeweils zwei Richtungen definiert sind. Entsprechend ist ein Tensor 4. Stufe eine dyadische Verknüpfung von 4 Vektoren oder von 2 Tensoren 2. Stufe. Ist die Stufe eines Tensors $n > 2$, wird dies besonders gekennzeichnet

$$^{(4)}\mathbf{A} = \mathbf{abcd} = a_i b_j c_k d_l \mathbf{e}_i \mathbf{e}_j \mathbf{e}_k \mathbf{e}_l = \mathbf{TS} = T_{ij} S_{kl} \mathbf{e}_i \mathbf{e}_j \mathbf{e}_k \mathbf{e}_l = A_{ijkl} \mathbf{e}_i \mathbf{e}_j \mathbf{e}_k \mathbf{e}_l$$

Analog ist ein Tensor 6. Stufe eine dyadische Verknüpfung von 6 Vektoren oder von 3 Tensoren 2. Stufe

$$^{(6)}\mathbf{B} = \mathbf{abcdgf} = \mathbf{TSP} = T_{ij} S_{kl} P_{mn} \mathbf{e}_i \mathbf{e}_j \mathbf{e}_k \mathbf{e}_l \mathbf{e}_m \mathbf{e}_n = B_{ijklmn} \mathbf{e}_i \mathbf{e}_j \mathbf{e}_k \mathbf{e}_l \mathbf{e}_m \mathbf{e}_n$$

Für den Tensor 2. Stufe bietet sich für die Koordinatenschreibweise eine Matrixdarstellung an

$$\begin{bmatrix} T_{11} & T_{12} & T_{13} \\ T_{21} & T_{22} & T_{23} \\ T_{31} & T_{32} & T_{33} \end{bmatrix}$$

Beispiele für Tensoren 2. Stufe sind der Spannungstensor $\boldsymbol{\sigma}$, der Verzerrungstensor $\boldsymbol{\varepsilon}$ usw., Tensoren 4. bzw. 6. Stufe sind Materialtensoren (z.B. der HOOKEsche Tensor zur Kennzeichnung der elastischen Eigenschaften oder Tensoren zur Kennzeichnung der Anisotropie). Aus den Definitionen der Tensoren unterschiedlicher Stufe folgt: *Ein Tensor nter Stufe mit $n \geq 1$ hat 3^n Komponenten und 3^n Koordinaten.* Die Rechenregeln für Vektoren können sinngemäß auf Tensoren höherer Stufe erweitert werden. Beispielsweise werden zwei Tensoren 2. Stufe wie folgt multiplikativ im Sinne der Definition eines skalaren, eines doppelt skalaren und eines dyadischen Produktes verknüpft

$$\begin{aligned}
\mathbf{T} \cdot \mathbf{S} &= T_{ij}\mathbf{e}_i\mathbf{e}_j \cdot S_{kl}\mathbf{e}_k\mathbf{e}_l = T_{ij}S_{kl}\delta_{jk}\mathbf{e}_i\mathbf{e}_l = T_{ij}S_{jl}\mathbf{e}_i\mathbf{e}_l = M_{il}\mathbf{e}_i\mathbf{e}_l \\
\mathbf{T} \cdot\cdot\, \mathbf{S} &= T_{ij}\mathbf{e}_i\mathbf{e}_j \cdot\cdot\, S_{kl}\mathbf{e}_k\mathbf{e}_l = T_{ij}S_{kl}\delta_{jk}\delta_{il} = T_{ij}S_{ji} = \alpha \\
\mathbf{T}\,\mathbf{S} &= T_{ij}\mathbf{e}_i\mathbf{e}_j \quad S_{kl}\mathbf{e}_k\mathbf{e}_l = T_{ij}S_{kl}\mathbf{e}_i\mathbf{e}_j\mathbf{e}_k\mathbf{e}_l = A_{ijkl}\mathbf{e}_i\mathbf{e}_j\mathbf{e}_k\mathbf{e}_l
\end{aligned}$$

Im ersten Fall erhält man einen Tensor 2. Stufe, im zweiten einen Tensor 0. Stufe (Skalar) und im letzten Fall einen Tensor 4. Stufe.

Neben den bisher eingeführten allgemeinen Tensoren gibt es einige spezielle Tensoren, die sich durch bestimmte Eigenschaften auszeichnen. Die wichtigsten sind:

- der Einheitstensor **I**

$$\mathbf{I} = \delta_{ij}\mathbf{e}_i\mathbf{e}_j = \mathbf{e}_1\mathbf{e}_1 + \mathbf{e}_2\mathbf{e}_2 + \mathbf{e}_3\mathbf{e}_3, \quad \mathbf{I}\cdot\mathbf{a} = \mathbf{a}\cdot\mathbf{I} = \mathbf{a}; \; \mathbf{I}\cdot\mathbf{T} = \mathbf{T}\cdot\mathbf{I} = \mathbf{T}; \; \mathbf{e}_i\cdot\mathbf{I}\cdot\mathbf{e}_j = \delta_{ij}$$

- der transponierte Tensor $\mathbf{T}^T$

$$\mathbf{T} = \mathbf{ab} \Longrightarrow \mathbf{T}^T = \mathbf{ba}, \quad \text{d.h.} \quad \mathbf{T} = T_{ij}\mathbf{e}_i\mathbf{e}_j, \mathbf{T}^T = T_{ij}\mathbf{e}_j\mathbf{e}_i = T_{ji}\mathbf{e}_i\mathbf{e}_j$$

- der symmetrische und der antisymmetrische Tensor $\mathbf{T}^S$, $\mathbf{T}^A$

$$\mathbf{T} = \mathbf{T}^T, T_{ij} = T_{ji} \Longrightarrow \mathbf{T} = \mathbf{T}^S$$

$$\mathbf{T} = -\mathbf{T}^T, T_{ij} = -T_{ji} \Longrightarrow \mathbf{T} = \mathbf{T}^A$$

Jeder Tensor 2. Stufe kann in einen symmetrischen und einen antsymmetrischen Tensor aufgespaltet werden

$$\mathbf{T} = \frac{1}{2}(\mathbf{T} + \mathbf{T}^T) + \frac{1}{2}(\mathbf{T} - \mathbf{T}^T) = \mathbf{T}^S + \mathbf{T}^A$$

- Kugeltensor $\mathbf{T}^K$ und Deviator $\mathbf{T}^D$

$$\mathbf{T} = \mathbf{T}^K + \mathbf{T}^D, \quad \mathbf{T}^K = \frac{1}{3}(\mathbf{I} \cdot\cdot\, \mathbf{T})\mathbf{I};\ \ \mathbf{T}^D = \mathbf{T} - \mathbf{T}^K$$

$$T_{ij}\mathbf{e}_i\mathbf{e}_j = \frac{1}{3}T_{kk}\delta_{ij}\mathbf{e}_i\mathbf{e}_j + (T_{ij} - \frac{1}{3}T_{kk}\delta_{ij})\mathbf{e}_i\mathbf{e}_j$$

- Spur eines Tensors

$$\operatorname{Sp}\mathbf{T} \equiv \operatorname{tr}\mathbf{T} = \mathbf{I} \cdot\cdot\, \mathbf{T} = T_{ij}\mathbf{e}_i\mathbf{e}_j \cdot\cdot\, \delta_{kl}\mathbf{e}_k\mathbf{e}_l = T_{ii}$$

Für die mathematisch-mechanische Modellierung sind oftmals solche Größen wie die Hauptwerte bzw. die Hauptrichtungen eines Tensors von Interesse. Mathematisch gesehen führt diese Fragestellung auf ein Eigenwertproblem für symmetrische Tensoren 2. Stufe: ist $\mathbf{a}$ ein beliebiger Vektor und $\mathbf{T}$ ein beliebiger symmetrischer Tensor 2. Stufe, ist ein Eigenwertproblem durch die folgende Gleichung definiert

$$\mathbf{T}\cdot\mathbf{a} = \lambda\mathbf{a};\ \mathbf{a} \neq \mathbf{0}$$

$\mathbf{a}$ ist der Eigenvektor und λ der Eigenwert (auch Hauptwert) von $\mathbf{T}$. Da der Eigenvektor keine definierte Länge besitzt, rechnet man zweckmäßig mit einem Einheitseigenvektor $\mathbf{n}$. Die Definitionsgleichung für das Eigenwertproblem stellt ein homogenes Gleichungssystem für den Eigenvektor $\mathbf{a}$ dar. Nichttriviale Lösungen $\mathbf{a} \neq \mathbf{0}$ erhält man für den Fall, daß die Koeffizientendeterminante des Gleichungssystems Null ist. Im einzelnen gilt:

- Eigenwerte und Eigenvektoren von $\mathbf{T}$

$$(\mathbf{T} - \lambda\mathbf{I})\cdot\mathbf{n} = \mathbf{0}, \mathbf{n}\cdot\mathbf{n} = 1;\ \ (T_{ij} - \lambda\delta_{ij})n_j = 0, n_j n_j = 1$$

- Charakteristische Gleichung zur Berechnung von λ

$$\det(\mathbf{T} - \lambda\mathbf{I}) = 0;\ \ \det(T_{ij} - \lambda\delta_{ij}) = 0$$

- Gleichungssystem zur Berechnung der Richtungen n_j für ein bekanntes λ

$$\begin{aligned}
(T_{11} - \lambda)n_1 &+ & T_{12}n_2 &+ & T_{13}n_3 &= 0 \\
T_{21}n_1 &+ & (T_{22} - \lambda)n_2 &+ & T_{23}n_3 &= 0 \\
T_{31}n_1 &+ & T_{32}n_2 &+ & (T_{33} - \lambda)n_3 &= 0 \\
n_1^2 &+ & n_2^2 &+ & n_3^2 &= 1
\end{aligned}$$

2 Mathematische Beschreibung des Werkstoffverhaltens

- Zusammenhang zwischen charakteristischer Gleichung und den Hauptinvarianten $J_i(\mathbf{T})$ des Tensors $\mathbf{T}$

$$\det(T_{ij} - \lambda\delta_{ij}) \equiv |T_{ij} - \lambda\delta_{ij}| = 0$$

$$\lambda^3 - J_1(\mathbf{T})\lambda^2 + J_2(\mathbf{T})\lambda - J_3(\mathbf{T}) = 0$$

lineare Hauptinvariante

$$J_1(\mathbf{T}) = \mathrm{Sp}\,\mathbf{T} \equiv \mathrm{tr}\,\mathbf{T} \equiv \mathbf{T}\cdot\cdot\mathbf{I} \equiv T_{ii}$$

quadratische Hauptinvariante

$$J_2(\mathbf{T}) = \frac{1}{2}\left[J_1^2(\mathbf{T}) - J_1(\mathbf{T}^2)\right] = \frac{1}{2}(T_{ii}T_{jj} - T_{ij}T_{ji})$$

kubische Hauptinvariante

$$\begin{aligned}J_3(\mathbf{T}) &= \frac{1}{3}\left[J_1(\mathbf{T}^3) + 3J_1(\mathbf{T})J_2(\mathbf{T}) - J_1^3(\mathbf{T})\right] = \frac{1}{3}J_1(\mathbf{T}^3) - \frac{1}{2}J_1(\mathbf{T}^2)J_1(\mathbf{T}) + \frac{1}{6}J_1^3(\mathbf{T})\\ &= \det(T_{ij})\end{aligned}$$

Die $\lambda_{(\alpha)}, \alpha = I, II, III$ sind Lösungen der charakteristischen Gleichung und werden als Hauptwerte bezeichnet. Die $n_j^{(\alpha)}, \alpha = I, II, III$ sind die zugeordneten Hauptrichtungen, d.h. Lösungen der folgenden Gleichung

$$\det(T_{ij} - \lambda^{(\alpha)}\delta_{ij})n_j^{(\alpha)} = 0; \quad n_j^{(\alpha)}n_j^{(\alpha)} = 1$$

Dabei ist zu beachten, daß keine Summation über α ausgeführt wird.

Prinzipiell kann für symmetrische Tensoren immer eine Hauptachsentransformation vorgenommen werden. In diesem Fall wird der Tensor in einem mit den Hauptachsen zusammenfallenden Koordinatensystem dargestellt. Damit gilt

$$\mathbf{T} = T_{ij}\mathbf{e}_i\mathbf{e}_j = \lambda_I\mathbf{n}_I\mathbf{n}_I + \lambda_{II}\mathbf{n}_{II}\mathbf{n}_{II} + \lambda_{III}\mathbf{n}_{III}\mathbf{n}_{III},$$

wobei mit $\mathbf{n}_I, \mathbf{n}_{II}, \mathbf{n}_{III}$ die Eigenvektoren in Richtung der Hauptachsen bezeichnet werden. Die charakteristische Gleichung und die Hauptinvarianten nehmen eine spezielle Form an

$$\det(T_{ij} - \lambda\delta_{ij}) = (\lambda_I - \lambda)(\lambda_{II} - \lambda)(\lambda_{III} - \lambda) = 0$$

$$\begin{aligned}J_1(\mathbf{T}) &= \lambda_I + \lambda_{II} + \lambda_{III}\\ J_2(\mathbf{T}) &= \lambda_I\lambda_{II} + \lambda_{II}\lambda_{III} + \lambda_I\lambda_{III}\\ J_3(\mathbf{T}) &= \lambda_I\lambda_{II}\lambda_{III}\end{aligned}$$

Außerdem lassen sich folgende Aussagen formulieren:

1. *Ein symmetrischer Tensor 2. Stufe hat nur reelle Eigenwerte (Hauptwerte). Er kann immer auf ein Hauptachsensystem transformiert werden. Die Matrix des Tensors hat dann bezüglich der Hauptachsen Diagonalform, die Diagonalelemente sind die Hauptwerte des Tensors.*

2. *Ein symmetrischer Tensor 2. Stufe hat maximal 3 verschiedene Eigenwerte. Die zugehörigen Hauptrichtungen stehen rechtwinklig aufeinander, die Hauptrichtungen sind eindeutig bestimmbar. Sind zwei Hauptwerte gleich (z.B. $\lambda_{II} \equiv \lambda_{III}$), sind alle zu $\mathbf{n}_I$ orthogonalen Richtungen auch Hauptrichtungen. Sind alle Hauptwerte gleich, ist jede Richtung Hauptrichtung.*

3. *Funktionen der Hauptinvarianten $J_i(\mathbf{T})$ des Tensors $\mathbf{T}$ sind gleichfalls Invarianten. Statt der Hauptinvarianten $J_i(\mathbf{T}), i = 1, 2, 3$ können auch 3 linear unabhängige Kombinationen der J_i als Tensorinvarianten verwendet werden. Dabei ist es zweckmäßig, stets eine lineare, eine quadratische und eine kubische Invariante zu definieren.*

Für symmetrische Tensoren 2. Stufe gilt folgender Satz von CALEY-HAMILTON

Jeder symmetrische Tensor 2. Stufe genügt seiner charakteristischen Gleichung.

$$\mathbf{T}^3 - J_1(\mathbf{T})\mathbf{T}^2 + J_2(\mathbf{T})\mathbf{T} - J_3(\mathbf{T})\mathbf{I} = 0$$

Damit läßt sich u.a. jede Potenz $n \geq 3$ des Tensors $\mathbf{T}$ durch seine 0., 1. und 2. Potenz ausdrücken. So gilt beispielsweise

$$\mathbf{T}^3 = J_1(\mathbf{T})\mathbf{T}^2 - J_2(\mathbf{T})\mathbf{T} + J_3(\mathbf{T})\mathbf{I}$$

Die Hauptinvarianten $J_1(\mathbf{T}), J_2(\mathbf{T})$ und $J_3(\mathbf{T})$ können für jeden Tensor 2. Stufe angegeben werden. Sie sind stets die skalaren Koeffizienten der charakteristischen Gleichung des Tensors und somit Invarianten. Es können aber auch andere Invarianten eines Tensors $\mathbf{T}$ definiert werden [35, 207].
Es läßt sich zeigen, daß ein Tensor 2. Stufe nur drei irreduzible Invarianten hat. Diese sind:

die lineare Invariante $\quad I_1(\mathbf{T}) \quad = \quad T_{ii} \quad = \quad \lambda_I + \lambda_{II} + \lambda_{III}$
die quadratische Invariante $\quad I_2(\mathbf{T}) \quad = \quad T_{ij}T_{ji} \quad = \quad \lambda_I^2 + \lambda_{II}^2 + \lambda_{III}^2$
die kubische Invariante $\quad I_3(\mathbf{T}) \quad = \quad T_{ij}T_{jk}T_{ki} \quad = \quad \lambda_I^3 + \lambda_{II}^3 + \lambda_{III}^3$

Symbolisch kann auch

$$I_1(\mathbf{T}) = \mathbf{T} \cdot\cdot\, \mathbf{I}, \quad I_2(\mathbf{T}) = \mathbf{T} \cdot\cdot\, \mathbf{T}, \quad I_3(\mathbf{T}) = (\mathbf{T} \cdot \mathbf{T}) \cdot\cdot\, \mathbf{T}$$

geschrieben werden. Alle weiteren Invarianten können durch diese drei linear unabhängigen Invarianten $I_1(\mathbf{T}), I_2(\mathbf{T}), I_3(\mathbf{T})$ ausgedrückt werden. $I_1(\mathbf{T}), I_2(\mathbf{T}), I_3(\mathbf{T})$ heißen daher auch Basis- oder Grundinvarianten des Tensors $\mathbf{T}$. Sowohl die Basisinvarianten als auch die Hauptinvarianten können als irreduzible Systeme alternativ benutzt werden. Es gelten die Beziehungen

$$J_1 = I_1 \qquad\qquad I_1 = J_1$$

$$J_2 = \frac{1}{2}(I_1^2 - I_2) \qquad\qquad I_2 = J_1^2 - 2J_2$$

$$J_3 = \frac{1}{3}I_3 - \frac{1}{2}I_1 I_2 + \frac{1}{6}I_1^3 \qquad\qquad I_3 = 3J_3 - 3J_1 J_2 + J_1^3$$

Die Basisinvarianten werden vielfach auch in einer etwas modifizierten Form angegeben

$$I_1(\mathbf{T}) = \mathrm{Sp}(\mathbf{T}) = T_{ii}$$

$$I_2(\mathbf{T}) = \frac{1}{2}\mathrm{Sp}(\mathbf{T}^2) = \frac{1}{2}T_{ij}T_{ji}$$

$$I_3(\mathbf{T}) = \frac{1}{3}\mathrm{Sp}(\mathbf{T}^3) = \frac{1}{3}T_{ij}T_{jk}T_{ki}$$

Für die Formulierung der Konstitutivgleichung für isotropes Materialverhalten werden die Invarianten der Spannungs- und Verzerrungstensoren und der entsprechenden Deviatoren verwendet. Für den Deviator des Tensors $\mathbf{T}$ galt

$$\mathbf{T}^D = \mathbf{T} - \frac{1}{3}\mathrm{Sp}\mathbf{T}\mathbf{I} = \mathbf{T} - \frac{1}{3}\mathbf{T}\cdot\cdot\mathbf{I}\mathbf{I}, \quad T_{ij}^D = T_{ij} - \frac{1}{3}T_{kk}\delta_{ij}$$

Für die Basisinvarianten erhält man dann die folgenden Gleichungen

$$I_1(\mathbf{T}^D) = T_{ii}^D = \mathbf{T}^D\cdot\cdot\mathbf{I} = 0$$

$$I_2(\mathbf{T}^D) = T_{ij}^D T_{ji}^D = \mathbf{T}^D\cdot\cdot\mathbf{T}^D$$

$$I_3(\mathbf{T}^D) = T_{ij}^D T_{jk}^D T_{ki}^D = (\mathbf{T}^D\cdot\mathbf{T}^D)\cdot\cdot\mathbf{T}^D$$

und für die Hauptinvarianten folgt

$$J_1(\mathbf{T}^D) = I_1(\mathbf{T}^D) = 0$$

$$J_2(\mathbf{T}^D) = -\frac{1}{2}I_2(\mathbf{T}^D)$$

$$J_3(\mathbf{T}^D) = \frac{1}{3}I_3(\mathbf{T}^D) = \det\mathbf{T}^D$$

Basis- und Hauptinvarianten eines Deviators unterscheiden sich nur durch Koeffizienten, es kann daher bei Deviatoren auf eine Unterscheidung verzichtet werden.
Sind $\lambda_{(\alpha)}^D, \alpha = I, II, III$ die Hauptwerte der charakteristischen Gleichung des Deviators $\mathbf{T}^D$, die sich durch die Transformation

$$\lambda^D = \lambda - \frac{1}{3}J_1(\mathbf{T}), \quad \mathbf{n}^D = \mathbf{n}$$

aus der charakteristischen Gleichung des Tensors $\mathbf{T}$ zu

$$(\lambda^D)^3 + J_2(\mathbf{T}^D)\lambda^D - J_3(\mathbf{T}^D) = 0$$

ergibt, erhält man für die Hauptinvarianten des Deviators die Beziehungen

$$J_1(\mathbf{T}^D) = I_1(\mathbf{T}^D) = 0$$

$$J_2(\mathbf{T}^D) = -\frac{1}{2}I_2(\mathbf{T}^D) = -\frac{1}{2}\left(\lambda_1^{D^2} + \lambda_2^{D^2} + \lambda_3^{D^2}\right) = \lambda_I^D\lambda_{II}^D + \lambda_{II}^D\lambda_{III}^D + \lambda_{III}^D\lambda_I^D$$

$$= -\frac{1}{6}\left[(\lambda_I - \lambda_{II})^2 + (\lambda_{II} - \lambda_{III})^2 + (\lambda_{III} - \lambda_I)^2\right]$$

$$J_3(\mathbf{T}^D) = \frac{1}{3}(\mathbf{T}^D) = \frac{1}{3}\left(\lambda_1^{D^3} + \lambda_2^{D^3} + \lambda_3^{D^3}\right) = \lambda_I^D \lambda_{II}^D \lambda_{III}^D$$

$$= \frac{4}{9}\lambda_I \lambda_{II} \lambda_{III} - \frac{1}{9}(\lambda_I^2 \lambda_{II} + \lambda_I^2 \lambda_{III} + \lambda_{II}^2 \lambda_I + \lambda_{II}^2 \lambda_{III} + \lambda_{III}^2 \lambda_I + \lambda_{III}^2 \lambda_{II})$$

$$+ \frac{2}{27}(\lambda_I^3 + \lambda_{II}^3 + \lambda_{III}^3)$$

Die quadratische Basisinvariante des Deviators ist offensichtlich immer positiv definit, die entsprechende quadratische Hauptinvariante immer nicht positiv. Um diese Unterscheidung zu vermeiden, wird die quadratische Tensorinvariante in der Literatur auch mit dem entgegengesetzten Vorzeichen definiert.

Um z.B. bei der Formulierung der Konstitutivgleichungen die Aufteilung des Tensors $\mathbf{T}$ in den Kugeltensor $\mathbf{T}^K$ und den Deviatortensor $\mathbf{T}^D$ zu erfassen, kann statt des Invariantensystems $I_\nu(\mathbf{T})$ (Basisinvarianten) oder $J_\nu(\mathbf{T})$ (Hauptinvarianten), $\nu = 1, 2, 3$, auch das Invariantensystem

$$I_1(\mathbf{T}^K) = J_1(\mathbf{T}^K) \equiv J_1(\mathbf{T})$$

$$I_2(\mathbf{T}^D) = -2J_2(\mathbf{T}^D) = -2J_2(\mathbf{T}) + \frac{2}{3}J_1^2(\mathbf{T})$$

$$I_3(\mathbf{T}^D) = 3J_3(\mathbf{T}^D) = 3J_3(\mathbf{T}) - J_1(\mathbf{T})J_2(\mathbf{T}) + \frac{2}{9}J_1^3(\mathbf{T})$$

zu Grunde gelegt werden.

Für symmetrische Tensoren $\mathbf{T}$ ist auch der Deviatortensor $\mathbf{T}^D = \mathbf{T} - \mathbf{T}^K$ symmetrisch, so daß die charakteristische Gleichung für $\mathbf{T}^D$ drei reelle Wurzeln hat. Für den Sonderfall $\mathbf{T} \equiv \mathbf{T}^K$ (hydrostatischer Spannungszustand) erhält man $\lambda_I^D = \lambda_{II}^D = \lambda_{III}^D = 0$ (dreifache Nullwurzel) und alle Deviatorinvarianten sind identisch Null.

Für die Darstellung der Invarianten gibt es in der Literatur zahlreiche weitere Vorschläge. Für mechanische Aufgabenstellungen kann man eine umfangreiche Darstellung in [207] finden. Hier soll noch kurz auf die von NOVOZHILOV in [146, 147] für den Spannungstensor eingeführten Invarianten eingegangen werden. Diese lauten für den Tensor 2. Stufe $\mathbf{T}$

$$I_\mathbf{T} = \mathbf{T} \cdot \cdot \mathbf{I}, \quad T_{vM} = \sqrt{\frac{3}{2}\mathbf{T}^D \cdot \cdot \mathbf{T}^D}, \quad \sin 3\xi = -\frac{27}{2}\frac{\det \mathbf{T}^D}{T_{vM}^3}, \quad -\frac{\pi}{6} \leq \xi \leq \frac{\pi}{6} \qquad (2.2.1)$$

mit

$$\mathbf{T}^D = \mathbf{T} - \frac{1}{3}\mathbf{T} \cdot \cdot \mathbf{II}$$

als Spannungsdeviator. Die NOVOZHILOVschen Invarianten hängen mit den Basisinvarianten wie folgt zusammen

$$I_1 = I_\mathbf{T}, \quad I_2 = \frac{2}{3}T_{vM}^2 + \frac{1}{3}I_\mathbf{T}^2, \quad I_3 = \frac{1}{9}I_\mathbf{T}^3 + \frac{2}{3}I_\mathbf{T} T_{vM}^2 - \frac{2}{9}T_{vM}^3 \sin 3\xi$$

Die erste (lineare) Invariante fällt für beide Darstellungen zusammen, T_{vM} ist in Anlehnung an die VON MISESsche Vergleichsspannung definiert. Der Winkel ξ hängt mit einer Größe zusammen, die eine Analogie zum LODE-Parameter $\mu_\mathbf{T}$ darstellt. Für die Hauptwerte

$$\lambda_I \geq \lambda_{II} \geq \lambda_{III}$$

gilt [97]

$$\mu_{\mathbf{T}} = \frac{2\lambda_{II} - \lambda_I - \lambda_{III}}{\lambda_I - \lambda_{III}}, \quad -1 \leq \mu_{\mathbf{T}} \leq 1$$

bzw.

$$\mu_{\mathbf{T}} = \sqrt{3}\tan\xi$$

Der LODE-Parameter kennzeichnet die Beziehungen zwischen den Hauptwerten eines Tensors. Einige Sonderfälle haben für die Berechnungspraxis besondere Bedeutung. So erhält man für den Tensor

$$\mathbf{T} = t_{11}\mathbf{e}_1\mathbf{e}_1$$

folgende Invarianten

$$I_{\mathbf{T}} = t_{11}, \; T_{vM} = t_{11}, \; \sin 3\xi = -1$$

Damit wird

$$\xi = -\frac{\pi}{6} \quad \text{bzw.} \quad \mu_{\mathbf{T}} = -1$$

Für

$$\mathbf{T} = -t_{11}\mathbf{e}_1\mathbf{e}_1$$

und

$$\mathbf{T} = t_{12}(\mathbf{e}_1\mathbf{e}_2 + \mathbf{e}_2\mathbf{e}_1)$$

folgt in Analogie

$$I_{\mathbf{T}} = -t_{11}, \; T_{vM} = t_{11}, \; \sin 3\xi = 1, \; \xi = \frac{\pi}{6} \quad \text{bzw.} \quad \mu_{\mathbf{T}} = 1$$

und

$$I_{\mathbf{T}} = 0, \; T_{vM} = \sqrt{3}t_{12}, \; \sin 3\xi = 0, \; \xi = 0 \quad \text{bzw.} \quad \mu_{\mathbf{T}} = 0$$

Tensorwertige Funktionen beliebiger Stufe können u.a. vom Ort und/oder der Zeit abhängen. Sie sind Feldgrößen (Feldfunktionen), die bei reiner Ortsabhängigkeit ein stationäres Feld, anderenfalls ein instationäres Feld beschreiben. Für tensorwertige Funktionen der Zeit t gilt dann

$$\mathbf{T} = \mathbf{T}(t); \quad \frac{d\mathbf{T}(t)}{dt} = \lim_{\Delta t \to 0} \frac{\mathbf{T}(t + \Delta t) - \mathbf{T}(t)}{\Delta t}; \quad \frac{d}{dt}\int \mathbf{T}(t)\,dt = \mathbf{T}(t)$$

Damit gelten alle bekannten Differentiations- und Integrationsregeln gewöhnlicher Funktionen einer Variablen. Die Stufe des Tensors ändert sich dabei nicht.

Für eine kompakte Darstellung der Ableitung der Tensoren nach dem Ort kann man das Nablakalkül verwenden. Dieses basiert auf der Definition eines linearen vektoriellen Differentialoperators, des Nabla- oder HAMILTON-Operators

$$\nabla = \mathbf{e}_i \frac{\partial(\ldots)}{\partial x_i} = (\ldots)_{,i}\mathbf{e}_i$$

Im einzelnen gilt

$$\begin{aligned}
\nabla \varphi &= \mathbf{e}_i \varphi_{,i}; & & \\
\nabla \mathbf{a} &= \mathbf{e}_i \mathbf{a}_{,i} = \mathbf{e}_i a_{j,i}\mathbf{e}_j = a_{j,i}\mathbf{e}_i\mathbf{e}_j; & \nabla \cdot \mathbf{a} &= \mathbf{e}_i \cdot \mathbf{a}_{,i} = a_{j,i}\mathbf{e}_i \cdot \mathbf{e}_j = a_{j,i}\delta_{ij} = a_{i,i}\\
\nabla \mathbf{T} &= \mathbf{e}_i \mathbf{T}_{,i} = \mathbf{e}_i T_{jk,i}\mathbf{e}_j\mathbf{e}_k = T_{jk,i}\mathbf{e}_i\mathbf{e}_j\mathbf{e}_k; & \nabla \cdot \mathbf{T} &= \mathbf{e}_i \cdot \mathbf{T}_{,i} = T_{jk,i}\mathbf{e}_i \cdot \mathbf{e}_j\mathbf{e}_k = T_{jk,j}\mathbf{e}_k
\end{aligned}$$

Die Anwendung des Nablaoperators auf Summen, Differenzen, Produkte oder Quotienten von Feldfunktionen erfolgt nach den bekannten Regeln der Differentialrechnung.

Im Rahmen der mathematisch-mechanischen Modellierung des Werkstoffverhaltens werden Konstitutivgleichungen entwickelt, die selbst Tensorfunktionen sind. Die Mathematikausbildung für Ingenieure geht auf diese spezielle Funktionsklasse meistens nicht ein, so daß hier ausgewählte Rechenregeln für Tensorfunktionen angeführt werden. Bei Beschränkung des möglichen Argumentensatzes auf Tensoren 2. Stufe sind nachfolgende lineare skalare, vektorielle und tensorielle Funktionen konstruierbar

$$\begin{aligned}
\psi &= \mathbf{B} \cdot \cdot \mathbf{D} & \text{lineare skalare Funktionen}\\
\mathbf{c} &= {}^{(3)}\mathbf{B} \cdot \cdot \mathbf{D} & \text{lineare vektorielle Funktionen}\\
\mathbf{P} &= {}^{(4)}\mathbf{B} \cdot \cdot \mathbf{D} & \text{lineare tensorielle Funktionen}
\end{aligned}$$

Für den Tensor 2. Stufe $\mathbf{D}$ läßt damit eine quadratische Form angegeben

$$\psi[\mathbf{P}(\mathbf{D})] = \psi({}^{(4)}\mathbf{B} \cdot \cdot \mathbf{D}) = ({}^{(4)}\mathbf{B} \cdot \cdot \mathbf{D}) \cdot \cdot \mathbf{D} = B_{klmn}D_{nm}D_{lk}$$

Die Reihenfolge der Multiplikation mit den Tensoren $\mathbf{D}$ kann vertauscht werden. Es gilt dann

$$B_{klmn} = B_{mnkl} \tag{2.2.2}$$

Für den Fall, daß der Tensor $\mathbf{D}$ symmetrisch ist ($\mathbf{D} = \mathbf{D}^T$), gilt für die Koordinaten des Tensors 4. Stufe ${}^{(4)}\mathbf{B}$

$$P_{st} = B_{stmn}D_{nm}, \quad B_{klmn} = B_{klnm} \tag{2.2.3}$$

Ist weiterhin der Tensor $\mathbf{P}$ symmetrisch ($\mathbf{P} = \mathbf{P}^T$), gilt

$$P_{st} = P_{ts} = B_{stmn}D_{nm}, \quad B_{stmn} = B_{tsmn} \tag{2.2.4}$$

Aus den letzten Gleichungen können folgende Schlußfolgerungen gezogen werden. Ein Tensor 4. Stufe hat für jedes Koordinatensystem im dreidimensionalen Raum 81 Koordinaten. Die Berücksichtigung der Gln. (2.2.3) und (2.2.4) führt zu einer Reduktion auf 36 linear unabhängigen Koordinaten, die Einbeziehung der Gl. (2.2.2) - auf 21.

Skalarwertige Funktionen, die von Tensoren 2. Stufe abhängen, können folgendermaßen dargestellt werden

$$\psi = \psi(\mathbf{D}) = \psi(D_{11}, D_{22}, \ldots, D_{31})$$

Die Ableitung nach dem tensoriellen Argument wird dann wie folgt definiert

$$\psi_{,\mathbf{D}} = \frac{\partial \psi}{\partial \mathbf{D}} = \frac{\partial \psi}{\partial D_{kl}}\mathbf{e}_k\mathbf{e}_l \tag{2.2.5}$$

Sie ist ein Tensor 2. Stufe. Aus dieser Definition ergeben sich zahlreiche weitere Rechenregeln. Diese seien hier ohne Ableitung angeführt. Weitere Einzelheiten können u.a. in [18, 36, 124] nachgelesen werden.

Von besonderer Bedeutung bei der Ableitung materialspezifischer Gleichungen sind Ableitungen von Invarianten. Die Ableitung der 1. Invariante lautet

$$J_1(\mathbf{D}),_{\mathbf{D}} = \mathbf{I}$$

Analog kann man folgende Ableitungen für das Quadrat und die dritte Potenz eines Tensors 2. Stufe angeben

$$J_1(\mathbf{D}^2),_{\mathbf{D}} = 2\mathbf{D}^T, \quad J_1(\mathbf{D}^3),_{\mathbf{D}} = 3\mathbf{D}^{2T}$$

Mit Hilfe des Satzes von CALEY-HAMILTON können dann die Ableitungen der 2. und 3. Invarianten berechnet werden

$$J_2(\mathbf{D}),_{\mathbf{D}} = J_1(\mathbf{D})\mathbf{I} - \mathbf{D}^T,$$
$$J_3(\mathbf{D}),_{\mathbf{D}} = \mathbf{D}^{2T} - J_1(\mathbf{D})\mathbf{D}^T + J_2(\mathbf{D})\mathbf{I} = J_3(\mathbf{D})(\mathbf{D}^T)^{-1}$$

Außerdem gilt für skalarwertige Funktionen der Invarianten

$$\psi[J_1(\mathbf{D}), J_2(\mathbf{D}), J_3(\mathbf{D})],_{\mathbf{D}} = \left(\frac{\partial \psi}{\partial J_1} + J_1 \frac{\partial \psi}{\partial J_2} + J_2 \frac{\partial \psi}{\partial J_3}\right)\mathbf{I} - \left(\frac{\partial \psi}{\partial J_2} + J_1 \frac{\partial \psi}{\partial J_3}\right)\mathbf{D}^T + \frac{\partial \psi}{\partial J_3}\mathbf{D}^{2T}$$

Bei der Differentiation einer tensorwertigen Funktion 2. Stufe, die selbst von einem Tenor 2. Stufe abhängt, d.h., es gilt

$$\mathbf{P} = \mathbf{P}(\mathbf{D}),$$

wird folgende Rechenregel angewendet

$$\mathbf{P},_{\mathbf{D}} = \frac{\partial P_{mn}}{\partial D_{kl}} \mathbf{e}_m \mathbf{e}_n \mathbf{e}_k \mathbf{e}_l$$

Abschließend wird noch kurz der Darstellungssatz für isotrope Funktionen tensorieller Argumente betrachtet. Skalarwertige Funktionen tensorieller Argumente werden als isotrop bezeichnet, wenn jegliche Drehung des Koordinatensystems ohne Einfluß auf den Wert der Funktion bleibt. Für tensorwertige Funktionen lassen sich in Analogie Isotropieaussagen treffen. Im Zusammenhang mit isotropen, tensorwertigen Funktionen gilt auch der folgende Darstellungssatz nach TRUESDELL und NOLL: *Ist $\mathbf{P} = \mathbf{F}(\mathbf{A})$ eine isotrope, tensorwertige Funktion, deren Komponenten Polynome des Grades n der Komponenten von $\mathbf{A}$ sind, gilt*

$$\mathbf{P} = \mathbf{F}(\mathbf{A}) = \phi_0 \mathbf{I} + \phi_1 \mathbf{A} + \phi_2 \mathbf{A}^2 + \ldots + \phi_n \mathbf{A}^n,$$

wobei die Koeffizienten ϕ_k skalarwertige Funktionen der Invarianten von $\mathbf{A}$ sind

$$\phi_k = \phi_k[J_1(\mathbf{A}), J_2(\mathbf{A}), J_3(\mathbf{A})]$$

Entsprechend dem Satz von CALEY-HAMILTON kann jede nte Potenz eines Tensors ($n \geq 3$) durch seine 0., 1. und 2. Potenz ausgedrückt werden

$$\mathbf{P} = \mathbf{F}(\mathbf{A}) = \nu_0 \mathbf{I} + \nu_1 \mathbf{A} + \nu_2 \mathbf{A}^2,$$

wobei die Koeffizienten ν_i nur von den Invarianten des Argumententensors abhängen

$$\nu_i = \nu_i[J_1(\mathbf{A}), J_2(\mathbf{A}), J_3(\mathbf{A})]$$

2.3 Modelle des Deformationsverhaltens auf der Basis von Potentialformulierungen

Die in diesem Buch behandelten Werkstoffmodelle für das Deformationsverhalten haben eine Gemeinsamkeit, sie werden alle aus einer Potentialfunktion abgeleitet. Der Abschnitt 2.3 behandelt in kurzer Form die allgemeinen Grundlagen dieser Werkstoffmodellklasse unter den folgenden einschränkenden Voraussetzungen:

1. Alle Werkstoffmodelle beziehen sich auf geometrisch-lineare Probleme, d.h., der Deformationszustand wird durch den linearen CAUCHYschen Verzerrungstensor

$$\varepsilon = \frac{1}{2}\left[\nabla\mathbf{u} + (\nabla\mathbf{u})^T\right],$$

    der nur für kleine Verzerrungen ε geeignet ist, gekennzeichnet. Dabei ist $\mathbf{u}$ der Verschiebungsvektor, ∇ der Nablaoperator und $(\ldots)^T$ bedeutet transponiert.

2. Aufgrund der vorausgesetzten geometrischen Linearität besteht keine Notwendigkeit, LANGRANGEsche und EULERsche Koordinaten zur Beschreibung des Werkstoffverhaltens einzuführen. Es gibt daher keinen Unterschied zwischen aktuellen und Referenzkoordinaten, der bei kontinuumsmechanischen Darstellungen von Prozessen mit großen Deformationen wesentlich ist [18, 36]. Damit vereinfacht sich die totale Differentiation nach der Zeit, da die konvektiven Terme wegfallen. Als Beanspruchungsmaß wird der Nennspannungstensor σ gewählt. Aufgrund der Symmetrie des Verzerrungstensors ε kann man auch den Spannungstensor σ als symmetrisch annehmen, polare Werkstoffmodelle sind dann aus der Betrachtung ausgeschlossen.

3. Es werden ausschließlich isotherme Prozesse betrachtet.

4. Alle koordinatenbezogenen Darstellungen werden für kartesische Koordinaten realisiert.

Die Einschränkungen 1. bis 4. vereinfachen nahezu alle Darstellungen wesentlich. Damit können die im Mittelpunkt des Buches stehenden speziellen Effekte des Werkstoffverhaltens anschaulich dargelegt werden. Erweiterungen sind prinzipiell denkbar und möglich, für die qualitative und quantitative Erläuterung der nichtklassischen Effekte jedoch nicht notwendig. Daneben wird die experimentelle Identifikation und Verifikation bei Modellen unter Einschluß aller Nichtlinearitäten und nichtklassischen Effekte wesentlich aufwendiger bzw. nicht realisierbar. Daher wird auch aus dieser Sicht auf eine Erweiterung auf große Deformationen verzichtet.

Die mathematische Beschreibung des Werkstoffverhaltens wird auf die folgenden Grundmodelle des Deformationsverhaltens beschränkt

- Elastizität

- Plastizität

- Kriechen

Zusätzlich wird das phänomenologische Versagen im Rahmen eines Grenzflächenkonzeptes untersucht. Die Diskussion dazu erfolgt im nächsten Abschnitt. Alle Modelle weisen trotz deutlicher Unterschiede in den physikalischen Aussagen Gemeinsamkeiten in der mathematisch-mechanischen Modellierung auf.

Als erstes Materialmodell wird die *Elastizität* betrachtet. Als elastisch bezeichnet man vollständig reversibles Werkstoffverhalten, d.h., es tritt keine Dissipation mechanischer Energie auf. In der Festkörpermechanik wird hierfür das Modell des elastischen Materials eingeführt. Dieses ist dadurch gekennzeichnet, daß die Spannungen $\boldsymbol{\sigma}$ in jedem Punkt des aus elastischem Material bestehenden Körpers eineindeutige Funktionen der Verzerrungen $\boldsymbol{\varepsilon}$ sind [161]:

$$\boldsymbol{\sigma} = \mathbf{F}(\boldsymbol{\varepsilon}^{el}), \quad \boldsymbol{\varepsilon}^{el} = \mathbf{F}^*(\boldsymbol{\sigma})$$

bzw.

$$\sigma_{ij} = F_{ij}(\varepsilon_{kl}^{el}), \quad \varepsilon_{ij}^{el} = F_{ij}^*(\sigma_{kl})$$

Das so definierte elastische Materialverhalten wird auch als CAUCHY-Elastizität bezeichnet. $\mathbf{F}$ ist eine Tensorfunktion 2. Stufe. Die Belastungsgeschichte (Belastungsweg) bzw. die entsprechende Verzerrungsgeschichte (Verzerrungsweg) können als Prozesse der Änderung des Spannungstensors bzw. des Verzerrungstensors in Abhängigkeit von einem monoton zunehmenden Faktor, der formal als Zeit aufgefaßt werden kann, betrachtet werden. Diese Zeit steht in keinem Zusammenhang mit der realen Echtzeit. Sie dient lediglich als Parameter.

Für elastisches Material wird die gesamte, durch äußere Kräfte geleistete mechanische Arbeit als Energie gespeichert, Energiedissipation tritt nicht auf. Die gespeicherte innere Energie heißt Verzerrungsenergie. Die Verzerrungsenergiedichte folgt aus

$$W = \int_0^{\varepsilon^{el}} \boldsymbol{\sigma} \cdot \cdot \, d\boldsymbol{\varepsilon}^{el},$$

ihre Änderung ist [21, 161]

$$dW = \boldsymbol{\sigma} \cdot \cdot \, d\boldsymbol{\varepsilon}^{el}$$

Wegen der Reversibilität elastischer Deformationsprozesse erhält man für einen geschlossenen Deformationszyklus, der die Belastung und die vollständige Entlastung einschließt

$$\oint dW = \oint \boldsymbol{\sigma} \cdot \cdot \, d\boldsymbol{\varepsilon}^{el} = 0$$

Mathematisch folgt daraus die Bedingung [68]

$$dW = \frac{\partial W(\boldsymbol{\varepsilon}^{el})}{\partial \boldsymbol{\varepsilon}^{el}} \cdot \cdot \, d\boldsymbol{\varepsilon}^{el} = \boldsymbol{\sigma} \cdot \cdot \, d\boldsymbol{\varepsilon}^{el}$$

bzw.

$$\frac{\partial W(\boldsymbol{\varepsilon}^{el})}{\partial \boldsymbol{\varepsilon}^{el}} = \boldsymbol{\sigma} \qquad (2.3.1)$$

Damit erhält man das elastische Deformationsmodell auf der Grundlage einer Potentialformulierung. Die Verzerrungsenergiedichtefunktion W wird als elastische Verzerrungspotentialfunktion $\Phi^{el}(\boldsymbol{\varepsilon}^{el}) = W(\boldsymbol{\varepsilon}^{el})$ definiert, die Ableitungen der Potentialfunktion nach den Verzerrungen führen auf den Spannungstensor

2.3 Modelle des Deformationsverhaltens auf der Basis von Potentialformulierungen

$$\boldsymbol{\sigma} = \frac{\partial \Phi^{el}(\boldsymbol{\varepsilon}^{el})}{\partial \boldsymbol{\varepsilon}^{el}}, \ \sigma_{ij} = \frac{\partial \Phi^{el}(\varepsilon^{el}_{kl})}{\partial \varepsilon^{el}_{ij}} \qquad (2.3.2)$$

Der so definierte allgemeine Zusammenhang zwischen dem Spannungs- und dem Verzerrungstensor heißt GREEN-Elastizität oder Hyperelastizität.

Unter der Voraussetzung, daß sich die Gl. (2.3.2) eindeutig nach $\boldsymbol{\varepsilon}^{el}$ auflösen läßt, kann man auch eine Potentialfunktion $\Phi^{*el} \equiv W^*(\boldsymbol{\sigma})$ einführen. $W^*(\boldsymbol{\sigma})$ ist die komplementäre Energiedichtefunktion und es gelten die Gleichungen

$$W(\boldsymbol{\varepsilon}^{el}) + W^*(\boldsymbol{\sigma}) = \boldsymbol{\sigma} \cdot \cdot \boldsymbol{\varepsilon}^{el}$$

$$\Phi^{*el}(\boldsymbol{\sigma}) = \boldsymbol{\sigma} \cdot \cdot \boldsymbol{\varepsilon}^{el} - \Phi^{el}(\boldsymbol{\varepsilon}^{el})$$

$$\boldsymbol{\varepsilon}^{el} = \frac{\partial \Phi^{*el}(\boldsymbol{\sigma})}{\partial \boldsymbol{\sigma}}$$

$\Phi^{el}(\boldsymbol{\varepsilon}^{el})$ heißt Verzerrungspotentialfunktion, $\Phi^{*el}(\boldsymbol{\sigma})$ Spannungspotentialfunktion.

Für das Materialmodell *Plastizität* kann die plastische Potentialfunktion nicht aus einer Energiedichtefunktion abgeleitet werden. Der funktionelle Zusammenhang zwischen plastischen Verzerrungen und Spannungen wird für Zustandsänderungen formuliert. Das erfolgt durch die Zuordnung von Verzerrungsinkrementen $d\boldsymbol{\varepsilon}^{pl}$ und Spannungsinkrementen $d\boldsymbol{\sigma}$ oder der plastischen Verzerrungsgeschwindigkeiten $\dot{\boldsymbol{\varepsilon}}^{pl}$ und der Spannungsgeschwindigkeiten $\dot{\boldsymbol{\sigma}}$. Die Änderungen der Zustandsgrößen werden im letzteren Fall durch Ableitungen nach einem skalaren Parameter $t \geq 0$, der die Abhängigkeit von der Belastungsgeschichte beschreibt, dargestellt. Obwohl t keine reale Zeit ist und somit die Ableitungen keinen realen Geschwindigkeiten, sondern Zustandsänderungen unter der Voraussetzung eines zeitunabhängigen Werkstoffverhaltens sind, spricht man im übertragenen Sinn von Verzerrungs- und Spannungsgeschwindigkeiten. $d\boldsymbol{\varepsilon}^{pl}$ bzw. $\dot{\boldsymbol{\varepsilon}}^{pl}$ können geometrisch allgemein als neundimensionale Vektoren im Verzerrungsraum interpretiert werden.

Die Grenze des elastischen Materialzustandes bzw. der Beginn des plastischen Zustandes werden für mehrachsige Spannungszustände durch eine Fließbedingung definiert. Die Fließbedingung wird im Spannungsraum durch eine Funktion $f(\boldsymbol{\sigma})$ beschrieben. Für $f(\boldsymbol{\sigma})$ gilt dann [161]

$$\begin{array}{ll} f(\boldsymbol{\sigma}) < 0 & \text{elastischer Zustand} \\ f(\boldsymbol{\sigma}) = 0 & \text{plastischer Zustand} \end{array} \qquad (2.3.3)$$

In den Gln. (2.3.3) stellt $f(\boldsymbol{\sigma}) = 0$ geometrisch eine Hyperfläche im Spannungsraum dar, sie wird Fließfläche genannt. Werte des Spannungstensors, für die $f(\boldsymbol{\sigma}) \leq 0$ gilt, werden als zulässige Spannungswerte bezeichnet. Die Menge aller elastischen Zustände wird somit durch $f(\boldsymbol{\sigma}) < 0$ begrenzt, plastische Zustände liegen auf der Hyperfläche $f(\boldsymbol{\sigma}) = 0$.
In Analogie zum elastischen Materialmodell, für das eine Potentialfunktion $\Phi^{*el}(\boldsymbol{\sigma}) \equiv W^*(\boldsymbol{\sigma})$ mit folgender Eigenschaft existiert

$$\boldsymbol{\varepsilon}^{el} = \frac{\partial \Phi^{*el}(\boldsymbol{\sigma})}{\partial \boldsymbol{\sigma}}$$

wurde 1928 von VON MISES formal eine plastische Potentialfunktion $\Phi^{pl}(\boldsymbol{\sigma})$ definiert, für die gilt

$$d\varepsilon^{pl} = d\lambda \frac{\partial \Phi^{pl}(\sigma)}{\partial \sigma} \quad \text{oder} \quad \dot{\varepsilon}^{pl} = \dot{\lambda} \frac{\partial \Phi^{pl}(\sigma)}{\partial \sigma} \tag{2.3.4}$$

$d\lambda$ bzw. $\dot{\lambda}$ ist ein skalarer Proportionalitätsfaktor, der nur dann verschieden von Null ist, wenn plastische Verzerrungen $d\varepsilon^{pl}$ auftreten. $\Phi^{pl}(\sigma) = $ konst definiert eine Hyperfläche im neundimensionalen Spannungsraum. Die Richtungskosinus des Normalenvektors im Punkt σ der Hyperfläche sind proportional der Ableitung $\partial \Phi^{pl}(\sigma)/\partial \sigma$, d.h. dem Gradienten von Φ^{pl}. Die Gl. (2.3.4) heißt Fließregel, sie ist die notwendige kinematische Annahme für plastische Deformationen. Sie legt fest, daß der plastische Deformationstensor $d\varepsilon^{pl}$ proportional dem Gradienten der Funktion Φ^{pl} im Punkt σ der Fläche $\Phi^{pl} = 0$ ist, d.h., daß der Vektor $d\varepsilon^{pl}$ die Richtung der Flächennormalen im Punkt σ der Fläche $\Phi^{pl} = 0$ hat. Von besonderer Bedeutung ist der Fall, daß die Potentialfunktion $\Phi^{pl}(\sigma)$ und die Fließfunktion $f(\sigma)$ zusammenfallen

$$\Phi^{pl}(\sigma) \equiv f(\sigma)$$

Es gilt dann

$$d\varepsilon^{pl} = d\lambda \frac{\partial f}{\partial \sigma} \quad \text{bzw.} \quad \dot{\varepsilon}^{pl} = \dot{\lambda} \frac{\partial f}{\partial \sigma} \tag{2.3.5}$$

Gl. (2.3.5) definiert die Klasse der assoziierten Fließgesetze, der Vektor $d\varepsilon^{pl}$ ist der Fließfunktion zugeordnet und steht rechtwinklig auf der Fließfläche im Punkt σ. Im Fall von $f \neq \Phi^{pl}$ spricht man von den nichtassoziierten Fließregeln [60].
Ausgangspunkt der Theorie des plastischen Potentials [136] kann auch das sogenannte VON MISESsche Maximumprinzip sein: *Der tatsächliche Spannungszustand σ bei einem vorgegebenen Tensor der plastischen Deformationsänderungen $\dot{\varepsilon}^{pl}$ stellt sich so ein, daß die spezifische dissipative Leistung $D^{pl} = \sigma \cdot\cdot \dot{\varepsilon}^{pl}$ einen maximalen Wert erreicht.* Für einen beliebigen zulässigen Spannungszustand σ^* gilt dann

$$\sigma \cdot\cdot \dot{\varepsilon}^{pl} \geq \sigma^* \cdot\cdot \dot{\varepsilon}^{pl}$$

bzw.

$$(\sigma - \sigma^*) \cdot\cdot \dot{\varepsilon}^{pl} \geq 0$$

Das Maximumprinzip kann auch als Bedingung dafür interpretiert werden, daß die Fließfläche nicht konkav ist. Zur Konvexität von Fließflächen gibt es ausführliche Untersuchungen u.a. von BETTEN [36].
Unter der Voraussetzung, daß die Fließbedingung mindestens stückweise stetig und differenzierbar ist, kann man das lokale Maximum der dissipativen Leistung mit der Fließbedingung als Nebenbedingung berechnen. Dazu ist das Extremum der Funktion

$$\tilde{D}^{pl} = D^{pl} - \dot{\lambda} f(\sigma) = \sigma \cdot\cdot \dot{\varepsilon}^{pl} - \dot{\lambda} f(\sigma)$$

zu ermitteln. $\dot{\lambda}$ ist ein LAGRANGEscher Multiplikator. Aus dem Nullsetzen der Ableitung der Funktion $\tilde{D}$ nach dem Spannungstensor σ folgt das assoziierte Fließgesetz (Fließregel)

$$\dot{\varepsilon}^{pl} = \dot{\lambda} \frac{\partial f}{\partial \sigma}$$

Damit ist die Funktion f eine Potentialfunktion, d.h., es gilt wieder $f(\sigma) \equiv \Phi^{pl}(\sigma)$.

2.3 Modelle des Deformationsverhaltens auf der Basis von Potentialformulierungen

Allgemein lassen sich Konstitutivgleichungen für elastisches/ideal-plastisches Werkstoffverhalten aus einer inkrementellen Darstellung gewinnen. Zunächst gilt für die Gesamtverzerrungen

$$d\varepsilon = d\varepsilon^{el} + d\varepsilon^{pl}$$

bzw. für die elastischen Verzerrungen

$$d\varepsilon^{el} = d\varepsilon - d\varepsilon^{pl} \qquad (2.3.6)$$

Die elastischen Verzerrungen selbst können aus einer Potentialformulierung abgeleitet werden

$$\varepsilon^{el} = \frac{\partial \Phi^{*el}}{\partial \boldsymbol{\sigma}}$$

Für $\Phi^{*el}(\boldsymbol{\sigma}) \equiv W^*(\boldsymbol{\sigma})$ entspricht dieses Potential der Ergänzungsarbeit (konjugiertes elastisches Potential). Berechnet man jetzt das Inkrement des elastischen Verzerrungstensors, erhält man

$$d\varepsilon^{el} = d\left(\frac{\partial \Phi^{*el}}{\partial \boldsymbol{\sigma}}\right) = \frac{\partial^2 \Phi^{*el}}{\partial \boldsymbol{\sigma}^2} \cdot \cdot \, d\boldsymbol{\sigma}$$

Das Inkrement des plastischen Verzerrungstensors ergibt sich aus

$$d\varepsilon^{pl} = d\lambda \frac{\partial \Phi^{pl}}{\partial \boldsymbol{\sigma}}$$

mit $\Phi^{pl}(\boldsymbol{\sigma})$ als plastisches Potential. Fällt das plastische Potential mit der Fließbedingung zusammen, d.h., $\Phi^{pl} \equiv f$, ergibt sich die assoziierte Fließregel zu

$$d\varepsilon^{pl} = d\lambda \frac{\partial f}{\partial \boldsymbol{\sigma}}$$

Setzt man jetzt den Ausdruck für das Inkrement des elastischen Verzerrungstensors und den Ausdruck für das Inkrement des plastischen Verzerrungstensors in Gl. (2.3.6) ein, folgt

$$\frac{\partial^2 \Phi^{*el}}{\partial \boldsymbol{\sigma}^2} \cdot \cdot \, d\boldsymbol{\sigma} = d\varepsilon - d\lambda \frac{\partial f}{\partial \boldsymbol{\sigma}}$$

bzw.

$$d\boldsymbol{\sigma} = \left(\frac{\partial^2 \Phi^{*el}}{\partial \boldsymbol{\sigma}^2}\right)^{-1} \cdot \cdot \, \left(d\varepsilon - d\lambda \frac{\partial f}{\partial \boldsymbol{\sigma}}\right)$$

Dabei gilt stets:

1. $d\lambda = 0$ falls $f < 0$ oder $f = 0$ und $df < 0$
2. $d\lambda > 0$ falls $f = 0$ und $df = 0$

Für $d\lambda > 0$ erhält man daher

$$df = \frac{\partial f}{\partial \boldsymbol{\sigma}} \cdot \cdot d\boldsymbol{\sigma} = 0$$

und folglich

$$\frac{\partial f}{\partial \boldsymbol{\sigma}} \cdot \cdot d\boldsymbol{\sigma} = \frac{\partial f}{\partial \boldsymbol{\sigma}} \cdot \cdot \left[\left(\frac{\partial^2 \Phi^{*el}}{\partial \boldsymbol{\sigma}^2} \right)^{-1} \cdot \cdot \left(d\boldsymbol{\varepsilon} - d\lambda \frac{\partial f}{\partial \boldsymbol{\sigma}} \right) \right] = 0$$

Mit

$$\frac{\partial f}{\partial \boldsymbol{\sigma}} \cdot \cdot \left[\left(\frac{\partial^2 \Phi^{*el}}{\partial \boldsymbol{\sigma}^2} \right)^{-1} \cdot \cdot \cdot d\boldsymbol{\varepsilon} \right] = \frac{\partial f}{\partial \boldsymbol{\sigma}} \cdot \cdot \left(\frac{\partial^2 \Phi^{*el}}{\partial \boldsymbol{\sigma}^2} \right)^{-1} \cdot \cdot d\lambda \frac{\partial f}{\partial \boldsymbol{\sigma}}$$

folgt für den skalaren Faktor $d\lambda$

$$d\lambda = \frac{\dfrac{\partial f}{\partial \boldsymbol{\sigma}} \cdot \cdot \left(\dfrac{\partial^2 \Phi^{*el}}{\partial \boldsymbol{\sigma}^2} \right)^{-1} \cdot \cdot d\boldsymbol{\varepsilon}}{\dfrac{\partial f}{\partial \boldsymbol{\sigma}} \cdot \cdot \left(\dfrac{\partial^2 \Phi^{*el}}{\partial \boldsymbol{\sigma}^2} \right)^{-1} \cdot \cdot \dfrac{\partial f}{\partial \boldsymbol{\sigma}}}$$

Dabei stellt $\partial f / \partial \boldsymbol{\sigma}$ einen Tensor 2. Stufe dar, die Tensoren $\partial^2 \Phi^{*el} / \partial \boldsymbol{\sigma}^2$, $(\partial^2 \Phi^{*el} / \partial \boldsymbol{\sigma}^2)^{-1}$ sind Tensoren 4. Stufe.

Nach der Bestimmung des skalaren Faktors $d\lambda$ erhält man die inkrementelle Konstitutivgleichung [140]

$$d\boldsymbol{\sigma} = \left[\left(\frac{\partial^2 \Phi^{*el}}{\partial \boldsymbol{\sigma}^2} \right)^{-1} - \frac{\left(\dfrac{\partial^2 \Phi^{*el}}{\partial \boldsymbol{\sigma}^2} \right)^{-1} \cdot \cdot \dfrac{\partial f}{\partial \boldsymbol{\sigma}} \dfrac{\partial f}{\partial \boldsymbol{\sigma}} \cdot \cdot \left(\dfrac{\partial^2 \Phi^{*el}}{\partial \boldsymbol{\sigma}^2} \right)^{-1}}{\dfrac{\partial f}{\partial \boldsymbol{\sigma}} \cdot \cdot \left(\dfrac{\partial^2 \Phi^{*el}}{\partial \boldsymbol{\sigma}^2} \right)^{-1} \cdot \cdot \dfrac{\partial f}{\partial \boldsymbol{\sigma}}} \right] \cdot \cdot d\boldsymbol{\varepsilon}$$

oder

$$d\boldsymbol{\sigma} = {}^{(4)} \mathbf{E}^{el-pl} \cdot \cdot d\boldsymbol{\varepsilon}$$

mit

$${}^{(4)}\mathbf{E}^{el-pl} = {}^{(4)} \mathbf{E}^{el} - {}^{(4)} \mathbf{E}^{pl}$$

In Indexschreibweise gilt somit

$$E_{ijkl}^{el-pl} = E_{ijkl}^{el} - \frac{E_{ijmn}^{el} \dfrac{\partial f}{\partial \sigma_{mn}} \dfrac{\partial f}{\partial \sigma_{pq}} E_{pqkl}^{el}}{\dfrac{\partial f}{\partial \sigma_{rs}} E_{rstn}^{el} \dfrac{\partial f}{\partial \sigma_{tn}}}$$

und

$$d\sigma_{ij} = (E_{ijkl}^{el} - E_{ijkl}^{pl}) d\varepsilon_{kl}$$

2.3 Modelle des Deformationsverhaltens auf der Basis von Potentialformulierungen 51

Schlußfolgerung: *Für eine gegebene Fließfunktion $f(\sigma)$ und ein vorgegebes Verzerrungsinkrement $d\varepsilon$ ist $d\lambda$ eindeutig bestimmt. Das zugehörige Spannungsinkrement folgt dann aus der inkrementellen Konstitutivgleichung*

$$d\boldsymbol{\sigma} = {}^{(4)}\mathbf{E}^{el-pl} \cdot\cdot\, d\boldsymbol{\varepsilon}$$

Als Sonderfall soll hier abschließend das linear elastische-ideal plastische Materialverhalten diskutiert werden. Entwickelt man $\Phi^{*el}(\boldsymbol{\sigma})$ in eine TAYLOR-Reihe, folgt

$$\Phi^{*el}(\boldsymbol{\sigma}) = \Phi_0^{*el} + \tilde{\boldsymbol{\sigma}}_0 \cdot\cdot\, \boldsymbol{\sigma} + \frac{1}{2!}\boldsymbol{\sigma}\cdot\cdot\,{}^{(4)}\mathbf{N}^{el}\cdot\cdot\,\boldsymbol{\sigma} + \frac{1}{3!}(\boldsymbol{\sigma}\cdot\cdot\,{}^{(6)}\mathbf{N}^{el}\cdot\cdot\,\boldsymbol{\sigma})\cdot\cdot\,\boldsymbol{\sigma} + \ldots$$

${}^{(4)}\mathbf{N}$ ist der elastische Nachgiebigkeitstensor. Nachfolgend werden nur Ableitungen der Ergänzungsarbeit benötigt. Damit kann Φ_0^{*el} beliebig gewählt werden (hier: $\Phi_0^{*el} = 0$). Außerdem wird der Anfangszustand als spannungs- und verzerrungsfrei angenommen. Damit gilt auch $\tilde{\boldsymbol{\sigma}}_0 = \mathbf{0}$. Das dritte Reihenglied entspricht dann der linearen Elastizität. Falls nichtlineares Materialverhalten einbezogen werden soll, müssen weitere Reihenglieder herangezogen werden. Im Einzelnen gilt bei Beschränkung auf das 3. Reihenglied

$$\boldsymbol{\varepsilon}^{el} = \frac{\partial \Phi^{*el}}{\partial \boldsymbol{\sigma}} = {}^{(4)}\mathbf{N}^{el}\cdot\cdot\,\boldsymbol{\sigma}$$

sowie

$$d\boldsymbol{\varepsilon}^{el} = d\left(\frac{\partial \Phi^{*el}}{\partial \boldsymbol{\sigma}}\right) = \frac{\partial^2 \Phi^{*el}}{\partial \boldsymbol{\sigma}^2}\cdot\cdot\, d\boldsymbol{\sigma} = {}^{(4)}\mathbf{N}^{el}\cdot\cdot\, d\boldsymbol{\sigma},$$

d.h., die 2. Ableitung nach $\boldsymbol{\sigma}$ liefert jetzt den Nachgiebigkeitstensor der inkrementellen Konstitutivgleichung

$$\frac{\partial^2 \Phi^{*el}}{\partial \boldsymbol{\sigma}^2} = {}^{(4)}\mathbf{N}^{el}$$

Invertiert man diesen Ausdruck, folgt der Elastizitätstensor

$$\left(\frac{\partial^2 \Phi^{*el}}{\partial \boldsymbol{\sigma}^2}\right)^{-1} = {}^{(4)}\mathbf{E}^{el}$$

Für das ideal plastische Materialverhalten gilt das assoziierte Fließgesetz

$$d\boldsymbol{\varepsilon}^{pl} = d\lambda\frac{\partial \Phi^{pl}}{\partial \boldsymbol{\sigma}} = d\lambda\frac{\partial f}{\partial \boldsymbol{\sigma}}$$

Der skalare Faktor $d\lambda$ nimmt folgenden Wert an

$$d\lambda = \frac{\dfrac{\partial f}{\partial \boldsymbol{\sigma}}\cdot\cdot\,{}^{(4)}\mathbf{E}^{el}\cdot\cdot\, d\boldsymbol{\varepsilon}}{\dfrac{\partial f}{\partial \boldsymbol{\sigma}}\cdot\cdot\,{}^{(4)}\mathbf{E}^{el}\cdot\cdot\,\dfrac{\partial f}{\partial \boldsymbol{\sigma}}}$$

Abschließend erhält man das Konstitutivgesetz für linear elastisch-ideal plastisches Materialverhalten in der Form

$$d\boldsymbol{\sigma} = \left({}^{(4)}\mathbf{E}^{el} - \frac{{}^{(4)}\mathbf{E}^{el} \cdot \cdot \frac{\partial f}{\partial \boldsymbol{\sigma}} \frac{\partial f}{\partial \boldsymbol{\sigma}} \cdot \cdot {}^{(4)}\mathbf{E}^{el}}{\frac{\partial f}{\partial \boldsymbol{\sigma}} \cdot \cdot {}^{(4)}\mathbf{E}^{el} \cdot \cdot \frac{\partial f}{\partial \boldsymbol{\sigma}}} \right) \cdot \cdot d\boldsymbol{\varepsilon}$$

Eine Erweiterung der inkrementellen Konstitutivgleichungen auf elastisch-plastisches Materialverhalten mit Verfestigung bereitet keine besonderen Schwierigkeiten [77, 140].

Für das Materialmodell *Kriechen* können gleichfalls unter der Annahme der Existenz eines Potentials konstitutive Gleichungen zur Beschreibung des Werkstoffverhaltens abgeleitet werden. Analog zur Berechnung von $d\varepsilon^{pl}$ wird jetzt ein Kriechpotential $\Phi^{kr}(\boldsymbol{\sigma})$ eingeführt, für das

$$d\boldsymbol{\varepsilon}^{kr} = d\eta \frac{\partial \Phi^{kr}(\boldsymbol{\sigma})}{\partial \boldsymbol{\sigma}} \quad \text{bzw.} \quad \dot{\boldsymbol{\varepsilon}}^{kr} = \dot{\eta} \frac{\partial \Phi^{kr}(\boldsymbol{\sigma})}{\partial \boldsymbol{\sigma}}$$

gilt. $d\eta$ ist wie $d\lambda$ ein skalarer Faktor. Insbesondere im Sekundärbereich (stationäres Kriechen) hat das Kriechverhalten ähnlichen Charakter wie rein plastisches Verhalten [36]. Die Theorie des Kriechpotentials läßt sich daher auch in Analogie zur Theorie des plastischen Potentials formulieren, wobei wieder vom Prinzip des Maximums der Dissipationsleistung ausgegangen wird. Die Berechnung des lokalen Maximums der spezifischen Dissipationsleistung $D^{kr} = \boldsymbol{\sigma} \cdot \cdot \dot{\boldsymbol{\varepsilon}}^{kr}$ mit der Nebenbedingung $\Phi^{kr}(\boldsymbol{\sigma}) = 0$ ergibt mit

$$\tilde{D}^{kr} = D^{kr} - \dot{\eta} \Phi^{kr}(\boldsymbol{\sigma}) = \boldsymbol{\sigma} \cdot \cdot \dot{\boldsymbol{\varepsilon}}^{kr} - \dot{\eta} \Phi^{kr}(\boldsymbol{\sigma})$$

und

$$\tilde{D}^{kr}_{\boldsymbol{\sigma}} = \frac{\partial \tilde{D}^{kr}}{\partial \boldsymbol{\sigma}} = \mathbf{0}$$

$$\dot{\boldsymbol{\varepsilon}}^{kr} = \dot{\eta} \frac{\partial \Phi^{kr}(\boldsymbol{\sigma})}{\partial \boldsymbol{\sigma}} \tag{2.3.7}$$

Auch wenn die Kriechpotentialtheorie phänomenologisch plausibel ist, kann im allgemeinen Fall das Kriechpotential physikalisch nicht begründet werden [36, 161]. Dies ist aber nicht problematisch, da die entsprechenden konstitutiven Gleichungen u.a auch über die Darstellungstheorie isotroper Tensorfunktionen [36] gewonnen werden können. Das Gesamtkonzept ist jedoch insbesondere mit Hinblick auf die Erweiterung der Modelle für sekundäres Kriechen auf tertiäres Kriechen besonders günstig.

Allgemeine Konstitutivgleichungen für Kriechen unter Einschluß elastischer Verzerrungen lassen sich in Analogie zu den allgemeinen elastisch-plastischen Materialgleichungen angeben. Aus Platzgründen wird hier auf eine detaillierte Beschreibung verzichtet.

Die in den nachfolgenden Kapiteln behandelten Modelle des Werkstoffverhaltens basieren alle auf den hier diskutierten Modellen unter Nutzung von Potentialformulierungen. Bisher war jedoch davon ausgegangen worden, daß die entsprechenden Potentiale Funktionen des Spannungs- bzw. Verzerrungszustandes sind. Eine alternative Ableitung ergibt sich aus der Annahme, daß der Spannungszustand durch eine homogene Funktion, der äquivalenten (effektiven) oder Vergleichsspannung, charakterisiert werden kann. Damit verbunden ist die Möglichkeit, den realen Beanspruchungszustand im Werkstoff auf der Grundlage einfacher Werkstoffversuche zu kennzeichnen. Die Struktur der Gleichungen und ihre Ableitungsmethodik lassen sich dann wie folgt für einfache Beispiele beschreiben [179]:

2.3 Modelle des Deformationsverhaltens auf der Basis von Potentialformulierungen 53

- **Linear elastischer Körper**
Ausgangspunkt für die Formulierung linear elastischer konstitutiver Gleichungen für anisotrope Werkstoffmodelle, die auch die Art der Belastung berücksichtigen, ist die Existenz eines elastischen Potentials der Form

$$\Phi^{*el} = \frac{1}{2}\sigma_{elV}^2, \quad \varepsilon = \frac{\partial \Phi^{*el}}{\partial \boldsymbol{\sigma}}, \quad \Phi^{*el} = \Phi^{el}$$

σ_{elV} ist die sogenannte elastische Vergleichsspannung, die die Äquivalenz zwischen mehrachsigen Spannungszuständen und einachsigen experimentellen Befunden herstellt (s. auch Abschnitt 2.4). Da für jedes Grundmodell die Vergleichsspannung unterschiedlich sein kann, wird hier der Bezug zum elastischen Werkstoffverhalten im Index herausgehoben. Die Vergleichspannung ist eine invariante Größe, jedoch gibt es zahlreiche Möglichkeiten sie zu definieren, d.h., in Abhängigkeit vom konkreten Anwendungsfall sind entsprechende Annahmen zu treffen. Beispiele hierzu werden in den nachfolgenden Kapiteln diskutiert. Allgemein stellt die Vergleichsspannung eine Funktion des Spannungszustandes und möglicherweise weiterer Materialtensoren zur Erfassung der Werkstoffanisotropie dar [36].

Die elastischen Verzerrungen können aus dem elastischen Potential unter Berücksichtigung der Kettenregel berechnet werden

$$\varepsilon = \frac{\partial \Phi^{el}}{\partial \boldsymbol{\sigma}} = \frac{\partial \Phi^{el}}{\partial \sigma_{elV}} \frac{\partial \sigma_{elV}}{\partial \boldsymbol{\sigma}}$$

Eine Ausführung der partiellen Ableitung von σ_{elV} nach $\boldsymbol{\sigma}$ ist erst nach Festlegung der Vergleichsspannung möglich. Wird beispielsweise ein quadratischer Ansatz der Form

$$\sigma_{elV}^2 = \boldsymbol{\sigma} \cdot \cdot \, ^{(4)}\mathbf{N}^{el} \cdot \cdot \, \boldsymbol{\sigma}$$

gewählt, folgen die Verzerrung-Spannungsbeziehungen mit

$$\varepsilon = \, ^{(4)}\mathbf{N}^{el} \cdot \cdot \, \boldsymbol{\sigma},$$

wobei $^{(4)}\mathbf{N}^{el}$ der anisotrope Nachgiebigkeitstensor ist. Dieser vereinfacht sich für isotrope Werkstoffe. Das verallgemeinerte HOOKEsche Gesetz für isotrope Werkstoffe läßt sich dann auch in folgender Form darstellen

$$\varepsilon = \frac{1}{2G}\left[\boldsymbol{\sigma} - \frac{\nu}{1+\nu}(\boldsymbol{\sigma} \cdot \cdot \, \mathbf{I})\mathbf{I}\right] \quad (2.3.8)$$

- **Elastisch plastischer Körper**
In diesem Fall wird vorausgesetzt, daß der Verzerrungstensor für die Verzerrungsinkremente aus zwei additiven Anteilen besteht

$$\dot{\boldsymbol{\varepsilon}} = \dot{\boldsymbol{\varepsilon}}^{el} + \dot{\boldsymbol{\varepsilon}}^{pl} \quad \text{oder} \quad d\boldsymbol{\varepsilon} = d\boldsymbol{\varepsilon}^{el} + d\boldsymbol{\varepsilon}^{pl}$$

Der elastische Anteil wird dabei im Rahmen des bereits behandelten Modells „Elastischer Körper" beschrieben.

Der plastische Verzerrungstensor wird unter der Annahme der Existenz eines plastischen Potentials folgender Form berechnet

$$\Phi^{pl} = \sigma_{plV}^2 - \phi^2(q)$$

und für die assoziierten Fließregeln

$$\Phi^{pl} \equiv f = \sigma_{plV}^2 - \phi^2(q) = 0$$

σ_{plV} ist wieder eine Vergleichsspannung, sie kann sich jedoch prinzipiell von der Vergleichsspannung des elastischen Modells unterscheiden. Die Vergleichsspannung hängt auch hier vom Spannungszustand sowie möglicherweise von weiteren Materialparametern ab. $\phi(q)$ ist eine Funktion, die die isotrope Werkstoffverfestigung erfaßt [57]. Für sich verfestigendes Material kann die Fließfläche wie folgt angeben werden

$$f = f(\boldsymbol{\sigma}, \mathbf{A}, \varepsilon_{vM}^{pl}) = 0$$

Dabei ist $\mathbf{A}$ der Tensor der Rückspannungen und ε_{vM}^{pl} ist die plastische Vergleichsdehnung. Diese Größen dienen zur Erfassung von kinematischer und isotroper Verfestigung. Für den Beginn der Plastifizierung gilt $\varepsilon^{pl} = \mathbf{0}$ sowie $\varepsilon_{vM}^{pl} = 0$. Für viele Anwendungsfälle reicht die Einführung einer tensoriellen inneren Variablen und/oder einer skalaren inneren Variablen aus. Durch Evolutionsgleichungen für diese inneren Variablen wird das makroskopische Verfestigungsverhalten in Form eines Verfestigungsgesetzes erfaßt, wobei immer die Bedingung $df \leq 0$ bzw. $\dot{f} \leq 0$ eingehalten werden muß. Tritt keine Werkstoffverfestigung auf, nimmt die Funktion einen konstanten Wert an. Dieser wird in der Festkörpermechanik als Fließgrenze bezeichnet. Für den Fall, daß die Werkstoffverfestigung erfaßt werden muß, kann die Funktion in Abhängigkeit vom Verfestigungsmodell (isotrope, kinematische, anisotrope, lineare, nichtlineare Verfestigung) verschiedene Ausdrücke annehmen [99]. Das assoziierte Fließgesetz gestattet dann bei gegebener Vergleichspannung und bekannten experimentellen Eingangsdaten (Fließspannung, Verfestigungsfunktion usw.) die Berechnung der plastischen Verzerrungsgeschwindigkeiten

$$\dot{\boldsymbol{\varepsilon}}^{pl} = \dot{\lambda} \frac{\partial f}{\partial \boldsymbol{\sigma}}$$

- **Kriechen deformierbarer Körper**
  Man setzt voraus, daß die inkrementelle Änderung des Gesamtverzerrungstensor jetzt additiv aus drei Anteilen bestehen kann

$$d\boldsymbol{\varepsilon} = d\boldsymbol{\varepsilon}^{el} + d\boldsymbol{\varepsilon}^{pl} + d\boldsymbol{\varepsilon}^{kr} \quad \text{bzw.} \quad \dot{\boldsymbol{\varepsilon}} = \dot{\boldsymbol{\varepsilon}}^{el} + \dot{\boldsymbol{\varepsilon}}^{pl} + \dot{\boldsymbol{\varepsilon}}^{kr}$$

Der elastische und der plastische Anteil können aus dem bereits bekannten Modell „Elastisch plastischer Körper" berechnet werden. Nach [115] kann jedoch für fast alle praktisch wichtigen Fälle bei Berücksichtigung des Kriechens auf die Einbeziehung der plastischen Verzerrungen ($\dot{\boldsymbol{\varepsilon}}^{pl}$) verzichtet werden. Damit gelten folgende Näherungsbeziehungen

$$d\boldsymbol{\varepsilon} = d\boldsymbol{\varepsilon}^{el} + d\boldsymbol{\varepsilon}^{kr} \quad \text{bzw.} \quad \dot{\boldsymbol{\varepsilon}} = \dot{\boldsymbol{\varepsilon}}^{el} + \dot{\boldsymbol{\varepsilon}}^{kr}$$

Für die Berechnungen der Kriechverzerrungen wird das folgende Kriechpotentials zu Grunde gelegt

$$\Phi_{kr} = \sigma_{krV}^2 - \xi^2(q) = 0$$

σ_{krV} ist wieder eine Vergleichsspannung, sie kann sich jedoch prinzipiell von der Vergleichsspannung des elastischen und des plastischen Modells unterscheiden, sie hängt ebenfalls vom Spannungszustand sowie möglicherweise von weiteren Materialparametern ab. ξ ist hier eine Funktion des Strukturparameters q. Aus dem Kriechpotential Φ^{kr} folgen dann die Kriechverzerrungsgeschwindigkeiten

$$\dot{\varepsilon}^{kr} = \dot{\eta}\frac{\partial \Phi^{kr}}{\partial \sigma}$$

bzw. die Inkremente

$$d\varepsilon^{kr} = d\eta\frac{\partial \Phi^{kr}}{\partial \sigma}$$

2.4 Versagensmodelle im Rahmen von Grenzflächenkonzepten

Die Werkstoffbeanspruchung kann stets bis zum Versagen geführt werden. Dabei können unterschiedliche Versagensformen auftreten. Diese hängen insbesondere vom zeitlichen Verlauf der Belastung, von der Temperatur, vom Werkstoff usw. ab. So unterscheidet man beispielsweise Sprödbruch (Festigkeitsverlust eines spröden Werkstoffs), plastisches, uneingeschränktes Fließen (Verlassen des elastischen Bereichs duktiler Werkstoffe), Ermüdung (Bruch bei einem deutlich unter den statischen Grenzwerten liegenden Beanspruchungsniveau infolge zyklischer Belastung, die eine Schädigungsakkumulation hervorruft) usw. Derartige Versagensformen lassen sich im Experiment und unter realen Betriebsbedingungen beobachten.

Die nachfolgend analysierten Versagensmodelle treten unter der Voraussetzung proportionaler Belastung bzw. zyklischer Beanspruchung auf. Setzt man auch ein mäßiges Temperaturniveau (bezogen auf die Schmelztemperatur) voraus, tritt bei einem bestimmten Beanspruchungsniveau Bruch, Fließen oder Ermüdung auf. Dabei kann der Bruch im engeren Sinne (Trennung eines Festkörpers in zwei oder mehr Teile [55]) und im erweiterten Sinn (Makrozerstörungen, bei der sich Makrorisse bilden, deren Folge die Trennung des Werkstoffes ist, und Mikrozerstörungen, die mit dem Entstehen von Mikrorissen und damit auftretenden Veränderungen in der Struktur, die zu Festigkeitsminderungen führen, verbunden sind [129]) aufgefaßt werden.

Der entsprechende Kennwert aus dem Versuch, der für das Sprödbruchversagen Anwendung findet, ist die Zugfestigkeit R_m. Für duktile Werkstoffe wird als Kennwert die Fließgrenze σ_F verwendet. Diese ist experimentell nicht exakt nachweisbar, so daß u.a. $R_{p0,2}$ (0,2 % plastische Restdehnung, d.h., $R_{p0,2}$ ist die 0,2 %-Dehngrenze) für zahlreiche metallische Werkstoffe, $R_{p0,01}$ für Spannstähle im Betonbau, $0,5(R_e + R_m)$ für Werkstoffe mit ausgeprägter Streckgrenze R_e verwendet werden [44]. Insgesamt kann eingeschätzt werden, daß die unter einachsiger Zugbeanspruchung auftretenden Werkstoffwiderstandsgrößen, zu denen neben den Zugfestigkeiten und den 0,2 %-Dehngrenzen auch noch die Streckgrenzen gehören, besondere Bedeutung für den Konstrukteur haben [125]. Auf Anwendungen, die bei höheren Temperaturen ablaufen, können diese Aussagen sinngemäß übertragen werden. Andere Versagensmodelle, z.B. Materialinstabilität, sollen hier nicht betrachtet werden.

Für die Versagensanalyse stehen zwei Fragen im Vordergrund

- Auswahl des geeigneten Werkstoffkennwertes

2 Mathematische Beschreibung des Werkstoffverhaltens

- Definition des Beanspruchungsniveaus bei mehrachsiger Beanspruchung

Die letzte Frage ist besonders bedeutsam, da die Spannung-Verzerungsberechnung immer nur Einzelkoordinaten des Spannungs- bzw. Verzerrungstensors liefert. Es existiert keine allgemeine Regel, wie diese Koordinaten auf eine äquivalente Vergleichsgröße (Vergleichsspannung oder Vergleichsdehnung) reduziert werden können. In Abhängigkeit von der Beanspruchung, vom Werkstoff usw. sind entsprechende Hypothesen (Festigkeitshypothesen, Fließbedingungen) zu postulieren und experimentell zu überprüfen. Dabei erweist sich das Grenzflächenkonzept als anschauliches und nützliches Hilfsmittel.

Als Maß des Grenzwertes, bei dem der Werkstoff oder das Bauteil versagt, können die im Verlauf der Beanspruchung auftretenden Spannungen, Verzerrungen oder energetische Größen herangezogen werden [129, 166]. Die weiteren Ausführungen beschränken sich ausschließlich auf Spannungsgrößen. Der dabei auftretende Grenzspannungszustand läßt sich in jedem Punkt des Werkstoffs durch einen Tensor der Grenzspannungen wiedergeben. Entsprechend der üblichen Terminologie [129] wird der Tensor der Grenzspannungen, d.h. der Spannungstensor, der unmittelbar vor dem Versagen auftritt, auch als Festigkeitstensor bezeichnet.

Im Fall des einachsigen Spannungszustandes wird die Versagensgrenze durch einen Grenzwert der Spannungen gekennzeichnet. Der Übergang zur Mehrachsigkeit läßt sich durch Verallgemeinerung dieses Konzeptes, d.h. durch Einführung einer Grenzfläche im Spannungsraum, realisieren. Üblich sind Darstellungen im Raum der Hauptspannungen, der Oktaederspannungen, der Deviatorspannungen, im HAIGH-WESTERGAARD-Spannungsdiagramm usw. (vergl. u.a. [60]). Im Sonderfall isotropen Werkstoffverhaltens bieten sich die Spannungsinvarianten an, wobei statt der Invarianten auch die Funktionen des mittleren Drucks (Einfluß des hydrostatischen Zustands), der Intensität der Schubspannungen (VON MISESsche Vergleichspannung und des LODE-Parameters (Art des Spannungszustandes) verwendet werden [97].

Der Grenzzustand in einem isotropen Werkstoff wird im Falle des einachsigen Spannungszustandes (z.B. einachsiger Zug eines Probestabes) beim Grenzwert σ_G der Spannung erreicht, d.h., es gilt $\sigma = \sigma_G$. Wenn man die Spannung-Dehnungsdiagramme (Zusammenhang zwischen der Zugspannung und der Dehnung in Richtung der Spannung) verschiedener Konstruktionswerkstoffe analysiert, lassen sich die zwei bereits diskutierten typischen Situationen herausheben (siehe Bild 2.1).

Als Kennwerte aus dem Versuch werden in Abhängigkeit von der Versagensart die Zugfestigkeit R_m (Sprödversagen) oder die Fließgrenze R_{p_x} (duktiles Versagen) herangezogen, d.h., es gilt für σ_G der Wert R_m oder R_{p_x}. Damit wird ein Punkt der Spannung-Dehnungskurve dem Versagensfall zugeordnet. Die Fließgrenze kann experimentell nur näherungsweise bestimmt werden, da erst die bleibende Dehnung im Zugversuch nachgewiesen werden kann und nicht die maximale rein-elastische Dehnung. In Abhängigkeit vom Werkstoff, den Einsatzsituationen und der zur Verfügung stehenden Meßtechnik wird als Kennwert R_{p_x} gesetzt, wobei für x die entsprechenden Werte (0.2, 0.01 usw.) einzusetzen sind. Außerdem kann noch ein materialunabhängiger numerischer Koeffizient auftreten, der das Verhältnis von vorhandener Spannung zur Grenzspannung ausdrückt und Sicherheitsbeiwert heißt. Dieser soll jedoch in den nachfolgenden Betrachtungen unberücksichtigt bleiben.

Wenn sich ein Werkstoff im Kriechzustand bei statischer Belastung befindet, wird als Grenzspannung σ_G die Zeitstandsfestigkeit $\sigma_{t^*}^T$, d.h. die Spannung, bei der eine Zugprobe bei einer Temperatur T = konst. in der Zeit t^* zerstört wird [44], angenommen. Für Werkstoffe, die zyklisch veränderlichen Belastungen unterliegen, kann als Grenzspannung die Dauerschwingfestigkeit σ_W, d.h. die maximale Spannung eines symmetrischen Zyklus bei dem nach Ablauf

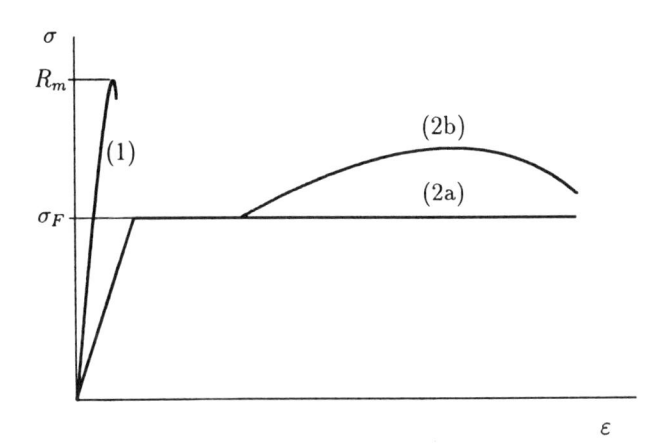

Bild 2.1 Idealisierte Spannung-Dehnungsdiagramme für einen spröden (1) und einen duktilen Werkstoff [(2a) - ohne Verfestigung, (2b) - mit nichtlinearer Verfestigung]

einer vereinbarten Anzahl von Zyklen der Bruch nicht eintritt, eingesetzt werden [43].

Eine Verallgemeinerung der bisherigen Aussagen soll zunächst berücksichtigen, daß sich bei mehrachsiger Beanspruchung zweiachsige bzw. dreiachsige Spannungszustände einstellen, diese jedoch weiterhin mit experimentellen Kennwerten aus dem Zugversuch zu vergleichen sind. Da die mehrachsigen Spannungszustände durch Kurven bzw. Flächen im Spannungsraum beschrieben werden können, sind die Grenzkurven bzw. Grenzflächen mit entsprechenden skalaren Größen zu vergleichen. Allgemein gilt

$$F(\boldsymbol{\sigma}) = \sigma_V \leq \sigma_G \qquad (2.4.1)$$

mit $\boldsymbol{\sigma}$ als Spannungstensor, σ_V als Vergleichsspannung und σ_G als dem entsprechenden Grenzwert der Spannungen im Zugversuch. Je nach Versagenszustand sind die experimentell ermittelte Zugfestigkeit R_m bzw. die der Fließgrenze zugeordnete Größe R_{p_x} einzusetzen. Die Funktion F beschreibt entweder die Grenzkurve (zweiachsiger Spannungszustand) oder die Grenzfläche (dreiachsiger Zustand).

Die Größe σ_V soll dabei die Äquivalenz in der Bewertung eines einachsigen und eines mehrachsigen Spannungszustandes gewährleisten. Daher wird sie als äquivalente Spannung oder als Vergleichsspannung bezeichnet. Die Darstellung der Vergleichsspannung muß verschiedenen Forderungen genügen. Erstens muß die äquivalente Spannung eine Funktion des Spannungszustandes im betrachteten Punkt und im Falle isotroper Werkstoffe gegenüber Änderungen des Koordinatensystems invariant sein. Daher können als Argumente der Funktion σ_V bei Beschränkung auf isotrope Werkstoffe nur die Invarianten des Spannungstensors auftreten. Zweitens müssen für isotrope Werkstoffe die auftretenden Kennwerte immer skalare Größen sein. Drittens darf die Gl. (2.4.1) keine imaginären Werte annehmen und die durch sie im Spannungsraum definierte Kurve oder Fläche muß konvex sein. Die 4. Forderung besteht darin, daß die auftretenden Kennwerte aus einer endlicher Zahl von Grundversuchen bestimmbar sein müssen, wobei zu sichern ist, daß die Ermittlung der Kennwerte eindeutig ist. Fünftens sollte der Ausdruck für $\sigma_V = \sigma_V(\boldsymbol{\sigma})$ eine homogene Funktion sein, d.h., es gilt

$$\sigma_V(0) = 0$$

3 Isotrope Deformationsmodelle unter statischer Belastung

Nachfolgend werden für drei isotrope Grundmodelle (Elastizität, Plastizität und Kriechen) die Konstitutivgleichungen zur Beschreibung des Werkstoffverhaltens unter Einschluß nichtklassischer Effekte aus einer einheitlichen Formulierung abgeleitet. Breiten Raum nimmt dabei die Diskussion um die Grundversuche zur Ermittlung der zusätzlichen Werkstoffkennwerte ein, wobei diese Aufgabe durch den Vergleich von Modellrechnung und Werkstoffversuch gelöst wird. Neben den allgemeinen Konstitutivgleichungen werden auch Sonderfälle einschließlich der klassischen Werkstoffgleichungen diskutiert.

3.1 Einheitliche Darstellung von Modellen des Deformationsverhaltens unter Berücksichtigung von Effekten höherer Ordnung

Für isotropes Werkstoffverhalten kann man die Modelle Elastizität, Plastizität und Kriechen unter Einbeziehung nichtklassischer Effekte wie folgt einheitlich darstellen. Bei vorausgesetzten kleinen Verzerrungen bzw. Verzerrungsgeschwindigkeiten und angenommener Koaxialität der Tensoren, d.h. gemeinsamer Hauptachsen (eine Forderung, die bei isotropen Werkstoffen fast immer erfüllt ist [79]), läßt sich für kleine Verformungen eine allgemeine Gleichung zwischen dem Tensor der kinematischen Variablen $\mathbf{h}$ und dem Tensor der Spannungen $\boldsymbol{\sigma}$ formulieren. Wie im Abschnitt 2.3 gezeigt wurde, können die Konstitutivgleichungen für den Zusammenhang zwischen dem Verzerrungstensor $\boldsymbol{\varepsilon}$ oder dem Verzerrungsgeschwindigkeitstensor $\dot{\boldsymbol{\varepsilon}}$ bzw. dem Inkrement des Verzerrungstensors $d\boldsymbol{\varepsilon}$ einerseits und dem Spannungstensor $\boldsymbol{\sigma}$ andererseits formuliert werden. Für eine einheitliche Darstellung bietet sich daher eine „neutrale Größe", der kinematische Tensor $\mathbf{h}$, an. Diese ist dann für konkrete Werkstoffmodelle durch $\boldsymbol{\varepsilon}$, $\dot{\boldsymbol{\varepsilon}}$ oder $d\boldsymbol{\varepsilon}$ zu ersetzen.

In [146], [147] wurden u.a. entsprechende Gleichungsvarianten ausführlich diskutiert. In der Nachfolgezeit sind von verschiedenen Autoren zahlreiche Konkretisierungen angegeben worden. Aus der Sicht der hier zu behandelnden Modelle kann man eine einheitliche Gleichung zur Beschreibung des Konstitutivverhaltens wie folgt begründen. Ausgangspunkt ist die Annahme der Existenz eines Potentials. Ausgehend von den Ausführungen des Kapitels 2 kann für das Potential Φ^* oder Φ stehen. Nachfolgend wird stets Φ geschrieben. Damit gilt

$$\Phi = \Phi(\sigma_V) \tag{3.1.1}$$

Das Potential soll von einer noch zu definierenden Vergleichsspannung σ_V sowie möglicherweise von weiteren Parametern abhängen. Die Vergleichsspannung ermöglicht die Vergleichbarkeit einachsiger und mehrachsiger Spannungszustände. σ_V muß dabei eine homogene positiv definite Funktion sein. Im Falle isotropen Werkstoffverhaltens darf die Vergleichsspannung nur von den Invarianten des Spannungstensors abhängen. Dabei können als Argumente die Hauptinvarianten nach Abschnitt 2.2 verwendet werden

$$\sigma_V = \sigma_V(J_1, J_2, J_3)$$

3.1 Einheitliche Darstellung von Modellen des Deformationsverhaltens

Daneben können aber auch andere invariante Größen verwendet werden, z.B. die erste Hauptinvariante des Spannungstensors sowie die zweite und dritte Hauptinvariante des Spannungsdeviators. Soll die Vergleichsspannung σ_V z.B. eine Funktion der drei Grundinvarianten $I_i(\boldsymbol{\sigma})$ sein, hat sich der folgende Ansatz als zweckmäßig erwiesen

$$\sigma_V = \alpha\sigma_1 + \beta\sigma_2 + \gamma\sigma_3 \tag{3.1.2}$$

Dabei sind die $\sigma_i (i = 1, 2, 3)$ Funktionen der Grundinvarianten $I_i(\boldsymbol{\sigma})$ und damit gleichfalls Invarianten. Definiert man

$$\sigma_1 = \mu_1 I_1,\, \sigma_2^2 = \mu_2 I_1^2 + \mu_3 I_2,\, \sigma_3^3 = \mu_4 I_1^3 + \mu_5 I_1 I_2 + \mu_6 I_3 \tag{3.1.3}$$

$$I_1 = \boldsymbol{\sigma} \cdot\cdot\, \mathbf{I},\, I_2 = \boldsymbol{\sigma} \cdot\cdot\, \boldsymbol{\sigma},\, I_3 = (\boldsymbol{\sigma} \cdot \boldsymbol{\sigma}) \cdot\cdot\, \boldsymbol{\sigma}, \tag{3.1.4}$$

sind σ_1, σ_2^2 und σ_3^3 wieder eine lineare, eine quadratische bzw. eine kubische Invariante, da in die entsprechenden Ausdrücke die Spannungen linear, quadratisch bzw. kubisch eingehen. α, β sowie γ sind numerische Koeffizienten, die das Gewicht der jeweiligen Invariante kennzeichnen. Die Grundinvarianten lassen sich nach Abschnitt 2.2 aus den Hauptinvarianten ableiten, wobei

$$I_1 = J_1,\, I_2 = J_1^2 - 2J_2,\, I_3 = 3J_3 - 3J_1 J_2 + J_1^3 \tag{3.1.5}$$

gilt.

Klassische Werkstoffmodelle werden auf der Grundlage tensoriell linearer Gleichungen beschrieben. Dabei bleibt auch der Einfluß des hydrostatischen Drucks unberücksichtigt. Für klassische Ansätze wird folglich vielfach nur eine Konkretisierung der quadratischen Invarianten σ_2^2 verwendet. Beispielhaft kann dies für die Fließbedingung nach HUBER-VON MISES-HENCKY gezeigt werden. Es gilt

$$\frac{3}{2}\mathbf{s} \cdot\cdot\, \mathbf{s} = \sigma_F^2$$

mit σ_F als Fließspannung aus dem Zugversuch und $\mathbf{s} = \boldsymbol{\sigma}^D$ als Spannungsdeviator. Aus dem Ausdruck für die quadratische Invariante folgt

$$\begin{aligned}\sigma_2^2 &= \mu_2 I_1^2 + \mu_3 I_2 = \mu_2 (\boldsymbol{\sigma} \cdot\cdot\, \mathbf{I})^2 + \mu_3 \boldsymbol{\sigma} \cdot\cdot\, \boldsymbol{\sigma} \\ &= (\mu_2 + \frac{1}{3}\mu_3)(\boldsymbol{\sigma} \cdot\cdot\, \mathbf{I})^2 + \mu_3 \mathbf{s} \cdot\cdot\, \mathbf{s}\end{aligned}$$

Der Koeffizientenvergleich liefert dann

$$\mu_3 = \frac{3}{2},\, \mu_2 = -\frac{1}{2}$$

Die quadratische Invariante enthält somit klassische Ansätze als Sonderfall. Zur besseren Vergleichbarkeit der weiteren Ergebnisse wird daher von Anfang an der Koeffizient $\beta = 1$ gesetzt und der Ausdruck für die Vergleichsspannung reduziert sich zu

$$\sigma_V = \alpha\sigma_1 + \sigma_2 + \gamma\sigma_3 \tag{3.1.6}$$

Die Koeffizienten $\mu_i (i = 1, \ldots, 6)$ sind werkstoffabhängige Größen. Diese sind aus möglichst einfachen Werkstoffexperimenten zu bestimmen.

Der allgemeinste Ansatz für die Konstitutivgleichungen auf der Grundlage einer Potentialformulierung lautet dann

$$\mathbf{h} = \zeta \frac{\partial \Phi(\sigma_V)}{\partial \boldsymbol{\sigma}} \tag{3.1.7}$$

In Analogie zum kinematischen Tensor kann der skalare Faktor ζ unterschiedlich konkretisiert werden. Gebräuchliche Varianten sind $1, \lambda$ und $d\lambda$.

Beachtet man die Ableitungsregeln

$$\begin{aligned}
\frac{\partial \Phi(\sigma_V)}{\partial \boldsymbol{\sigma}} &= \frac{\partial \Phi}{\partial \sigma_V} \frac{\partial \sigma_V}{\partial \boldsymbol{\sigma}} \\
&= \frac{\partial \Phi}{\partial \sigma_V} \left(\frac{\partial \sigma_V}{\partial \sigma_1} \frac{\partial \sigma_1}{\partial \boldsymbol{\sigma}} + \frac{\partial \sigma_V}{\partial \sigma_2} \frac{\partial \sigma_2}{\partial \boldsymbol{\sigma}} + \frac{\partial \sigma_V}{\partial \sigma_3} \frac{\partial \sigma_3}{\partial \boldsymbol{\sigma}} \right) \\
&= \frac{\partial \Phi}{\partial \sigma_V} \left(\alpha \frac{\partial \sigma_1}{\partial \boldsymbol{\sigma}} + \frac{\partial \sigma_2}{\partial \boldsymbol{\sigma}} + \gamma \frac{\partial \sigma_3}{\partial \boldsymbol{\sigma}} \right)
\end{aligned}$$

sowie

$$\begin{aligned}
\frac{\partial \sigma_1}{\partial \boldsymbol{\sigma}} &= \mu_1 \mathbf{I}, \\
\frac{\partial \sigma_2}{\partial \boldsymbol{\sigma}} &= \frac{\mu_2 I_1 \mathbf{I} + \mu_3 \boldsymbol{\sigma}}{\sigma_2}, \\
\frac{\partial \sigma_3}{\partial \boldsymbol{\sigma}} &= \frac{\mu_4 I_1^2 \mathbf{I} + \dfrac{\mu_5}{3} I_2 \mathbf{I} + \dfrac{2}{3} \mu_5 I_1 \boldsymbol{\sigma} + \mu_6 \boldsymbol{\sigma} \cdot \boldsymbol{\sigma}}{\sigma_3^2},
\end{aligned}$$

folgt die allgemeine tensoriell nichtlineare isotrope Konstitutivgleichung

$$\mathbf{h} = \zeta \frac{\partial \Phi}{\partial \sigma_V} \left[\alpha \mu_1 \mathbf{I} + \frac{\mu_2 I_1 \mathbf{I} + \mu_3 \boldsymbol{\sigma}}{\sigma_2} + \gamma \frac{\left(\mu_4 I_1^2 + \dfrac{\mu_5}{3} I_2\right) \mathbf{I} + \dfrac{2}{3} \mu_5 I_1 \boldsymbol{\sigma} + \mu_6 \boldsymbol{\sigma} \cdot \boldsymbol{\sigma}}{\sigma_3^2} \right] \tag{3.1.8}$$

Anmerkung: Die Gl. (3.1.8) gilt unter der Voraussetzung, daß $\sigma_3 \neq 0$ ist. Für Spannungszustände, die durch $\sigma_3 = 0$ gekennzeichnet sind (z.B. bei reinem Schub), ist statt (3.1.6) als Vergleichsspannung

$$\sigma_V = \alpha \sigma_1 + \sigma_2$$

anzunehmen. Damit folgt die reduzierte Konstitutivgleichung (allgemeine tensoriell lineare isotrope Konstitutivgleichung)

$$\mathbf{h} = \zeta \frac{\partial \Phi}{\partial \sigma_V} \left(\alpha \mu_1 \mathbf{I} + \frac{\mu_2 I_1 \mathbf{I} + \mu_3 \boldsymbol{\sigma}}{\sigma_2} \right)$$

Der unbestimmte Faktor ζ kann folgendermaßen ersetzt werden. Das doppelt skalare Produkt des kinematischen Tensors $\mathbf{h}$ und des kinetischen Tensors $\boldsymbol{\sigma}$ stellt eine invariante skalare Größe L dar

$$L = \boldsymbol{\sigma} \cdot\cdot \, \mathbf{h}$$

Setzt man für $\mathbf{h}$ die allgemeine Konstitutivgleichung (3.1.8) ein, erhält man

3.1 Einheitliche Darstellung von Modellen des Deformationsverhaltens 61

$$L = \boldsymbol{\sigma} \cdot \cdot \zeta \frac{\partial \Phi}{\partial \sigma_V} \left[\alpha \mu_1 \mathbf{I} + \frac{\mu_2 I_1 \mathbf{I} + \mu_3 \boldsymbol{\sigma}}{\sigma_2} + \gamma \frac{\left(\mu_4 I_1^2 + \frac{\mu_5}{3} I_2\right) \mathbf{I} + \frac{2}{3} \mu_5 I_1 \boldsymbol{\sigma} + \mu_6 \boldsymbol{\sigma} \cdot \boldsymbol{\sigma}}{\sigma_3^2} \right]$$

Unter Beachtung der Gln. (3.1.3) und (3.1.4) folgt nach einigen Rechenschritten

$$L = \zeta \frac{\partial \Phi}{\partial \sigma_V} (\alpha \sigma_1 + \sigma_2 + \gamma \sigma_3) = \zeta \frac{\partial \Phi}{\partial \sigma_V} \sigma_V$$

bzw.

$$\zeta = \frac{L}{\sigma_V \dfrac{\partial \Phi}{\partial \sigma_V}}$$

Damit folgt abschließend

$$\mathbf{h} = \frac{L}{\sigma_V} \left[\alpha \mu_1 \mathbf{I} + \frac{\mu_2 I_1 \mathbf{I} + \mu_3 \boldsymbol{\sigma}}{\sigma_2} + \gamma \frac{\left(\mu_4 I_1^2 + \frac{\mu_5}{3} I_2\right) \mathbf{I} + \frac{2}{3} \mu_5 I_1 \boldsymbol{\sigma} + \mu_6 \boldsymbol{\sigma} \cdot \boldsymbol{\sigma}}{\sigma_3^2} \right] \quad (3.1.9)$$

Die unbekannte skalare Funktion L in Gl. (3.1.9) ist für jedes Konstitutivverhalten (Elastizität, Plastizität, Kriechen) auf der Grundlage einachsiger experimenteller Befunde zu konkretisieren.

Anmerkung 1: Der Sonderfall einer einheitlichen Darstellung unter Einbeziehung der linearen und der quadratischen Invarianten ist in [203] dargestellt. Dabei geht Gl. (3.1.6) in die folgende Beziehung über

$$\sigma_V = \alpha \sigma_1 + \sigma_2$$

und man erhält eine tensoriell lineare Konstitutivgleichung.

Anmerkung 2: Für zahlreiche Anwendungsfälle kann angenommen werden, daß das Potential (3.1.1) eine quadratische Funktion der Vergleichsspannung ist, d.h.

$$\Phi(\sigma_V) = \sigma_V^2$$

Dieser Sonderfall wurde in [203, 206] ausführlich diskutiert und für die Grundmodelle Elastizität, Plastizität und Kriechen spezifiziert.

Die Struktur der Gln. (3.1.8) bzw. (3.1.9) entspricht der Form des allgemeinen tensoriell nichtlinearen Zusammenhanges zwischen zwei koaxialen Tensoren im Falle isotroper Werkstoffe, wie er auch in den Arbeiten [29, 36, 160] zu finden ist

$$\mathbf{h} = H_0 \mathbf{I} + H_1 \boldsymbol{\sigma} + H_2 \boldsymbol{\sigma} \cdot \boldsymbol{\sigma} \quad (3.1.10)$$

Hierbei sind H_0, H_1 und H_2 Funktionen der Invarianten des Spannungstensors, von Kennwerten des Werkstoffs sowie von Strukturparametern zur Erfassung von beispielsweise Verfestigung, Entfestigung, Schädigungsakkumulation usw. Die Konkretisierung der Funktionen H_0, H_1 und H_2 ist i. allg. nur mit zusätzlichen Annahmen möglich. Eine derartige Annahme ist z.B. die Existenz eines Potentials Φ. Im hier betrachteten allgemeinen Fall erhält man nach Gl. (3.1.9)

62 3 Isotrope Deformationsmodelle unter statischer Belastung

$$H_0 = \frac{L}{\sigma_V}\left(\alpha\mu_1 + \frac{\mu_2 I_1}{\sigma_2} + \gamma\frac{3\mu_4 I_1^2 + \mu_5 I_2}{3\sigma_3^2}\right), H_1 = \frac{L}{\sigma_V}\left(\frac{\mu_3}{\sigma_2} + \gamma\frac{2\mu_5 I_1}{3\sigma_3^2}\right), H_2 = \gamma\frac{L}{\sigma_V}\frac{\mu_6}{\sigma_3^2}$$

Die allgemeine Konstitutivgleichung (3.1.9) stellt somit eine tensoriell nichtlineare Gleichung dar. Diese Aussage gilt unabhängig von der Einschränkung, daß die Koordinaten des kinematischen Tensors **h** klein sein sollen. Unterschiedliche Linearisierungen sind in diesem Zusammenhang denkbar. Auf die entsprechenden Beispiele wird noch in den Abschnitten zu den Grundmodellen Elastizität, Plastizität und Kriechen sowie in den Kapiteln 4 und 5 eingegangen. Die tensorielle Nichtlinearität erfaßt auch die sogenannten Effekte 2. Ordnung [24, 188].

Abschließend sollen einige spezielle Spannungszustände bezüglich der allgemeinen Konstitutivgleichung analysiert werden. Zunächst wird reine Schubbeanspruchung, die durch den Spannungstensor

$$\boldsymbol{\sigma} = \tau(\mathbf{e}_1\mathbf{e}_2 + \mathbf{e}_2\mathbf{e}_1),$$

gekennzeichnet ist (Bild 3.1 a), betrachtet. Die Grundinvarianten erhält man damit zu

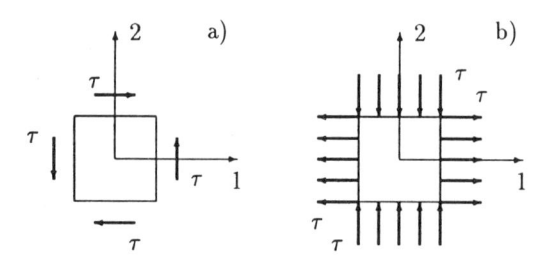

Bild 3.1 Mögliche Schubspannungszustände: a) reiner Schub für das gegebene Koordinatensystem, b) Hauptspannungen $|\sigma_1| = |\sigma_2| = \tau$, die einen Schubspannungszustand in einem um 45^0 gedrehten System hervorrufen

$$I_1 = \boldsymbol{\sigma}\cdot\cdot\mathbf{I} = 0, I_2 = \boldsymbol{\sigma}\cdot\cdot\boldsymbol{\sigma} = 2\tau^2, I_3 = (\boldsymbol{\sigma}\cdot\boldsymbol{\sigma})\cdot\cdot\boldsymbol{\sigma} = 0$$

Aus diesen lassen sich die Invarianten $\sigma_1, \sigma_2^2, \sigma_3^3$ bestimmen

$$\sigma_1 = \mu_1 I_1 = 0, \sigma_2^2 = \mu_2 I_1^2 + \mu_3 I_2 = 2\mu_3\tau^2, \sigma_3^3 = \mu_4 I_1^3 + \mu_5 I_1 I_2 + \mu_6 I_3 = 0$$

Damit folgt, daß die Vergleichsspannung folgenden Ausdruck annimmt

$$\sigma_V = \sigma_2 = \sqrt{2\mu_3}\tau$$

Für den kinematischen Tensor ergibt sich somit der Ausdruck

$$\mathbf{h} = \frac{L}{\sigma_V}\left(\alpha\mu_1\mathbf{I} + \frac{\mu_3\boldsymbol{\sigma}}{\sigma_2}\right) = \frac{L}{\sigma_V}\left[\alpha\mu_1\mathbf{I} + \frac{\sqrt{2\mu_3}(\mathbf{e}_1\mathbf{e}_2 + \mathbf{e}_2\mathbf{e}_1)}{2}\right]$$

Daraus ergibt sich allgemein

$$h_{11} = h_{22} = h_{33} = \frac{L}{\sigma_V}\alpha\mu_1; \ h_{12} = h_{21} = \frac{L}{\sigma_V}\frac{\sqrt{2\mu_3}}{2}$$

sowie

$$h_{13} = h_{31} = h_{23} = h_{32} = 0$$

Die Grundinvarianten des kinematischen Tensors lauten damit

$$I_1(\mathbf{h}) = \mathbf{h} \cdot \cdot \mathbf{I} = h_{ii} = h = 3\frac{L}{\sigma_V}\alpha\mu_1$$

$$I_2(\mathbf{h}) = \mathbf{h} \cdot \cdot \mathbf{h} = \left(\frac{L}{\sigma_V}\right)^2 (3\alpha^2\mu_1^2 + \mu_3)$$

$$I_3(\mathbf{h}) = (\mathbf{h} \cdot \mathbf{h}) \cdot \cdot \mathbf{h} = \left(\frac{L}{\sigma_V}\right)^3 \alpha\mu_1 \left(\alpha^2\mu_1^2 - \frac{\mu_3}{2}\right)$$

Offensichtlich führt eine reine Schubbelastung auch auf kinematische Längenänderungen in Richtung der Koordinatenachsen sowie auf eine mit Volumenänderungen verbundene kinematische Größe. Diese beiden Effekte werden bei elastischen Werkstoffen als POYNTING- und als KELVIN-Effekt bezeichnet [24]. Damit ist nachgewiesen, daß mit den tensoriell linearen Gleichungen auch Effekte 2. Ordnung beschrieben werden können.

Ein Schubspannungszustand wird auch dann erzeugt, wenn die Beanspruchung sich als folgender Spannungstensor darstellen läßt (Bild 3.1 b)

$$\boldsymbol{\sigma} = \tau(\mathbf{e}_1\mathbf{e}_1 - \mathbf{e}_2\mathbf{e}_2),$$

Die Grundinvarianten stimmen mit dem ersten Fall des reinen Schubs überein. Folglich ergeben sich auch die gleichen Ausdrücke für die lineare, die quadratische und die kubische Invariante sowie die Vergleichsspannung. Der kinematische Tensor nimmt jedoch einen abweichenden Ausdruck an

$$\mathbf{h} = \frac{L}{\sigma_V}\left[\alpha\mu_1\mathbf{I} + \frac{\sqrt{2\mu_3}(\mathbf{e}_1\mathbf{e}_1 - \mathbf{e}_2\mathbf{e}_2)}{2}\right]$$

Die Koordinaten des kinematischen Tensors lauten somit

$$h_{11} = \frac{L}{\sigma_V}\left(\alpha\mu_1 + \frac{\sqrt{2\mu_3}}{2}\right), h_{22} = \frac{L}{\sigma_V}\left(\alpha\mu_1 - \frac{\sqrt{2\mu_3}}{2}\right), h_{33} = \frac{L}{\sigma_V}\alpha\mu_1$$

sowie

$$h_{12} = h_{21} = h_{13} = h_{31} = h_{23} = h_{32} = 0$$

Die Grundinvarianten des kinematischen Tensors fallen wiederum identisch mit dem ersten Fall zusammen. Offensichtlich führt die reine Schubbelastung auch im zweiten Fall auf kinematische Längenveränderungen in Richtung der Koordinatenachsen sowie eine mit Volumenänderungen verbundene kinematische Größe. Es werden jedoch keine Winkeländerungen hervorgerufen, da jetzt die Tensorkoordinaten h_{12} und h_{21} Null sind.

Ein weiterer spezieller Spannungszustand ist der hydrostatische Druck, der durch den Spannungstensor

$$\boldsymbol{\sigma} = -p\mathbf{I}$$

64   3 Isotrope Deformationsmodelle unter statischer Belastung

beschrieben werden kann. Die Grundinvarianten erhält man damit zu

$I_1 = -3p, I_2 = 3p^2, I_3 = -3p^3$

Die lineare, die quadratische und die kubische Invariante ergeben sich zu

$\sigma_1 = -3p\mu_1, \sigma_2^2 = 9p^2\mu_2 + 3p^2\mu_3, \sigma_3^3 = -27p^3\mu_4 - 9p^3\mu_5 - 3p^3\mu_6$

Der kinematische Tensor läßt sich dann in der folgenden Form angeben

$$\mathbf{h} = \frac{L}{\sigma_V}\left(\alpha\mu_1 - \frac{1}{\sqrt{3}}\sqrt{3\mu_2 + \mu_3} + \gamma\frac{1}{\sqrt[3]{9}}\sqrt[3]{9\mu_4 + 3\mu_5 + \mu_6}\right)\mathbf{I}$$

Daraus folgt

$h_{11} = h_{22} = h_{33}; h_{ij} = 0$ für $i \neq j$

Folglich ruft der hydrostatische Spannungszustand lediglich eine kinematische Volumenänderung hervor, Winkeländerungen sind ausgeschlossen.

3.2   Elastizität

Modelle des elastischen Werkstoffverhaltens, die auch Effekte höherer Ordnung einschließen, lassen sich unterschiedlich ableiten. Ein allgemeiner nichtlinearer Zusammenhang zwischen den Spannungen und Verzerrungen unter der Voraussetzung, daß das Werkstoffverhalten isotrop ist, wurde in der Form der Gln. (3.1.8) bzw. (3.1.9) angegeben. Unterschiedliche tensorielle Konstitutivgleichungen unter Berücksichtigung verschiedener Effekte höherer Ordnung sind beispielsweise in [19, 120, 121, 132, 147, 190, 203] abgeleitet worden. Nachfolgend werden die allgemeinen Grundlagen und ausgewählte Sonderfälle des nichtlinearen elastischen Werkstoffverhaltens unter Einschluß von Effekten höherer Ordnung beschrieben. Dabei werden im allgemeinsten Fall alle 3 Invarianten des Spannungstensors verwendet. Für das nichtlineare elastische Werkstoffverhalten wird vorausgesetzt, daß in jedem Grundversuch eine von den anderen Grundversuchen unabhängige nichtlineare Beziehung zwischen den Spannungen und den Verzerrungen nachgewiesen werden kann. Als Beispiel sind auf Bild 3.2 die unterschiedlichen nichtlinearen Spannung-Dehnungsdiagramme für Zug und Druck dargestellt.

3.2.1   Konstitutivgleichung

Ausgangspunkt ist die Existenz eines elastischen Potentials. Dieses hat die allgemeine Form der Gl. (3.1.1) bzw. speziell für elastisches Werkstoffverhalten

$$\Phi^{el} = \Phi^{el}(\sigma_{elV}) \tag{3.2.1}$$

Im weiteren wird die Kennzeichnung „elastisch" weggelassen. Unter Beachtung der Ableitungen des Abschnittes 3.1 erhält man für $\mathbf{h} \equiv \boldsymbol{\varepsilon}$ und $\zeta \equiv 1$ aus Gl. (3.1.7) die allgemeinste Form des elastischen Konstitutivgesetzes

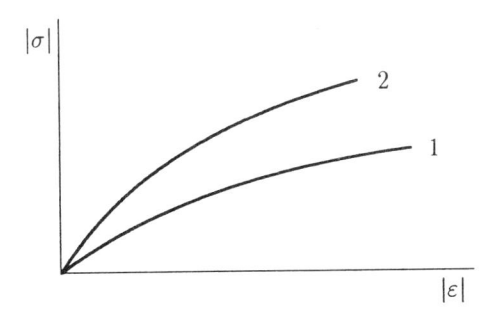

Bild 3.2 Typische nichtlineare elastische Spannung-Dehnungsdiagramme für einen Werkstoff mit unterschiedlichem Verhalten bei Zug (1) und Druck (2)

$$\varepsilon = \frac{\partial \Phi(\sigma_V)}{\partial \boldsymbol{\sigma}} \tag{3.2.2}$$

sowie aus Gl. (3.1.8) unter Beachtung der hier verwendeten Vergleichsspannung (3.1.6)

$$\varepsilon = \frac{\partial \Phi(\sigma_V)}{\partial \sigma_V} \left[\alpha \mu_1 \mathbf{I} + \frac{\mu_2 I_1 \mathbf{I} + \mu_3 \boldsymbol{\sigma}}{\sigma_2} + \gamma \frac{\left(\mu_4 I_1^2 + \frac{\mu_5}{3} I_2\right) \mathbf{I} + \frac{2}{3}\mu_5 I_1 \boldsymbol{\sigma} + \mu_6 \boldsymbol{\sigma} \cdot \boldsymbol{\sigma}}{\sigma_3^2} \right] \tag{3.2.3}$$

Die Funktion

$$\frac{\partial \phi(\sigma_V)}{\partial \sigma_V}$$

ist experimentell zu bestimmen. Dazu wird für die Funktion $\partial \Phi(\sigma_V)/\partial \sigma_V$ ein analytischer Ansatz gemacht. Die bekanntesten Ansätze sind das Potenzgesetz σ_V^n, das hyperbolische Sinus-Gesetz $\sinh(\sigma_V/a)$ und das Exponentialgesetz $\exp(\sigma_V/b)$. n, a und b sind Konstanten, die für den jeweiligen Werkstoff experimentell zu bestimmen sind. Eine ausführliche Diskussion dieses Modells ist beispielsweise in [8] angegeben.

3.2.2 Grundversuche

Die elastische Konstitutivgleichung (3.2.3) enthält die 6 Konstanten μ_i ($i = 1, \ldots, 6$) sowie die aus den analytischen Ansätzen folgenden Konstanten n, a oder b, die zu bestimmen sind. Postuliert man das elastische Werkstoffverhalten in der Form des Potenzgesetzes, d.h., gilt

$$\frac{\partial \Phi}{\partial \sigma_V} = \sigma_V^n,$$

lassen sich die Konstanten aus einfachen Grundversuchen ermitteln. Ausgehend von der allgemeinen Methodik der Ermittlung entsprechender Größen, die im Abschnitt 1.2 diskutiert wurde, können folgende Grundversuche (physikalische Experimente für elastisches Werkstoffverhalten) realisiert werden.

1. Einachsiger Zug ($\sigma_{11} > 0$, alle anderen Spannungen sind Null):
   In Belastungsrichtung ergibt sich damit die Dehnung

$$\varepsilon_{11} = L_+ \sigma_{11}^n \qquad (3.2.4)$$

Außerdem erhält man in Querrichtung

$$\varepsilon_{22} = -Q\sigma_{11}^n \qquad (3.2.5)$$

2. Einachsiger Druck ($\sigma_{11} < 0$, alle anderen Spannungen sind Null):
   In diesem Fall beträgt die Dehnung in Längsrichtung

$$\varepsilon_{11} = -L_-|\sigma_{11}|^n \qquad (3.2.6)$$

Wie im Abschnitt 1.1.1 bereits erwähnt wurde, ist die Bestimmung der Querdehnungen im Druckversuch mit größeren Unsicherheiten verbunden. Aus diesen Gründen werden sie nicht in die Betrachtung einbezogen.

3. Reine Torsion ($\sigma_{12} \neq 0$, alle anderen Spannungen sind Null):
   Hierbei stellen sich Gleitungen

$$\gamma_{12} = 2\varepsilon_{12} = N\sigma_{12}^n, \qquad (3.2.7)$$

sowie Dehnungen

$$\varepsilon_{11} = M\sigma_{12}^n \qquad (3.2.8)$$

ein.

4. Hydrostatischer Druck ($\sigma_{11} = \sigma_{22} = \sigma_{33} = -|I_1|/3$, alle anderen Spannungen sind Null):
   Damit ergeben sich die Dehnungen

$$\varepsilon_{11} = \varepsilon_{22} = \varepsilon_{33} = -P|\sigma_{11}|^n \qquad (3.2.9)$$

Die Auswahl der Grundversuche erfolgt unter dem Gesichtspunkt einer möglichst einfachen Realisierbarkeit. In jedem Fall wird in genügender Entfernung von den Lastangriffspunkten ein homogener Spannungszustand verwirklicht. Die Konstanten L_+, L_-, Q, N, M und P sind werkstoffspezifische Größen, die aus dem Experiment folgen. Dies gilt auch für den Exponenten n.

Die gleichen Experimente sind auch mathematisch zu realisieren, d.h., es sind die entsprechenden Aufgaben unter Beachtung der Gl. (3.2.3) sowie unter Einbeziehung des Potenzgesetzes zu lösen.

1. Einachsiger Zug
   Im Falle einachsigen Zugs vereinfacht sich der Spannungstensor auf

$$\boldsymbol{\sigma} = \sigma_{11}\mathbf{e}_1\mathbf{e}_1$$

Damit lassen sich die Invarianten sowie die Vergleichsspannung bestimmen

$$I_1 = \sigma_{11}, I_2 = \sigma_{11}^2, I_3 = \sigma_{11}^3$$

$$\sigma_1 = \mu_1\sigma_{11}, \sigma_2^2 = (\mu_2 + \mu_3)\sigma_{11}^2, \sigma_3^3 = (\mu_4 + \mu_5 + \mu_6)\sigma_{11}^3$$

$$\sigma_V = (\alpha\mu_1 + \sqrt{\mu_2 + \mu_3} + \gamma\sqrt[3]{\mu_4 + \mu_5 + \mu_6})\sigma_{11}$$

Aus Gl. (3.2.3) folgt dann

$$\begin{aligned}\varepsilon &= (\alpha\mu_1 + \sqrt{\mu_2 + \mu_3} + \gamma\sqrt[3]{\mu_4 + \mu_5 + \mu_6})^n \sigma_{11}^n \times \\ &\times \left[\alpha\mu_1\mathbf{I} + \frac{\mu_2\mathbf{I} + \mu_3\mathbf{e}_1\mathbf{e}_1}{\sqrt{\mu_2 + \mu_3}} + \gamma\frac{\left(\mu_4 + \dfrac{\mu_5}{3}\right)\mathbf{I} + \dfrac{2}{3}\mu_5\mathbf{e}_1\mathbf{e}_1 + \mu_6\mathbf{e}_1\mathbf{e}_1}{\sqrt[3]{(\mu_4 + \mu_5 + \mu_6)^2}}\right]\end{aligned}$$

bzw. in Koordinatenschreibweise

$$\varepsilon_{11} = (\alpha\mu_1 + \sqrt{\mu_2 + \mu_3} + \gamma\sqrt[3]{\mu_4 + \mu_5 + \mu_6})^{n+1}\sigma_{11}^n \qquad (3.2.10)$$

und

$$\varepsilon_{22} = (\alpha\mu_1 + \sqrt{\mu_2 + \mu_3} + \gamma\sqrt[3]{\mu_4 + \mu_5 + \mu_6})^n \times \\ \times \left[\alpha\mu_1 + \frac{\mu_2}{\sqrt{\mu_2 + \mu_3}} + \gamma\frac{\mu_4 + \dfrac{\mu_5}{3}}{(\mu_4 + \mu_5 + \mu_6)^{2/3}}\right]\sigma_{11}^n \qquad (3.2.11)$$

Der Vergleich der Gln. (3.2.4) mit (3.2.10) sowie (3.2.5) mit (3.2.11) liefert dann

$$L_+ = (\alpha\mu_1 + \sqrt{\mu_2 + \mu_3} + \gamma\sqrt[3]{\mu_4 + \mu_5 + \mu_6})^{n+1} \qquad (3.2.12)$$

$$Q = -(\alpha\mu_1 + \sqrt{\mu_2 + \mu_3} + \gamma\sqrt[3]{\mu_4 + \mu_5 + \mu_6})^n \times \\ \times \left[\alpha\mu_1 + \mu_2(\mu_2 + \mu_3)^{-\frac{1}{2}} + \gamma\left(\mu_4 + \frac{\mu_5}{3}\right)(\mu_4 + \mu_5 + \mu_6)^{-\frac{2}{3}}\right] \qquad (3.2.13)$$

2. Einachsiger Druck

Der Spannungstensor hat jetzt die spezielle Form

$$\boldsymbol{\sigma} = -|\sigma_{11}|\mathbf{e}_1\mathbf{e}_1 \quad (\sigma_{11} < 0)$$

Für die Vergleichsspannung und die Invarianten erhält man

$$I_1 = -|\sigma_{11}|,\ I_2 = |\sigma_{11}|^2,\ I_3 = -|\sigma_{11}|^3$$

$$\sigma_1 = -\mu_1|\sigma_{11}|,\ \sigma_2^2 = (\mu_2 + \mu_3)|\sigma_{11}|^2,\ \sigma_3^3 = -(\mu_4 + \mu_5 + \mu_6)|\sigma_{11}|^3$$

$$\sigma_V = (-\alpha\mu_1 + \sqrt{\mu_2 + \mu_3} - \gamma\sqrt[3]{\mu_4 + \mu_5 + \mu_6})|\sigma_{11}|$$

Damit folgt aus Gl. (3.2.3)

$$\begin{aligned}\varepsilon &= (-\alpha\mu_1 + \sqrt{\mu_2 + \mu_3} - \gamma\sqrt[3]{\mu_4 + \mu_5 + \mu_6})^n |\sigma_{11}|^n \times \\ &\times \left[\alpha\mu_1\mathbf{I} - \frac{\mu_2\mathbf{I} + \mu_3\mathbf{e}_1\mathbf{e}_1}{\sqrt{\mu_2 + \mu_3}} + \gamma\frac{\left(\mu_4 + \dfrac{\mu_5}{3}\right)\mathbf{I} + \dfrac{2}{3}\mu_5\mathbf{e}_1\mathbf{e}_1 + \mu_6\mathbf{e}_1\mathbf{e}_1}{\sqrt[3]{(\mu_4 + \mu_5 + \mu_6)^2}}\right]\end{aligned}$$

Für die Gegenüberstellung mit dem Experiment wird die Koordinate ε_{11} benötigt

$$\varepsilon_{11} = -(\alpha\mu_1 - \sqrt{\mu_2 + \mu_3} + \gamma\sqrt[3]{\mu_4 + \mu_5 + \mu_6})^{n+1}|\sigma_{11}|^n \qquad (3.2.14)$$

Der Vergleich der Gl. (3.2.6) mit (3.2.14) ergibt

$$L_- = (-\alpha\mu_1 + \sqrt{\mu_2 + \mu_3} - \gamma\sqrt[3]{\mu_4 + \mu_5 + \mu_6})^{n+1} \qquad (3.2.15)$$

3. Reine Torsion
Der Spannungstensor lautet in diesem Fall

$$\boldsymbol{\sigma} = \sigma_{12}(\mathbf{e}_1\mathbf{e}_2 + \mathbf{e}_2\mathbf{e}_1)$$

Für die Vergleichsspannung und die Invarianten erhält man

$$I_1 = 0, I_2 = 2\sigma_{12}^2, I_3 = 0$$

$$\sigma_1 = 0, \sigma_2^2 = \mu_3 I_2 = 2\mu_3\sigma_{12}^2, \sigma_3^3 = 0$$

$$\sigma_V = \sqrt{\mu_3 I_2} = \sqrt{2\mu_3}\sigma_{12}$$

Im Falle der reinen Torsion ist die Invariante σ_3 identisch Null. Folglich ist der bereits im Abschnitt 3.1 diskutierte Sonderfall der allgemeinen konstitutiven Gleichungen zu betrachten. Damit folgt der Verzerrungstensor zu

$$\boldsymbol{\varepsilon} = (\sqrt{2\mu_3})^n \sigma_{12}^n \left[\alpha\mu_1 \mathbf{I} + \frac{\mu_3(\mathbf{e}_1\mathbf{e}_2 + \mathbf{e}_2\mathbf{e}_1)}{\sqrt{2\mu_3}} \right]$$

In Koordinatenschreibweise gilt dann

$$2\varepsilon_{12} = (\sqrt{2\mu_3})^{n+1} \sigma_{12}^n, \quad (3.2.16)$$

$$\varepsilon_{11} = (\sqrt{2\mu_3})^n \alpha\mu_1 \sigma_{12}^n \quad (3.2.17)$$

Aus dem Vergleich der Gln. (3.2.7) und (3.2.16) sowie (3.2.8) und (3.2.17) folgt direkt

$$N = (2\mu_3)^{\frac{n+1}{2}}, M = \alpha\mu_1 (2\mu_3)^{\frac{n}{2}} \quad (3.2.18)$$

bzw.

$$\mu_3 = \frac{1}{2} N^{\frac{2}{n+1}}, \quad \alpha\mu_1 = \frac{M}{(\sqrt{2\mu_3})^n} \quad (3.2.19)$$

4. Hydrostatischer Druck
Der Spannungstensor nimmt folgenden Ausdruck an

$$\boldsymbol{\sigma} = -|\sigma_{11}|\mathbf{I} \quad (\sigma_{11} < 0)$$

Damit lassen sich die Invarianten sowie die Vergleichsspannung in folgender Form bestimmen

$$I_1 = -3|\sigma_{11}|, I_2 = 3|\sigma_{11}|^2, I_3 = -3|\sigma_{11}|^3$$

$$\sigma_1 = -3\mu_1|\sigma_{11}|, \sigma_2^2 = 3(3\mu_2 + \mu_3)|\sigma_{11}|^2, \sigma_3^3 = -3(9\mu_4 + 3\mu_5 + \mu_6)|\sigma_{11}|^3$$

$$\sigma_V = [-3\alpha\mu_1 + \sqrt{3(3\mu_2 + \mu_3)} - \gamma\sqrt[3]{3(9\mu_4 + 3\mu_5 + \mu_6)}]|\sigma_{11}|$$

Der Verzerrungstensor folgt damit zu

$$\varepsilon = \sigma_V^n \left[\alpha\mu_1 \mathbf{I} - \frac{(3\mu_2 + \mu_3)\mathbf{I}}{\sqrt{3(3\mu_2 + \mu_3)}} + \gamma \frac{(9\mu_4 + \mu_5 + \mu_6)\mathbf{I}}{\sqrt[3]{(27\mu_4 + 9\mu_5 + 3\mu_6)^2}} \right]$$

bzw. in Koordinatendarstellung

$$\varepsilon_{11} = -\frac{1}{3}(\sqrt{9\mu_2 + 3\mu_3} - 3\alpha\mu_1 - \gamma\sqrt[3]{27\mu_4 + 9\mu_5 + 3\mu_6})^{n+1}|\sigma_{11}|^n \qquad (3.2.20)$$

Aus dem Vergleich der Gln. (3.2.9) und (3.2.20) erhält man die letzte Bestimmungsgleichung

$$P = \frac{1}{3}(\sqrt{9\mu_2 + 3\mu_3} - 3\alpha\mu_1 - \gamma\sqrt[3]{27\mu_4 + 9\mu_5 + 3\mu_6})^{n+1} \qquad (3.2.21)$$

Die Gln. (3.2.12) bis (3.2.21) liefern die Parameter in Abhängigkeit von den Kennwerten. Die Auflösung des Gleichungssystems nach den Parametern μ_i ist aufwendig und kann in folgender Form angegeben werden

$$\begin{aligned}
\mu_3 &= N^{2r}/2, \\
\alpha\mu_1 &= M/(\sqrt{2\mu_3})^n, \\
\mu_2 &= X^2 - \mu_3, \\
6\gamma^3\mu_4 &= [\sqrt{9\mu_2 + 3\mu_3} - 3\alpha\mu_1 - (3P)^r]^3 - 3(T - \alpha\mu_1)^3 \\
&\quad + 18(\frac{\mu_2}{\sqrt{\mu_2 + \mu_3}} + \alpha\mu_1 + QL_+^{-nr})(T - \alpha\mu_1)^2, \\
2\gamma^3\mu_5 &= 3(T - \alpha\mu_1)^3 - [\sqrt{9\mu_2 + 3\mu_3} - 3\alpha\mu_1 - (3P)^r]^3 \\
&\quad - 24(\frac{\mu_2}{\sqrt{\mu_2 + \mu_3}} + \alpha\mu_1 + QL_+^{-nr})(T - \alpha\mu_1)^2, \\
\gamma^3\mu_6 &= (T - \alpha\mu_1)^3 - \gamma^3\mu_4 - \gamma^3\mu_5
\end{aligned} \qquad (3.2.22)$$

mit $T = (L_+^r - L_-^r)/2, X = (L_+^r + L_-^r)/2, r = 1/(n+1)$. Damit ist der allgemeine Fall eines 6-Parameter-Modells für nichtlineares elastisches isotropes Werkstoffverhalten bei kleinen Verzerrungen gelöst. Die Anwendung des allgemeinen Modells ist äußerst aufwendig. Es setzt voraus, daß die Funktion $\partial\Phi(\sigma_V)/\sigma_V$ bekannt ist und die Kennwerte L_+, L_-, Q, N, M, P experimentell bestimmt werden können.

3.2.3 Sonderfall: 3-Parameter-Modell

Die Sonderfälle des elastischen Konstitutivgesetzes sind dadurch gekennzeichnet, daß der Ausdruck für die Vergleichsspannung vereinfacht wird. Damit werden bestimmte nichtklassische Effekte aus der Betrachtung ausgeschlossen. Nachfolgend soll ein 3-Parameter-Modell unter folgenden Einschränkungen analysiert werden:

1. Vernachlässigung des Einflusses der kubischen Invarianten σ_3^3, d.h. Übergang zu tensoriell linearen Gleichungen,

2. gleichberechtigtes Eingehen von σ_1 und σ_2 in den Ausdruck für die Vergleichsspannung σ_V,

3. Annahme einer quadratischen Form für das elastische Potential, d.h. Übergang zu physikalischer Linearität.

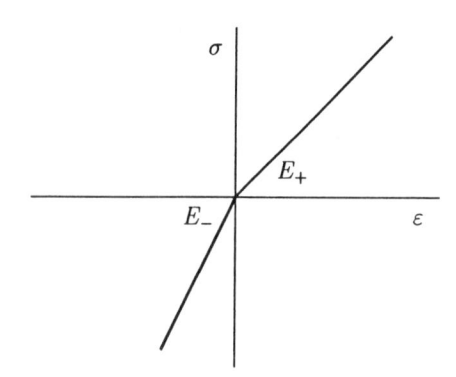

Bild 3.3 Abschnittsweise lineares elastisches Werkstoffverhalten

Mathematisch bedeuten diese Einschränkungen $\alpha = 1, \gamma = 0$ und $n = 1$. Die physikalische Linearität hat zur Folge, daß hier abschnittsweise lineares Werkstoffverhalten betrachtet wird. Ein entsprechendes Spannung-Dehnungsdiagramm ist auf Bild 3.3 dargestellt. Unter der Voraussetzung, daß das elastische Potential in der Form

$$\Phi = \frac{\sigma_V^2}{2}$$

existiert und die Vergleichsspannung den Ausdruck

$$\sigma_V = \sigma_1 + \sigma_2 = \mu_1 I_1 + \sqrt{\mu_2 I_1^2 + \mu_3 I_2} \tag{3.2.23}$$

annimmt, erhält man als Sonderfall der allgemeinen konstitutiven Beziehungen

$$\varepsilon = (\mu_1 I_1 + \sqrt{\mu_2 I_1^2 + \mu_3 I_2}) \left(\mu_1 \mathbf{I} + \frac{\mu_2 I_1 \mathbf{I} + \mu_3 \boldsymbol{\sigma}}{\sigma_2} \right) \tag{3.2.24}$$

Dieser Sonderfall ist durch 3 Freiwerte μ_1, μ_2 und μ_3 gekennzeichnet. Die entsprechende konstitutive Gleichung ist tensoriell linear. Durch die Einbeziehung der linearen Invarianten σ_1 ist die Erfassung unterschiedlichen Verhaltens bei Zug und bei Druck möglich. Als Grundversuche genügen für diesen Sonderfall einachsiger Zug ($\sigma_{11} > 0$) und einachsiger Druck ($\sigma_{11} < 0$). Damit sind die Gln. (3.2.4) bis (3.2.6) auszuwerten. Unter Beachtung von $n = 1$ folgt aus dem Zugversuch ($\sigma_{11} > 0$)

$$\varepsilon_{11} = L_+ \sigma_{11} = \frac{1}{E_+} \sigma_{11} \tag{3.2.25}$$

sowie

$$\varepsilon_{22} = -Q \sigma_{11} = -\frac{\nu_+}{E_+} \sigma_{11} \tag{3.2.26}$$

und aus dem Druckversuch ($\sigma_{11} < 0$)

$$\varepsilon_{11} = -L_- |\sigma_{11}| = -\frac{1}{E_-} |\sigma_{11}| \tag{3.2.27}$$

Die drei Werkstoffkennwerte L_+, L_- und Q wurden hier durch die in der Ingenieurmechanik üblicheren Kennwerte E_+ (Elastizitätsmodul bei Zug), E_- (Elastizitätsmodul bei Druck) und ν_+ (Querkontraktionszahl aus dem Zugversuch) neu definiert. Die elastizitätstheoretische Lösung für den Zug ist

$$\boldsymbol{\sigma} = \sigma_{11}\mathbf{e}_1\mathbf{e}_1, I_1 = \sigma_{11}, I_2 = \sigma_{11}^2, \sigma_V = \left(\mu_1 + \sqrt{\mu_2 + \mu_3}\right)\sigma_{11}$$

$$\varepsilon_{11} = \left(\mu_1 + \sqrt{\mu_2 + \mu_3}\right)^2 \sigma_{11} \tag{3.2.28}$$

$$\varepsilon_{22} = \left(\mu_1 + \sqrt{\mu_2 + \mu_3}\right)\sigma_{11}\left(\mu_1 + \frac{\mu_2}{\sqrt{\mu_2 + \mu_3}}\right) \tag{3.2.29}$$

und im Falle des Drucks erhält man

$$\boldsymbol{\sigma} = -|\sigma_{11}|\mathbf{e}_1\mathbf{e}_1, I_1 = -|\sigma_{11}|, I_2 = |\sigma_{11}|^2, \sigma_V = \left(-\mu_1 + \sqrt{\mu_2 + \mu_3}\right)|\sigma_{11}|$$

$$\varepsilon_{11} = -\left(-\mu_1 + \sqrt{\mu_2 + \mu_3}\right)^2 |\sigma_{11}| \tag{3.2.30}$$

Der Vergleich der Gln. (3.2.25) bis (3.2.30) führt auf ein nichtlineares Gleichungssystem für die unbekannten Parameter μ_1, μ_2, μ_3

$$\frac{1}{E_+} = \left(\mu_1 + \sqrt{\mu_2 + \mu_3}\right)^2$$

$$\frac{\nu_+}{E_+} = -\left(\mu_1 + \sqrt{\mu_2 + \mu_3}\right)\left(\mu_1 + \frac{\mu_2}{\sqrt{\mu_2 + \mu_3}}\right)$$

$$\frac{1}{E_-} = \left(-\mu_1 + \sqrt{\mu_2 + \mu_3}\right)^2$$

Aus der ersten und der dritten Gleichung dieses Gleichungssystems erhält man

$$\mu_1 = \frac{1}{2}\left(\frac{1}{\sqrt{E_+}} - \frac{1}{\sqrt{E_-}}\right), \quad \mu_2 + \mu_3 = \frac{1}{4}\left(\frac{1}{\sqrt{E_+}} + \frac{1}{\sqrt{E_-}}\right)^2$$

Außerdem folgt unter Berücksichtigung der ersten Gleichung, daß die zweite Gleichung des Gleichungssystems in die Gleichung

$$\frac{\nu_+}{E_+} = -\frac{1}{\sqrt{E_+}}\left(\mu_1 + \frac{\mu_2}{\sqrt{\mu_2 + \mu_3}}\right)$$

übergeht. Unter Nutzung der Teilergebnisse für μ_1 und $\mu_2 + \mu_3$ folgt damit

$$\mu_2 = -\frac{1}{4}\left(\frac{1}{\sqrt{E_+}} + \frac{1}{\sqrt{E_-}}\right)\left(\frac{1 + 2\nu_+}{\sqrt{E_+}} - \frac{1}{\sqrt{E_-}}\right)$$

und

$$\mu_3 = \frac{1}{4}\left(\frac{1}{\sqrt{E_+}} + \frac{1}{\sqrt{E_-}}\right)^2 - \mu_2$$

Das klassische elastische Material ist dadurch gekennzeichnet, daß es keine Unterschiede im Verhalten bei Zug und bei Druck gibt, d.h., es gilt $E_+ = E_- = E$ und $\nu_+ = \nu$. Man kann leicht überprüfen, daß dann $\mu_1 \equiv 0$ ist und die übrigen Parameter folgende Werte annehmen

$$\mu_2 = -\frac{\nu}{E}, \mu_3 = \frac{1+\nu}{E}$$

Damit man erhält das linear elastische isotrope Materialgesetz (HOOKEsches Gesetz) in der Form

$$\varepsilon = -\frac{\nu}{E}I_1\mathbf{I} + \frac{1+\nu}{E}\boldsymbol{\sigma}$$

bzw.

$$\varepsilon = \frac{1}{2G}\left(\boldsymbol{\sigma} - \frac{\nu}{1+\nu}I_1\mathbf{I}\right) \qquad (3.2.31)$$

Gl. (3.2.31) fällt vollständig mit den klassischen Gleichungen, die beispielsweise in [18, 76] angegeben sind, zusammen.

3.3 Plastizität

Für das zweite Grundmodell, Plastizität unter Einschluß von nichtklassischen Effekten, läßt sich gleichfalls die Konstitutivgleichung aus den Gln. (3.1.8) bzw. (3.1.9) ableiten. Zu beachten ist lediglich, daß in Abhängigkeit von der Formulierung der Plastizitätstheorie (Fließtheorie, Deformationstheorie) unterschiedliche kinematische Tensoren zu verwenden sind. Nach der Diskussion von Grundversuchen zur Bestimmung der werkstoffabhängigen Parameter werden Sonderfälle behandelt. Der hier betrachtete Fall proportionaler Belastung wird ausführlich in [40] diskutiert.

3.3.1 Konstitutivgleichung

Ausgangspunkt der Ableitung ist die Existenz eines plastischen Potentials als Sonderfall des allgemeinen Potentials (3.1.1)

$$\Phi^{pl} = \Phi^{pl}(\sigma_{plV}) \qquad (3.3.1)$$

Nachfolgend wird wieder auf die spezielle Kennzeichnung der plastischen Variablen verzichtet. Bei der Ableitung der Konstitutivgleichung aus der allgemeinen Beziehungen des Abschnittes 3.1 ist zu beachten, daß der kinematische Tensor $\mathbf{h}$ durch den Tensor der Verzerrungsgeschwindigkeiten $\dot{\varepsilon}$ sowie ζ durch $\dot{\lambda}$ zu ersetzen sind. Dabei bedeutet der Punkt über dem jeweiligen Symbol Ableitung nach dem Belastungsparameter. Außerdem wird in Analogie zu dem Vorschlag von VON'MISES postuliert, daß das Potential durch das Quadrat der Vergleichsspannung (3.1.6) definiert ist

$$\Phi = \sigma_V^2 \qquad (3.3.2)$$

Setzt man im Rahmen einer Fließtheorie für den kinematischen Tensor $\mathbf{h}$ den Tensor der Verzerrungsgeschwindigkeiten $\dot{\varepsilon}$, folgt das assoziierte Fließgesetz aus der Gl. (3.1.7)

$$\dot{\varepsilon} = \dot{\lambda}\frac{\partial \Phi(\sigma_V)}{\partial \boldsymbol{\sigma}} \quad \text{mit} \quad \Phi \equiv f \qquad (3.3.3)$$

Unter Beachtung der Gln. (3.3.2) und (3.1.8) sowie der hier verwendeten Vergleichsspannung (3.1.6) ergibt sich folgende Konstitutivgleichung

$$\dot{\boldsymbol{\varepsilon}} = 2\dot{\lambda}\sigma_V \left[\alpha\mu_1 \mathbf{I} + \frac{\mu_2 I_1 \mathbf{I} + \mu_3 \boldsymbol{\sigma}}{\sigma_2} + \gamma \frac{\left(\mu_4 I_1^2 + \frac{\mu_5}{3} I_2\right) \mathbf{I} + \frac{2}{3}\mu_5 I_1 \boldsymbol{\sigma} + \mu_6 \boldsymbol{\sigma} \cdot \boldsymbol{\sigma}}{\sigma_3^2} \right] \qquad (3.3.4)$$

Der skalare Faktor $\dot{\lambda}$ kann wieder durch eine skalare Größe L ausgedrückt werden. Das doppelt skalare Produkt aus den Spannungen und den Verzerrungsgeschwindigkeiten stellt die spezifische Dissipationsleistung D dar, somit gilt

$$L \equiv D = \boldsymbol{\sigma} \cdot\cdot\, \dot{\boldsymbol{\varepsilon}}$$

Führt man weiterhin zunächst formal eine Vergleichsdehnungsgeschwindigkeit $\dot{\varepsilon}_V$ ein, gilt auch

$$D = \sigma_V \dot{\varepsilon}_V \qquad (3.3.5)$$

Multipliziert man die Konstitutivgleichung (3.3.4) mit dem Spannungstensor doppelt skalar, folgt

$$\begin{aligned}
D &= \boldsymbol{\sigma} \cdot\cdot\, \dot{\boldsymbol{\varepsilon}} \\
&= 2\dot{\lambda}\sigma_V \left[\alpha\mu_1 \boldsymbol{\sigma} \cdot\cdot\, \mathbf{I} + \frac{\mu_2 I_1 \boldsymbol{\sigma} \cdot\cdot\, \mathbf{I} + \mu_3 \boldsymbol{\sigma} \cdot\cdot\, \boldsymbol{\sigma}}{\sigma_2} \right. \\
&\quad\left. + \gamma \frac{\left(\mu_4 I_1^2 + \frac{\mu_5}{3} I_2\right) \boldsymbol{\sigma} \cdot\cdot\, \mathbf{I} + \frac{2}{3}\mu_5 I_1 \boldsymbol{\sigma} \cdot\cdot\, \boldsymbol{\sigma} + \mu_6 \boldsymbol{\sigma} \cdot\cdot\, (\boldsymbol{\sigma} \cdot \boldsymbol{\sigma})}{\sigma_3^2} \right] \\
&= 2\dot{\lambda}\sigma_V \left[\alpha\mu_1 I_1 + \frac{\mu_2 I_1 I_1 + \mu_3 I_2}{\sigma_2} + \gamma \frac{\left(\mu_4 I_1^2 + \frac{\mu_5}{3} I_2\right) I_1 + \frac{2}{3}\mu_5 I_1 I_2 + \mu_6 I_3}{\sigma_3^2} \right] \\
&= 2\dot{\lambda}\sigma_V (\alpha\sigma_1 + \sigma_2 + \gamma\sigma_3) \\
&= 2\dot{\lambda}\sigma_V^2 \qquad (3.3.6)
\end{aligned}$$

Aus dem Vergleich der Gln. (3.3.5) und (3.3.6) ergibt sich

$$\dot{\varepsilon}_V = 2\dot{\lambda}\sigma_V,$$

womit der skalare Faktor $\dot{\lambda}$ eliminiert ist. Setzt man in der Konstitutivgleichgleichung (3.3.4) $2\dot{\lambda}\sigma_V = \dot{\varepsilon}_V$, erhält man

$$\dot{\boldsymbol{\varepsilon}} = \dot{\varepsilon}_V \left[\alpha\mu_1 \mathbf{I} + \frac{\mu_2 I_1 \mathbf{I} + \mu_3 \boldsymbol{\sigma}}{\sigma_2} + \gamma \frac{\left(\mu_4 I_1^2 + \frac{\mu_5}{3} I_2\right) \mathbf{I} + \frac{2}{3}\mu_5 I_1 \boldsymbol{\sigma} + \mu_6 \boldsymbol{\sigma} \cdot \boldsymbol{\sigma}}{\sigma_3^2} \right] \qquad (3.3.7)$$

Diese Gleichung ist vollständig definiert, wenn $\dot{\varepsilon}_V$ experimentell bestimmt ist. Einfachste Ansätze gehen dabei davon aus, daß $\dot{\varepsilon}_V$ eine Funktion der Vergleichsspannung σ_V ist und folglich der Zusammenhang aus einfachen Versuchen (z.B. Zugversuch) abgeleitet werden kann. Dabei werden die experimentellen Ergebnisse vielfach approximiert, wobei mit der Potenzfunktion, der Exponentialfunktion u.a.m. geeignete analytische Funktionen bereitstehen.

Die Gleichung (3.3.7) ist durch eine Fließbedingung zu ergänzen. Hier wird nur folgende Form der Fließbedingung behandelt

$$\sigma_V - \chi(q) = 0$$

$\chi(q)$ ist eine Funktion des Verfestigungsmaßes q, d.h., es gilt

$$q = \int \dot{\varepsilon}_V \, dt$$

Sind die Fließbedingung und $\dot{\sigma}_V > 0$ erfüllt, spricht man von aktiver Belastung. In der Konstitutivgleichung (3.3.7) kann $\dot{\varepsilon}_V$ durch den Ausdruck

$$\dot{\varepsilon}_V = \dot{q}$$

ersetzt werden. Beachtet man weiterhin die Ableitung der Fließbedingung bei aktiver Belastung in der Form

$$\dot{\sigma}_V - \frac{d\chi}{dq}\dot{q} = \dot{\sigma}_V - \chi'(q)\dot{q},$$

folgt

$$\dot{\varepsilon}_V = \dot{q} = \frac{\dot{\sigma}_V}{\chi'(q)}\dot{q}$$

Für $\dot{\sigma}_V \leq 0$ spricht man von Entlastung (< 0) bzw. neutraler Belastung ($= 0$). In beiden Fällen ist in der Konstitutivgleichung (3.3.7) $\dot{\varepsilon}_V = 0$ zu setzen. Dies gilt auch bei $\sigma_V < \chi(q)$, d.h. bei rein elastischer Verzerrung. Mit $\dot{q} = \dot{\varepsilon}_V$ erhält man für die plastische Dissipationsleistung

$$D = \dot{q}\sigma_V,$$

wobei die Fließbedingung $\sigma_V - \chi(q) = 0$ erfüllt sein muß. Die abgeleiteten Beziehungen entsprechen vollständig der Fließtheorie der Plastizität. Sie weisen zahlreiche Gemeinsamkeiten mit den Gleichungen für das Kriechen im Abschnitt 3.4 auf.
Einfachste plastische Probleme kann man mit Hilfe von Analogiebetrachtungen zum Modell Elastizität diskutieren, eine Möglichkeit, auf die bereits in [101] hingewiesen wurde. Diese Analogie gilt jedoch nur für proportionale Belastung. Eine Betrachtung der Entlastungsvorgänge ist nicht möglich. Bei proportionaler Belastung folgt für

$$\boldsymbol{\sigma} = g\tilde{\boldsymbol{\sigma}} \tag{3.3.8}$$

nach Integration über g

$$\tilde{\boldsymbol{\varepsilon}} = \left[\alpha\mu_1\mathbf{I} + \frac{\mu_2\tilde{I}_1\mathbf{I} + \mu_3\tilde{\boldsymbol{\sigma}}}{\tilde{\sigma}_2} + \gamma\frac{\left(\mu_4\tilde{I}_1^2 + \frac{\mu_5}{3}\tilde{I}_2\right)\mathbf{I} + \frac{2}{3}\mu_5\tilde{I}_1\tilde{\boldsymbol{\sigma}} + \mu_6\tilde{\boldsymbol{\sigma}}\cdot\tilde{\boldsymbol{\sigma}}}{\tilde{\sigma}_3^2}\right]\int_0^1 \dot{\varepsilon}_V \, dg \tag{3.3.9}$$

g ist dabei ein Parameter mit dem Wertebereich $[0;1]$, $\tilde{\boldsymbol{\sigma}}$ ist der Tensor der „maximalen Spannungen", d.h. $\tilde{\boldsymbol{\sigma}} = \boldsymbol{\sigma}(g = 1)$. Mit

$$\tilde{q} = \int_0^1 \dot{\varepsilon}_V \, dg$$

gilt auch

$$\tilde{\sigma}_V = \chi(\tilde{q})$$

Die inverse Beziehung

$$\tilde{q} = \chi^{-1}(\tilde{\sigma}_V)$$

führt dann auf die Deformationstheorie der Plastizität

$$\tilde{\varepsilon} = \chi^{-1}(\tilde{\sigma}_V) \left[\alpha\mu_1 \mathbf{I} + \frac{\mu_2 \tilde{I}_1 \mathbf{I} + \mu_3 \tilde{\boldsymbol{\sigma}}}{\tilde{\sigma}_2} + \gamma \frac{\left(\mu_4 \tilde{I}_1^2 + \frac{\mu_5}{3}\tilde{I}_2\right)\mathbf{I} + \frac{2}{3}\mu_5 \tilde{I}_1 \tilde{\boldsymbol{\sigma}} + \mu_6 \tilde{\boldsymbol{\sigma}} \cdot \tilde{\boldsymbol{\sigma}}}{\tilde{\sigma}_3^2} \right] \quad (3.3.10)$$

Die Funktion $\chi^{-1}(\tilde{\sigma}_V)$ ist experimentell zu bestimmen.

3.3.2 Grundversuche

Für den Fall proportionaler aktiver Belastung werden nachfolgend die Parameter μ_i ($i = 1, \ldots, 6$) in Gl. (3.3.10) bestimmt. Hierzu ist es notwendig, verschiedene Grundversuche, in denen homogene Spannungszustände realisiert werden, zu analysieren. Die Analyse erfolgt dabei in Analogie zum Grundmodell Elastizität (vgl. Abschnitt 3.2.2), wobei von einem Zusammenhang zwischen den Verzerrungen und den Spannungen in der Form des Potenzgesetzes ausgegangen wird. Für jeden Versuch werden Potenzgesetze angenommen, bei denen der Exponent n stets gleich bleibt, jedoch der Vorfaktor unterschiedlich ist.

1. Physikalische Experimente
    (a) Einachsiger Zug ($\tilde{\sigma}_{11} > 0$):
    In Richtung der Belastung erhält man dann

    $$\tilde{\varepsilon}_{11} = \tilde{L}_+ \tilde{\sigma}_{11}^n \quad (3.3.11)$$

    Gleichzeitig kann man in Querrichtung

    $$\tilde{\varepsilon}_{22} = -\tilde{Q}\tilde{\sigma}_{11}^n \quad (3.3.12)$$

    feststellen.
    (b) Einachsiger Druck ($|\tilde{\sigma}_{11}| < 0$):
    In Richtung der Belastung ergibt sich

    $$\tilde{\varepsilon}_{11} = -\tilde{L}_- |\tilde{\sigma}_{11}|^n \quad (3.3.13)$$

    (c) Reine Torsion ($\tilde{\sigma}_{12} \neq 0$):
    Dabei ergibt sich eine Gleitung

    $$\tilde{\gamma}_{12} = 2\tilde{\varepsilon}_{12} = \tilde{N}\tilde{\sigma}_{12}^n \quad (3.3.14)$$

    sowie eine Dehnung in Längsrichtung

    $$\tilde{\varepsilon}_{11} = \tilde{M}\tilde{\sigma}_{12}^n \quad (3.3.15)$$

(d) Hydrostatischer Druck ($\tilde{\sigma}_{11} = \tilde{\sigma}_{22} = \tilde{\sigma}_{33} = -|\tilde{I}_1|/3$):
Hieraus folgt

$$\tilde{\varepsilon}_{11} = \tilde{\varepsilon}_{22} = \tilde{\varepsilon}_{33} = -\tilde{P}|\tilde{\sigma}_{11}|^n \qquad (3.3.16)$$

$\tilde{L}_+, \tilde{L}_-, \tilde{Q}, \tilde{N}, \tilde{M}, \tilde{P}, n$ sind Kennwerte, die aus dem Werkstoffexperiment zu bestimmen sind.

2. **Mathematische Experimente**

Hierbei werden die jeweiligen Belastungen (einachsiger Zug, einachsiger Druck, reine Torsion, hydrostatischer Druck) in die Konstitutivgleichung (3.3.10) eingesetzt und die entsprechenden Verzerrungen berechnet. Die Einzelheiten zu den Rechnungen können dem Abschnitt zur Elastizität entnommen werden. Dabei ist zu beachten, daß für $\chi^{-1}(\tilde{\sigma}_V)$ der folgende Ausdruck für den Fall des postulierten Potenzgesetzes angenommen wird

$$\chi^{-1}(\tilde{\sigma}_V) = \tilde{\sigma}_V^n$$

Für die Grundversuche wird nachfolgend die Gültigkeit der Gl. (3.3.10) vorausgesetzt

$$2d\lambda\tilde{\sigma}_V = \tilde{\sigma}_V^n$$

(a) Einachsiger Zug

$$\tilde{\varepsilon}_{11} = (\alpha\mu_1 + \sqrt{\mu_2 + \mu_3} + \gamma\sqrt[3]{\mu_4 + \mu_5 + \mu_6})^{n+1}\tilde{\sigma}_{11}^n \qquad (3.3.17)$$

und

$$\tilde{\varepsilon}_{22} = (\alpha\mu_1 + \sqrt{\mu_2 + \mu_3} + \gamma\sqrt[3]{\mu_4 + \mu_5 + \mu_6})^n \times$$

$$\times \left[\frac{\mu_2}{\sqrt{\mu_2 + \mu_3}} + \alpha\mu_1 + \gamma\frac{\mu_4 + \dfrac{\mu_5}{3}}{(\mu_4 + \mu_5 + \mu_6)^{2/3}}\right]\tilde{\sigma}_{11}^n \qquad (3.3.18)$$

(b) Einachsiger Druck

$$\tilde{\varepsilon}_{11} = -(-\alpha\mu_1 + \sqrt{\mu_2 + \mu_3} - \gamma\sqrt[3]{\mu_4 + \mu_6 + \mu_5})^{n+1}|\tilde{\sigma}_{11}|^n \qquad (3.3.19)$$

(c) Reine Torsion

$$2\tilde{\varepsilon}_{12} = (\sqrt{2\mu_3})^{n+1}\tilde{\sigma}_{12}^n, \qquad (3.3.20)$$

$$\tilde{\varepsilon}_{11} = (\sqrt{2\mu_3})^n \alpha\mu_1 \tilde{\sigma}_{12}^n \qquad (3.3.21)$$

(d) Hydrostatischer Druck

$$\tilde{\varepsilon}_{11} = -\frac{1}{3}(\sqrt{9\mu_2 + 3\mu_3} - \alpha\mu_1 - \gamma\sqrt[3]{27\mu_4 + 9\mu_5 + 3\mu_6})^{n+1}|\tilde{\sigma}_{11}|^n \qquad (3.3.22)$$

Aus dem paarweisen Vergleich der Gln. (3.3.11) und (3.3.17), (3.3.12) und (3.3.18), (3.3.13) und (3.3.19), (3.3.14) und (3.3.20), (3.3.15) und (3.3.21) sowie (3.3.16) und (3.3.22) erhält man ein Gleichungssystem zur Bestimmung der Parameter μ_i

$$\begin{aligned}
\mu_3 &= \tilde{N}^{2r}/2, \\
\alpha\mu_1 &= \tilde{M}/(\sqrt{2\mu_3})^n, \\
\mu_2 &= \tilde{X}^2 - \mu_3, \\
6\gamma^3\mu_4 &= [\sqrt{9\mu_2 + 3\mu_3} - 3\alpha\mu_1 - (3\tilde{P})^r]^3 - 3(\tilde{T} - \alpha\mu_1)^3 \\
&\quad + 18(\frac{\mu_2}{\sqrt{\mu_2 + \mu_3}} + \alpha\mu_1 + \tilde{Q}\tilde{L}_+^{-nr})(\tilde{T} - \alpha\mu_1)^2, \\
2\gamma^3\mu_5 &= 3(\tilde{T} - \alpha\mu_1)^3 - [\sqrt{9\mu_2 + 3\mu_3} - 3\alpha\mu_1 - (3\tilde{P})^r]^3 \\
&\quad - 24(\frac{\mu_2}{\sqrt{\mu_2 + \mu_3}} + \alpha\mu_1 + \tilde{Q}\tilde{L}_+^{-nr})(\tilde{T} - \alpha\mu_1)^2, \\
\gamma^3\mu_6 &= (\tilde{T} - \alpha\mu_1)^3 - \gamma^3\mu_4 - \gamma^3\mu_5
\end{aligned} \qquad (3.3.23)$$

mit $\tilde{T} = (\tilde{L}_+^r - \tilde{L}_-^r)/2$, $\tilde{X} = (\tilde{L}_+^r + \tilde{L}_-^r)/2$, $r = 1/(n+1)$. Damit liegt auch für die Plastizität ein allgemeines 6-Parameter-Modell vor.

3.3.3 Sonderfälle

Sonderfälle der allgemeinen Plastizitätsgleichungen lassen sich durch die Berücksichtigung unterschiedlicher Fließbedingungen und durch die Verringerung der Zahl der Parameter ableiten. Der erste Weg soll hier nur kurz angedeutet werden, da die Diskussion der Fließbedingungen im Zusammenhang mit der Analyse von Versagenskriterien im Rahmen von Grenzflächenkonzepten nochmals im Kapitel 4 aufgenommen wird.

Diskussion unterschiedlicher Fließbedingungen: Die klassische Plastizitätstheorie geht in zahlreichen Fällen davon aus, daß der Übergang zum Fließen mit dem Erreichen der HUBER-VON MISES-HENCKY-Fließbedingung erfolgt. Es gilt dann beispielsweise [135]

$$\sqrt{\frac{1}{2}\mathbf{s}\cdot\cdot\mathbf{s}} = \tau_F \qquad (3.3.24)$$

bzw. unter Beachtung von $\sigma_F = \sqrt{3}\tau_F$ und $\Phi = f$

$$\Phi(\sigma_{vM}) = \sqrt{\frac{3}{2}\mathbf{s}\cdot\cdot\mathbf{s}} = \sigma_F \qquad (3.3.25)$$

Dabei sind σ_F und τ_F die Fließgrenzen, die aus dem Zug- bzw. aus dem Torsionsversuch bestimmt werden. Die Gln. (3.3.24) und (3.3.25) lassen sich problemlos als Sonderfall der allgemeinen Gln. (3.1.1) - (3.1.6) darstellen. Beachtet man

$$\mathbf{s}\cdot\cdot\mathbf{s} = (\boldsymbol{\sigma} - \frac{1}{3}I_1\mathbf{I})\cdot\cdot(\boldsymbol{\sigma} - \frac{1}{3}I_1\mathbf{I}) = \boldsymbol{\sigma}\cdot\cdot\boldsymbol{\sigma} - \frac{1}{3}I_1^2 = I_2 - \frac{1}{3}I_1^2$$

folgt zunächst

$$\sqrt{\frac{3}{2}I_2 - \frac{1}{2}I_1^2} = \sigma_F$$

Der Koeffizientenvergleich liefert dann

$$\alpha = \gamma = 0, \mu_2 = -\frac{1}{2}, \mu_3 = \frac{3}{2}$$

3 Isotrope Deformationsmodelle unter statischer Belastung

In der Bodenmechanik werden Böden in der einfachen Modellierung als ideal-plastisches Kontinuum angesehen. Als Fließbedingung ist zur Erfassung des hydrostatischen Drucks zumindest eine Modifikation der HUBER-VON MISES-HENCKY-Fließbedingung notwendig. Eine entsprechende Variante stammt von DRUCKER und PRAGER [64] mit

$$aI_1 + \sqrt{\frac{1}{2}\mathbf{s}\cdot\cdot\mathbf{s}} = \tau_F$$

bzw.

$$\Phi(\sigma_{vM}) = \sqrt{3}aI_1 + \sqrt{\frac{3}{2}\mathbf{s}\cdot\cdot\mathbf{s}} = \sigma_F$$

Der Vergleich mit den Gln. (3.1.1) - (3.1.6) liefert dann

$$\alpha\mu_1 = \sqrt{3}a, \mu_2 = -\frac{1}{2}, \mu_3 = \frac{3}{2}, \gamma = 0$$

In diesem Fall ist die plastische Verzerrung bei $a \neq 0$ mit Volumenänderungen verbunden (Dilatation $e \neq 0$), wobei voraussetzungsgemäß $a > 0$ ist [64].

Sonderfälle mit einer geringeren Parameteranzahl: Sonderfälle der allgemeinen plastischen Konstitutivgleichung (3.3.10) ergeben sich auch durch Vernachlässigung bestimmter Terme. Einige Sonderfälle sollen nachfolgend unter der Voraussetzung

$$\chi^{-1}(\tilde{\sigma}_V) = \tilde{\sigma}_V^n$$

analysiert werden. Tensoriell lineare Gleichungen ergeben sich beispielsweise für den Fall, daß $\gamma = 0$ in Gl. (3.1.6) gesetzt wird

$$\tilde{\varepsilon} = \tilde{\sigma}_V^n \left(\alpha\mu_1 \mathbf{I} + \frac{\mu_2 \tilde{I}_1 \mathbf{I} + \mu_3 \tilde{\sigma}}{\tilde{\sigma}_2} \right) \tag{3.3.26}$$

In diesem Fall nimmt die Vergleichsspannung den folgenden Ausdruck an

$$\tilde{\sigma}_V = \alpha\tilde{\sigma}_1 + \tilde{\sigma}_2$$

Die Gl. (3.3.26) ist von geringerer Allgemeingültigkeit, enthält dafür auch eine geringere Anzahl von Parametern. Zur Bestimmung der 3 verbliebenen Parameter genügt folglich auch eine geringere Anzahl von Grundversuchen, so daß sich der experimentelle Aufwand für dieses Modell deutlich reduziert. Mit diesem Modell lassen sich u.a. unterschiedliches Zug- und Druckverhalten, aber auch Volumendehnungen infolge reiner Schubbeanspruchung erfassen.

Weitere 3-Parameter-Modelle lassen sich folgendermaßen bilden. Setzt man $\alpha\mu_1 = \mu_4 = \mu_5 = 0$ in Gl. (3.1.6), erhält man

$$\tilde{\varepsilon} = \tilde{\sigma}_V^n \left(\frac{\mu_2 \tilde{I}_1 \mathbf{I} + \mu_3 \tilde{\sigma}}{\tilde{\sigma}_2} + \gamma \frac{\mu_6 \tilde{\sigma} \cdot \tilde{\sigma}}{\tilde{\sigma}_3^2} \right) \tag{3.3.27}$$

Dieses Modell vernachlässigt den Einfluß der linearen Invariante und reduziert die kubische Invariante σ_3^3 auf die dritte Grundinvariante I_3, d.h., es gilt für die Vergleichsspannung

$$\tilde{\sigma}_V = \sqrt{\mu_2 \tilde{I}_1^2 + \mu_3 \tilde{I}_2} + \sqrt[3]{\mu_6 \tilde{I}_3}$$

Gl. (3.3.27) ist eine tensoriell nichtlineare Gleichung. Sie ist damit prinzipiell geeignet, auch Effekte 2. Ordnung zu beschreiben. Setzt man dagegen $\alpha \mu_1 = \mu_4 = \mu_6 = 0$ in Gl. (3.1.6), folgt

$$\tilde{\varepsilon} = \tilde{\sigma}_V^n \left[\frac{\mu_2 \tilde{I}_1 \mathbf{I} + \mu_3 \tilde{\sigma}}{\tilde{\sigma}_2} + \gamma \frac{\mu_5 (\tilde{I}_2 \mathbf{I} + 2 \tilde{I}_1 \tilde{\sigma})}{3 \tilde{\sigma}_3^2} \right] \qquad (3.3.28)$$

bzw. für die Vergleichsspannung

$$\tilde{\sigma}_V = \sqrt{\mu_2 \tilde{I}_1^2 + \mu_3 \tilde{I}_2} + \sqrt[3]{\mu_4 \tilde{I}_1 \tilde{I}_2}$$

Die Gl. (3.3.26) stellt eine tensoriell lineare Beziehung dar. Ungeachtet dieser Einschränkung kann man mit dieser Gleichung unterschiedliches Zug-Druckverhalten, den SWIFT-Effekt, plastische Kompressibilität und unterschiedliches Verhalten bei Zug und Torsion beschreiben. Die Gln. (3.3.27) und (3.3.28) erfassen dagegen nicht den SWIFT-Effekt.

Klassische Plastizitätstheorie: Die konstitutiven Gleichungen für ein klassisches plastisches Werkstoffmodell können aus der Gl. (3.3.10) abgeleitet werden. Für dieses Modell ist zu beachten, daß das Verhalten bei Zug und Druck identisch ist, d.h., $\tilde{L}_+ = \tilde{L}_-$. Die Forderung, daß axiale Dehnungen bei reiner Torsion nicht auftreten dürfen, führt auf $\tilde{M} = 0$. Daneben darf der hydrostatische Druck keinen Einfluß haben ($\tilde{P} = 0$). Wenn außerdem bei der Identifikation des Werkstoffverhaltens auf der Grundlage des Zugverzuches und des Torsionsversuches identische Ergebnisse erzielt werden, muß noch folgende Bedingung erfüllt sein

$$\tilde{N}^{2r} = 3 \tilde{L}_+^{2r}$$

Aus dem Gleichungssystem (3.3.23) folgt damit $\alpha \mu_1 = \gamma = 0$, $\mu_3 = -3\mu_2$ und die Vergleichsspannung nimmt den Ausdruck

$$\tilde{\sigma}_V = \sqrt{\mu_3} \sqrt{\tilde{I}_2 - \frac{1}{3} \tilde{I}_1^2} = \sqrt{\frac{2}{3} \mu_3} \sigma_{vM}$$

an. Die konstitutive Gleichung (3.3.10) geht damit in folgende Beziehung über

$$\tilde{\varepsilon} = \left(\sqrt{\frac{2}{3} \mu_3} \right)^{n-1} \tilde{\sigma}_{vM}^{n-1} \mu_3 \left(\tilde{\sigma} - \frac{1}{3} \tilde{I}_1 \mathbf{I} \right) = \frac{3}{2} \left(\sqrt{\frac{2}{3} \mu_3} \right)^{n+1} \tilde{\sigma}_{vM}^{n-1} \mathbf{s} \qquad (3.3.29)$$

Diese Gleichung entspricht der klassischen Deformationstheorie der Plastizität [87, 90, 91].

3.4 Kriechen

Nachfolgend werden zunächst konstitutive Gleichungen für das Kriechen isotroper Werkstoffe unter Einschluß nichtklassischer Effekte diskutiert. Die entsprechenden konstitutiven Gleichungen enthalten Kombinationen von drei Invarianten des Spannungstensors sowie von 6 werkstoffspezifischen Parametern. Die konstitutiven Gleichungen stellen wesentliche Erweiterungen der klassischen Kriechtheorie [128, 160] dar. In den Kapiteln 4 und 5 werden erweiterte Modelle unter Einbeziehung der Werkstoffschädigung und der Werkstoffanisotropie vorgestellt.

3.4.1 Konstitutivgleichung

Die klassische Kriechtheorie geht davon aus, daß zwischen der Geschwindigkeit der Vergleichskriechdehnung $\dot{\varepsilon}_V^{kr}$ und der Vergleichspannung σ_V ein Zusammenhang der Form

$$\dot{\varepsilon}_V^{kr} = f(\sigma_V, q_1, q_2, \ldots, q_n) \tag{3.4.1}$$

besteht (vgl. z.B. [160]). Dabei stellen die q_p sogenannte Strukturparameter dar, die beispielsweise zur Erfassung von Werkstoffschädigungen und/oder Werkstoffverfestigung geeignet sind. Entsprechend Abschnitt 3.1 läßt sich die Gl. (3.4.1) für isotrope Werkstoffe in allgemeinster Form folgendermaßen darstellen [29, 36, 160]

$$\dot{\boldsymbol{\varepsilon}}^{kr} = H_0 \mathbf{I} + H_1 \boldsymbol{\sigma} + H_2 \boldsymbol{\sigma} \cdot \cdot \boldsymbol{\sigma} \tag{3.4.2}$$

$\boldsymbol{\varepsilon}^{kr}$ ist dabei der Tensor der Kriechverzerrungen. Die Konkretisierung der Funktionen H_0, H_1 und H_2 erfolgt mit Hilfe der Annahme über die Existenz eines Kriechpotentials. Dieses stellt einen Sonderfall des allgemeinen Potentials (3.1.1) dar

$$\Phi^{kr} = \Phi^{kr}(\sigma_{krV}) \tag{3.4.3}$$

Nachfolgend wird wieder auf die spezielle Kennzeichnung kr der mit dem Kriechen verbundenen Variablen verzichtet. Das Potential selbst soll wie beim Modell Plastizität durch das Quadrat der Vergleichsspannung (3.1.6) definiert sein

$$\Phi = \sigma_V^2 \tag{3.4.4}$$

Setzt man weiterhin in Gl. (3.1.7) für den kinematischen Tensor $\mathbf{h}$ den Tensor der Verzerrungsgeschwindigkeiten $\dot{\boldsymbol{\varepsilon}}$, läßt sich dieser wie folgt berechnen

$$\dot{\boldsymbol{\varepsilon}} = \dot{\eta} \frac{\partial \Phi}{\partial \boldsymbol{\sigma}}, \tag{3.4.5}$$

Hierbei ist $\dot{\eta}$ wieder ein skalarer Faktor, der noch zu ermitteln ist. Je nach der Art der Definition der Vergleichsspannung unterscheidet man verschiedene Varianten der Kriechtheorie. Die klassische Kriechtheorie [128, 160], die den Einfluß der Belastungsart unberücksichtigt läßt, setzt meist die Vergleichsspannung nach VON MISES voraus, d.h., es wird die 2. Invariante des Spannungsdeviators einbezogen. Erweiterungen zur Berücksichtigung des Einflusses der Belastungsart sind dann mit Hilfe der ungeraden Invarianten möglich, wobei dafür sowohl die erste Invariante des Spannungstensors [81, 181, 191] als auch die dritte Invariante des Spannungsdeviators [81, 106, 107, 108, 109, 160, 189, 196] vorgeschlagen werden. In [45, 113] werden sogar beide Invarianten berücksichtigt. Offensichtlich besteht z.Z. keine endgültige Klarheit darüber, welche der ungeraden Invarianten einzubeziehen ist [205]. Damit bietet sich wiederum die verallgemeinerte Vergleichsspannung in der Form der Gl. (3.1.6) an. Weitere Beispiele für vereinfachte Ansätze zur Vergleichsspannung sind im Abschnitt 3.4.3 angegeben.

Setzt man in Gl. (3.1.8) für $\mathbf{h} \equiv \dot{\boldsymbol{\varepsilon}}$, erhält man

$$\dot{\boldsymbol{\varepsilon}} = 2\dot{\eta}\sigma_V \left[\alpha \mu_1 \mathbf{I} + \frac{\mu_2 I_1 \mathbf{I} + \mu_3 \boldsymbol{\sigma}}{\sigma_2} + \gamma \frac{\mu_4 I_1^2 \mathbf{I} + \frac{\mu_5}{3}(I_2 \mathbf{I} + 2 I_1 \boldsymbol{\sigma}) + \mu_6 \boldsymbol{\sigma} \cdot \boldsymbol{\sigma}}{\sigma_3^2} \right] \tag{3.4.6}$$

Der skalare Koeffizient $\dot{\eta}$ kann wie im Fall der Plastizität bestimmt werden. Im Ergebnis erhält man

$$\dot{\eta} = \frac{\dot{\varepsilon}_V}{2\sigma_V} \qquad (3.4.7)$$

Unter der Voraussetzung, daß mindestens eine einachsige Kriechkurve experimentell bestimmt ist, kann über die geeigneten Vergleichsgrößen der skalare Faktor $\dot{\eta}$ ausgedrückt werden. Damit kann abschließend statt Gl. (3.4.6) auch

$$\dot{\boldsymbol{\varepsilon}} = \dot{\varepsilon}_V \left[\alpha\mu_1\mathbf{I} + \frac{\mu_2 I_1 \mathbf{I} + \mu_3 \boldsymbol{\sigma}}{\sigma_2} + \gamma \frac{\mu_4 I_1^2 \mathbf{I} + \frac{\mu_5}{3}(I_2 \mathbf{I} + 2I_1 \boldsymbol{\sigma}) + \mu_6 \boldsymbol{\sigma} \cdot \boldsymbol{\sigma}}{\sigma_3^2} \right] \qquad (3.4.8)$$

geschrieben werden.

Die Konkretisierung der Geschwindigkeit der Vergleichskriechdehnung wird folgendermaßen vorgenommen. Die Geschwindigkeit der Vergleichskriechdehnung ist im allgemeinen eine Funktion der Vergleichspannung und der Strukturparameter, wie sie mit Gl. (3.4.1) gegeben sind. Verläuft der Kriechprozeß stationär (keine Verfestigung und keine Entfestigung), kann folgende Zustandsgleichung postuliert werden

$$\dot{\varepsilon}_V = \phi(\sigma_V) \qquad (3.4.9)$$

Die Beschreibung experimenteller Kriechkurven auf der Grundlage der Gl. (3.4.8) ist trotz aller vorgenommenen Vereinfachungen kompliziert. Ein entscheidendes Problem ist die experimentelle Bestimmung der Gl. (3.4.9). Aus der klassischen Kriechmechanik ist bekannt, daß man vielfach bemüht ist, diesen Zusammenhang mit analytischen Funktionen zu beschreiben. In Abhängigkeit vom Werkstoff, von den Versuchsbedingungen usw. sind zahlreiche Ansätze für derartige Funktionen in der Literatur angegeben, die beispielsweise in [5] zusammengefaßt sind. Aufgrund der Vorteile, die bei einer Beschreibung mit einfachen analytischen Funktionen vorhanden sind, wird für die nichtklassischen Kriechmodelle in Analogie zu den klassischen Modellen vorgegangen, wobei von der Vergleichspannungsdefinition (3.1.6) ausgegangen wird. Besonders bewährt haben sich Potenzfunktionen der Form

$$\phi(\sigma_V) = \sigma_V^n,$$

hyperbolische Sinusfunktionen

$$\phi(\sigma_V) = \sinh\left(\frac{\sigma_V}{a}\right)$$

bzw. Exponentialfunktionen

$$\phi(\sigma_V) = \exp\left(\frac{\sigma_V}{b}\right)$$

Dabei sind n, a und b werkstoffabhängige Größen, die auch eine starke Abhängigkeit von den äußeren Bedingungen (z.B. Temperatur) aufweisen können.

Abschließend kann man die Konstitutivgleichungen für das isotrope stationäre Werkstoffkriechen unter Einbeziehung nichtklassischer Effekte in folgender Form angeben

$$\dot{\boldsymbol{\varepsilon}} = \phi(\sigma_V) \left[\alpha\mu_1\mathbf{I} + \frac{\mu_2 I_1 \mathbf{I} + \mu_3 \boldsymbol{\sigma}}{\sigma_2} + \gamma \frac{\mu_4 I_1^2 \mathbf{I} + \frac{\mu_5}{3}(I_2 \mathbf{I} + 2I_1 \boldsymbol{\sigma}) + \mu_6 \boldsymbol{\sigma} \cdot \boldsymbol{\sigma}}{\sigma_3^2} \right], \qquad (3.4.10)$$

so daß der Vergleich mit Gl. (3.4.2) auf die folgende Koeffizienten führt

$$H_0 = \phi(\sigma_V)\left(\alpha\mu_1 + \frac{\mu_2 I_1}{\sigma_2} + \gamma\frac{\mu_4 I_1^2 + \frac{\mu_5}{3}I_2}{\sigma_3^2}\right),$$

$$H_1 = \phi(\sigma_V)\left(\frac{\mu_3}{\sigma_2} + \frac{2}{3}\gamma\frac{\mu_5 I_1}{\sigma_3^2}\right),$$

$$H_2 = \phi(\sigma_V)\gamma\frac{\mu_6}{\sigma_3^2}$$

Damit ist auch für das Kriechen isotroper Werkstoffe eine allgemeine 6-Parameter-Gleichung abgeleitet.

3.4.2 Grundversuche

Es werden nun die Versuche zur Ermittlung der werkstoffspezifischen Koeffizienten μ_1, μ_2, μ_3, μ_4, μ_5 und μ_6 in Gl. (3.4.10) beschrieben. Dabei wird methodisch in Analogie zur Plastizität vorgegangen. Realisiert werden 4 Kriechversuche, die mathematischen Experimente stellen einfache Aufgaben der Kriechmechanik dar, die sowohl physikalisch realisiert als auch mathematisch gelöst werden können. Damit ist als Auswahlkriterium auch die Lösbarkeit der Aufgaben der Kriechmechanik heranzuziehen.

1. **Physikalische Experimente**

    (a) Einachsiger Zug ($\sigma_{11} > 0$):
    Dabei wirkt in Richtung der anliegenden Spannung

    $$\dot{\varepsilon}_{11} = \hat{L}_+ \sigma_{11}^n, \tag{3.4.11}$$

    in Querrichtung erhält man

    $$\dot{\varepsilon}_{22} = -\hat{Q}\sigma_{11}^n \tag{3.4.12}$$

    (b) Einachsiger Druck ($\sigma_{11} < 0$):
    In Richtung der anliegenden Spannung ergibt sich

    $$\dot{\varepsilon}_{11} = -\hat{L}_-|\sigma_{11}|^n \tag{3.4.13}$$

    (c) Reine Torsion ($\sigma_{12} \neq 0$):
    Gleichgerichtet mit den Schubspannungen erhält man die Gleitungen

    $$\dot{\gamma}_{12} = 2\dot{\varepsilon}_{12} = \hat{N}\sigma_{12}^n, \tag{3.4.14}$$

    daneben stellen sich Dehnungen in axialer Richtung ein

    $$\dot{\varepsilon}_{11} = \hat{M}\sigma_{12}^n \tag{3.4.15}$$

    (d) Hydrostatischer Druck ($\sigma_{11} = \sigma_{22} = \sigma_{33} = -|I_1|/3$):
    In diesem Fall ergeben sich die Dehngeschwindigkeiten zu

    $$\dot{\varepsilon}_{11} = \dot{\varepsilon}_{22} = \dot{\varepsilon}_{33} = -\hat{P}|\sigma_{11}|^n \tag{3.4.16}$$

$\hat{L}_+, \hat{L}_-, \hat{Q}, \hat{N}, \hat{M}, \hat{P}, n$ sind Kennwerte aus dem Werkstoffexperiment. In allen Versuchen wurde vorausgesetzt, daß die Potenzfunktion (NORTONsches Kriechgesetz) die beste Approximation für den Kriechprozeß darstellt. Damit folgt, daß der Kriechexponent n eine Sonderstellung unter den Kennwerten einnimmt, da er für alle Versuche als gleich angenommen wird. Diese Aussage wird durch experimentelle Untersuchungen [128] teilweise gestützt, in [108] wird dagegen eine schwache Abhängigkeit vom Beanspruchungszustand nachgewiesen.

2. Mathematische Experimente

Hierbei werden die jeweiligen Belastungen (einachsiger Zug, einachsiger Druck, reine Torsion, hydrostatischer Druck) in die Konstitutivgleichung (3.4.10) bei Annahme des NORTONschen Kriechgesetzes, d.h., $\phi(\sigma_V) = \sigma_V^n$, eingesetzt und die entsprechenden Verzerrungen berechnet. Die Einzelheiten zu den Rechnungen können dem Abschnitt zur Elastizität entnommen werden. Der Rechengang hier ist analog.

(a) Einachsiger Zug

$$\dot{\varepsilon}_{11} = (\alpha\mu_1 + \sqrt{\mu_2 + \mu_3} + \gamma\sqrt[3]{\mu_4 + \mu_6 + \mu_5})^{n+1}\sigma_{11}^n \qquad (3.4.17)$$

und

$$\dot{\varepsilon}_{22} = (\alpha\mu_1 + \sqrt{\mu_2 + \mu_3} + \gamma\sqrt[3]{\mu_4 + \mu_6 + \mu_5})^n \times$$

$$\times \left[\frac{\mu_2}{\sqrt{\mu_2 + \mu_3}} + \alpha\mu_1 + \gamma\frac{\mu_4 + \dfrac{\mu_5}{3}}{(\mu_4 + \mu_6 + \mu_5)^{2/3}}\right]\sigma_{11}^n \qquad (3.4.18)$$

(b) Einachsiger Druck

$$\dot{\varepsilon}_{11} = -(-\alpha\mu_1 + \sqrt{\mu_2 + \mu_3} - \gamma\sqrt[3]{\mu_4 + \mu_6 + \mu_5})^{n+1}|\sigma_{11}|^n \qquad (3.4.19)$$

(c) Reine Torsion

$$2\dot{\varepsilon}_{12} = (\sqrt{2\mu_3})^{n+1}\sigma_{12}^n, \qquad (3.4.20)$$

$$\dot{\varepsilon}_{11} = (\sqrt{2\mu_3})^n \alpha\mu_1 \sigma_{12}^n \qquad (3.4.21)$$

(d) Hydrostatischer Druck

$$\dot{\varepsilon}_{11} = -\frac{1}{3}(\sqrt{9\mu_2 + 3\mu_3} - \alpha\mu_1 - \gamma\sqrt[3]{27\mu_4 + 3\mu_6 + 9\mu_5})^{n+1}|\sigma_{11}|^n \qquad (3.4.22)$$

Aus dem paarweisen Vergleich der Gln. (3.4.11) und (3.4.17), (3.4.12) und (3.4.18), (3.4.13) und (3.4.19), (3.4.14) und (3.4.20), (3.4.15) und (3.4.21) sowie (3.4.16) und (3.4.22) erhält man die Parameter in Abhängigkeit von den Kennwerten. Die explizite Auflösung des Gleichungssystems nach den Parametern μ_i ist aufwendig. Daher wird folgende Darstellung angegeben

$$\begin{aligned}
\mu_3 &= \hat{N}^{2r}/2, \\
\alpha\mu_1 &= \hat{M}/(\sqrt{2\mu_3})^n, \\
\mu_2 &= \hat{X}^2 - \mu_3, \\
6\gamma^3\mu_4 &= [\sqrt{9\mu_2 + 3\mu_3} - 3\alpha\mu_1 - (3\hat{P})^r]^3 - 3(\hat{T} - \alpha\mu_1)^3 \\
&+ 18(\frac{\mu_2}{\sqrt{\mu_2 + \mu_3}} + \alpha\mu_1 + \hat{Q}\hat{L}_+^{-nr})(\hat{T} - \alpha\mu_1)^2, \\
2\gamma^3\mu_5 &= 3(\hat{T} - \alpha\mu_1)^3 - [\sqrt{9\mu_2 + 3\mu_3} - 3\alpha\mu_1 - (3\hat{P})^r]^3 \\
&- 24(\frac{\mu_2}{\sqrt{\mu_2 + \mu_3}} + \alpha\mu_1 + \hat{Q}\hat{L}_+^{-nr})(\hat{T} - \alpha\mu_1)^2, \\
\gamma^3\mu_6 &= (\hat{T} - \alpha\mu_1)^3 - \gamma^3\mu_4 - \gamma^3\mu_5
\end{aligned} \qquad (3.4.23)$$

mit $\hat{T} = (\hat{L}_+^r - \hat{L}_-^r)/2, \hat{X} = (\hat{L}_+^r + \hat{L}_-^r)/2, r = 1/(n+1)$.

Anmerkung: In analoger Weise lassen sich die Parameter für andere, vom NORTONschen Gesetz abweichende Ansätze des Kriechgesetzes bestimmen. Das NORTONsche Gesetz wird jedoch wegen der guten experimentellen Bestätigung für Anwendungen bevorzugt.

3.4.3 Sonderfälle

Die Diskussion um Sonderfälle der verallgemeinerten Kriechkonstitutivgleichung (3.4.10) kann in zwei Richtungen geführt werden. Aus der Literatur sind bestimmte vereinfachte Ansätze für die Vergleichsspannung bekannt. Man kann daher zeigen, unter welchen Umständen diese Sonderfälle aus der verallgemeinerten Gleichung folgen. Daneben kann man durch à priori Vernachlässigung bestimmter Glieder in der verallgemeinerten Kriechgleichung gleichfalls Sonderfälle begründen. Diese sind dann durch eine geringere Anzahl von Freiwerten gekennzeichnet. Beide Richtungen der Entwicklung von Sonderfällen sind auch dadurch charakterisiert, daß die klassische Kriechgleichung als Sonderfall enthalten ist.

Im Rahmen der klassischen Kriechtheorie beschränkt sich die Angabe der Vergleichsspannung meist auf die VON MISES-Spannung [136, 160]. Setzt man in (3.1.6) $\alpha = \gamma = 0$ und $\mu_2 = -1/2, \mu_3 = 3/2$, folgt die VON MISES-Vergleichsspannung

$$\sigma_V = \sigma_2 = \sqrt{-\frac{1}{2}I_1^2 + \frac{3}{2}I_2} = \sqrt{\frac{3}{2}\mathbf{s} \cdot \cdot \mathbf{s}} = \sigma_{vM},$$

wobei die Beziehung zwischen dem Spannungsdeviator und dem Spannungstensor

$$\boldsymbol{\sigma} = \mathbf{s} + \frac{1}{3}\boldsymbol{\sigma} \cdot \cdot \mathbf{II}$$

beachtet wurde. Die Kriechgleichungen (3.4.10) reduzieren sich damit zu

$$\dot{\boldsymbol{\varepsilon}} = \phi(\sqrt{\frac{3}{2}\mathbf{s} \cdot \cdot \mathbf{s}}) \frac{3\boldsymbol{\sigma} - I_1\mathbf{I}}{2\sqrt{\frac{3}{2}\mathbf{s} \cdot \cdot \mathbf{s}}} = \frac{3}{2}\frac{\phi(\sigma_{vM})}{\sigma_{vM}}\mathbf{s}$$

Sie fallen vollständig mit den beispielsweise in [75, 149, 161, 165] angegebenen Kriechgleichungen zusammen. Die traditionellen Kriechgleichungen folgen auch, wenn in den Gln. (3.4.23) folgende Bedingungen erfüllt sind

$$\hat{L}_+ = \hat{L}_-, 3\hat{L}_+^{2r} = \hat{N}^{2r}, \hat{M} = \hat{P} = 0 \tag{3.4.24}$$

Die abgeleiteten Konstitutivgleichungen (3.4.10) sind tensoriell nichtlinear. Für ihren Einsatz sind daher im allgemeinen Fall 6 Kriechkurven für unterschiedliche Spannungszustände sowie Spannungsniveaus zur Bestimmung der 6 Parameter notwendig. Für ausgewählte Anwendungen ist jedoch nicht immer ein derartiger Aufwand gerechtfertigt. Daher werden zunächst beispielhaft praktisch relevante Sonderfälle mit einer geringeren Anzahl von Parametern betrachtet.

Unabhängige Versuche für Zug und Torsion: Setzt man identisches Verhalten bei Zug und bei Druck voraus und vernachlässigt den POYNTING-SWIFT-Effekt sowie den Einfluß des hydrostatischen Drucks läßt sich mit $\alpha\mu_1 = 0$ sowie $\gamma = 0$ ein Sonderfall konstruieren. Für die Vergleichspannung erhält man dann

$$\sigma_V = \sigma_2$$

und die Konstitutivgleichungen (3.4.10) reduzieren sich zu

$$\dot{\boldsymbol{\varepsilon}} = \phi(\sigma_2)\left(\frac{\mu_2 I_1 \mathbf{I} + \mu_3 \boldsymbol{\sigma}}{\sigma_2}\right) \tag{3.4.25}$$

Diese tensoriell lineare Gleichung enthält lediglich die erste und die zweite Invariante sowie zwei Parameter (μ_2, μ_3). Diese können aus Kriechversuchen zum einachsigen Zug und zur Torsion ($\hat{L}_+, \hat{N}$) bzw. nur zum einachsigen Zug ($\hat{L}_+, \hat{Q}$) bestimmt werden. Liegen diese Werte vor, kann zumindest ein nichtklassischer Effekt (Unabhängigkeit von Zug und Torsion) beschrieben werden. Diese Variante der allgemeinen Kriechgleichung erhält man auch, wenn in Experimenten für den Fall $\phi(\sigma_2) = \sigma_2^n$ die nachfolgenden Beziehungen zwischen den Werkstoffkennwerten festgestellt wurden

$$\hat{L}_+ = \hat{L}_-, \quad \hat{M} = 0, \quad 9\hat{L}_+^{2r} - 3\hat{N}^{2r} = (3\hat{P})^{2r} \qquad (3.4.26)$$

Diese Bedingungen folgen aus den Gln. (3.4.23) unter Beachtung von $\alpha\mu_1 = 0, \gamma = 0$. Sie können als Anwendungsempfehlung für die Konstitutivgleichung (3.4.25) verwendet werden.

Ausschluß der kubischen Invarianten: Um nichtklassische Effekte zu beschreiben, ist die Mitnahme ungerader Invarianten notwendig. Ein erster Schritt besteht in der Einbeziehung der linearen Invarianten und der Vernachlässigung der kubischen Invarianten. Man erhält für $\gamma = 0$ eine tensoriell lineare Konstitutivgleichung

$$\dot{\boldsymbol{\varepsilon}} = \phi(\sigma_V)\left(\alpha\mu_1 \mathbf{I} + \frac{\mu_2 I_1 \mathbf{I} + \mu_3 \boldsymbol{\sigma}}{\sigma_2}\right) \qquad (3.4.27)$$

Dieser Sonderfall folgt aus den Gln. (3.4.23) mit $\phi(\sigma_V) = \sigma_V^n$, wenn in den Experimenten folgende Beziehungen aufgestellt werden

$$\hat{T} = \hat{M}\hat{N}^{-nr}, \sqrt{9\hat{X}^2 - 3\hat{N}^{2r}} = 3\hat{T} + (3\hat{P})^r \qquad (3.4.28)$$

Vereinfachte Gleichung unter Einbeziehung der quadratischen und der kubischen Invarianten: In diesem Fall kann man eine tensoriell nichtlineare und eine tensoriell lineare Variante konstruieren. Für $\alpha\mu_1 = \mu_4 = \mu_5 = 0$ gilt die vereinfachte Konstitutivgleichung

$$\dot{\boldsymbol{\varepsilon}} = \phi(\sigma_V)\left(\frac{\mu_2 I_1 \mathbf{I} + \mu_3 \boldsymbol{\sigma}}{\sigma_2} + \gamma\frac{\mu_6 \boldsymbol{\sigma}\cdot\boldsymbol{\sigma}}{\sigma_3^2}\right) \qquad (3.4.29)$$

Diese folgt auch aus den Gln. (3.4.23) mit $\phi(\sigma_V) = \sigma_V^n$, wenn im Experiment folgende Relationen zwischen den Kennwerten festgestellt werden

$$3\hat{T}^3 - [\sqrt{9\hat{X}^2 - 3\hat{N}^{2r}} - (3\hat{P})^r]^3 = \hat{Y} = \hat{M} = 0 \qquad (3.4.30)$$

mit $\hat{Y} = \hat{X} = \hat{N}^{2r}/(2\hat{X}) + \hat{Q}\hat{L}_+^{-nr}$.

Weitere vereinfachte Konstitutivgleichung: Eine weitere vereinfachte tensoriell lineare Konstitutivgleichung erhält man mit $\alpha\mu_1 = \mu_4 = \mu_6 = 0$

$$\dot{\boldsymbol{\varepsilon}} = \phi(\sigma_V)\left[\frac{\mu_2 I_1 \mathbf{I} + \mu_3 \boldsymbol{\sigma}}{\sigma_2} + \gamma\frac{\mu_5(I_2 \mathbf{I} + 2I_1 \boldsymbol{\sigma})}{3\sigma_3^2}\right] \qquad (3.4.31)$$

Diese Beziehungen gelten auch dann, wenn aus dem Experiment die Relationen

$$[\sqrt{9\hat{X}^2 - 3\hat{N}^{2r}} - (3\hat{P})^r]^3 - 9\hat{T}^3 = \hat{T} + 3\hat{Y} = \hat{M} = 0 \qquad (3.4.32)$$

folgen. Diese Bedingungen stellen gleichzeitig Anwendungsempfehlungen für den Einsatz der Gl. (3.4.31) dar.

Praktisch anwendbare Sonderfälle sind somit auf verschiedene Weise ableitbar:

1. Mit Hilfe induktiver plausibler Ansätze über σ_V
2. Durch Nullsetzen ausgewählter Parameter μ_i
3. Durch experimentellen Nachweis der näherungsweisen Erfüllung bestimmter Gleichungen für die Kennwerte $\hat{L}_+, \hat{L}_-, \hat{Q}, \hat{N}, \hat{M}, \hat{P}$

4 Isotrope Modelle des Grenzverhaltens

Die mechanische Charakterisierung von Werkstoffen erfolgt in der Festkörpermechanik durch die Modellierung ihres Deformationsverhaltens bis zu Extrem- bzw. Grenzzuständen. Dazu sind unterschiedliche Modelle bekannt. Grundlage zur Festlegung von Grenzzuständen sind Festigkeitskriterien, Fließbedingungen, Schädigungsmodelle und Ermüdungskriterien. Nachfolgend werden ausgewählte Modelle des Grenzverhaltens vorgestellt.

4.1 Grenzverhalten bei statischer Belastung

Äußere Beanspruchungen rufen im Werkstoff Reaktionen hervor. Diese können im Rahmen phänomenologischer Modelle durch Spannungen bzw. andere phänomenologische Größen gekennzeichnet werden. Ab einer bestimmten Beanspruchungshöhe kann man in Abhängigkeit vom Werkstoff und den äußeren Bedingungen Erscheinungen des Werkstoffversagens wie z.B. plastisches Fließen oder Sprödbruch beobachten [10, 57]. Die Beschreibung solcher Versagensformen ist kompliziert. Die Ursachen dafür liegen u.a. in den unterschiedlichen Versagensformen (plastisches Fließen, Kriechen, Ermüdung, Bruch usw.) sowie in der Vielzahl von Einflußfaktoren (Beanspruchungshöhe, zeitlicher Verlauf der Beanspruchungen, Temperatur, Umwelteinflüsse u.a.m.). Zahlreiche experimentelle Untersuchungen zeigen, daß das Beanspruchungsniveau und die Art der Belastung einen besonderen Einfluß auf ein sprödes bzw. ein duktiles Versagen haben können (vgl. u.a. [53, 54, 62, 71, 85, 89, 112, 134]). Als *Versagenszustände im engeren Sinne* werden alle kritischen Zustände unmittelbar vor dem Bruch (spröde Werkstoffe) bzw. der Übergang zum plastischen Fließen angesehen [97]. Die Modelle des Grenzverhaltens sind mit der Formulierung von Grenzflächenkriterien verbunden. Im ersten Fall (Sprödversagen) spricht man von Festigkeitskriterien, im zweiten Fall (plastisches Fließen) von Fließ- oder Plastizitätskriterien. Eine Diskussion über *Versagenszustände im erweiterten Sinne* (Berücksichtigung der Werkstoffschädigung, Versagen infolge zyklischer Beanspruchungen) erfolgt exemplarisch in den Abschnitten 4.2 bis 4.4.

Die Formulierung phänomenologischer Versagenstheorien ist umstritten. Neben der Auffassung, daß das Versagen prinzipiell nicht im Rahmen phänomenologischer Modelle beschrieben werden kann, findet man auch Fachartikel und Monografien, die die Möglichkeiten phänomenologischer Konzepte aufzeigen und in denen Versagenskriterien vorrangig für isotrope Werkstoffe formuliert werden [47, 50, 59, 73, 78, 82, 111, 154, 156, 158, 166, 170, 207]. In Abhängigkeit von der Anzahl der zu Grunde gelegten Basisexperimente (bzw. der zu bestimmenden Kennwerte) lassen sich die Kriterien klassifizieren [207]. Man erhält so 1-Parameter-Kriterien, 2-Parameter-Kriterien usw.

Nachfolgend wird ein verallgemeinertes phänomenologisches Versagenskriterium abgeleitet. Dabei werden folgende einschränkende Annahmen getroffen:

1. Die betrachteten Werkstoffe sind makroskopisch isotrop und homogen.

2. Der Beanspruchungszustand wird ausschließlich durch den im Werkstoffe vorhandenen resultierenden Spannungszustand gekennzeichnet, nichtmechanische Einflußfaktoren bleiben unberücksichtigt.

3. Der Werkstoff wird monoton belastet.

4. Als mögliche Versagenszustände werden nur plastisches Fließen oder Festigkeitsverlust (Bruch) angenommen.

Plastisches Fließen ist für duktiles Werkstoffverhalten typisch. Dabei wird für den Fließbeginn das Erreichen eines bestimmten Grenzwertes (Fließgrenze) vorausgesetzt, wobei die genaue experimentelle Ermittlung dieser Größe auf Schwierigkeiten stößt. Daher gibt es in der Fachliteratur, aber auch in den entsprechenden Berechnungsvorschriften, unterschiedliche Kennwertangaben (vergl. z.B. [43]). Festigkeitsverlust ist für sprödes Materialverhalten die typische Versagensform, wobei man für diese Versagensform unterschiedliche Definitionen findet. Während z.B. in [55, 82] nur der Bruch der Werkstoffprobe oder des Konstruktionselements im engeren Sinn definiert wird, d.h. vollständige Trennung in mindestens zwei Teile, kann man in [129] eine Erweiterung auf Mikroprozesse im Vorfeld des makroskopischen Bruchs finden. Der dem Festigkeitsverlust im Rahmen der nachfolgenden Ausführungen zugeordnete experimentelle Kennwert ist i. allg. die aus dem Zugversuch zu ermittelnde Zugfestigkeit R_m [43]. Die hier angeführte Klassifikation der Versagenszustände ist in ähnlicher Weise bei KACHANOV [97] zu finden.

Die oben angeführten experimentellen Kennwerte sind Grenzspannungswerte. Bei der Formulierung des Versagenskriteriums wird daher nachfolgend ein spannungsbezogener Ausdruck bevorzugt. Ein Versagenskriterium kann dann als eine Grenzfläche im entsprechend gewählten Spannungsraum interpretiert werden. Daneben werden in der Literatur auch Versagenskriterien im Verzerrungsraum bzw. in energetischen Ausdrücken formuliert [129, 166]. Diese sollen jedoch hier nicht behandelt werden.

4.1.1 Formulierung eines verallgemeinerten Versagenskriteriums

Im Falle isotroper Materialien genügt es, statt des Spannungstensors dessen Invarianten als Argumente des Versagenskriteriums einzuführen. Eine Variante, die auf den im Abschnitt 3.1 formulierten Invarianten beruht, wurde in [10] realisiert. HILL schlägt in [88] als Argumente die erste Invariante des Spannungstensors sowie die zweite und die dritte Invariante des Spannungsdeviators vor, d.h.

$$I_1 = \sigma_I + \sigma_{II} + \sigma_{III}, \quad I_2^s = \frac{1}{2}(s_I^2 + s_{II}^2 + s_{III}^2), \quad I_3^s = \frac{1}{3}(s_I^3 + s_{II}^3 + s_{III}^3)$$

Dabei sind $\sigma_I, \sigma_{II}, \sigma_{III}$ die Hauptspannungen des Spannungstensors und s_I, s_{II}, s_{III} die Hauptwerte des Spannungsdeviators

$$s_i = \sigma_i - \frac{I_1}{3}, \quad i = I, II, III$$

Es werden auch andere invariante Größen in der Literatur vorgeschlagen und diskutiert. Entsprechend einem Vorschlag von NOVOZHILOV [146, 147] werden folgende Invarianten eingeführt

$$I_1 = \boldsymbol{\sigma} \cdot\cdot \mathbf{I}; \quad \sigma_{vM} = \sqrt{\frac{3}{2}\mathbf{s}\cdot\cdot\mathbf{s}}; \quad \sin 3\xi = -\frac{27}{2}\frac{\det \mathbf{s}}{\sigma_{vM}^3}, \quad -\frac{\pi}{6} \leq \xi \leq \frac{\pi}{6} \qquad (4.1.1)$$

mit **I** als Einheitstensor und dem Spannungsdeviator

$$s = \sigma - \frac{1}{3}\sigma \cdot \cdot \mathbf{I}\,\mathbf{I} = \sigma - \frac{1}{3}I_1\mathbf{I}$$

Für die Determinante des Spannungsdeviators wurde das Symbol det s verwendet. Die erste Invariante I_1 steht mit dem hydrostatischen Druck in Zusammenhang, die zweite Invariante σ_{vM} ist die VON MISES-Vergleichsspannung. Die dritte Invariante ξ kann als Verhältnis der Radien der MOHRschen Spannungskreise interpretiert werden und steht damit mit dem LODE-Parameter in Verbindung [97, 146, 147]. Die Invarianten I_1, σ_{vM} und ξ unterscheiden sich in ihrer Form grundlegend von den Invarianten des Kapitels 3. Sie haben sich insbesondere für die Darstellung zahlreicher Festigkeits- und Fließkriterien bewährt. Dies zeigen ähnliche Ansätze anderer Autoren [60, 61]. Nachfolgend wird gezeigt, daß die eingeführten Invarianten in Zusammenhang mit dem diskutierten verallgemeinerten Kriterium, welches 6 unbestimmte Parameter enthält, eine explizite Ermittlung der Parameter gestatten.

Mit den Invarianten (4.1.1) kann man folgendes Versagenskriterium formulieren

$$F(I_1, \sigma_{vM}, \xi) \leq \sigma_G \tag{4.1.2}$$

σ_G stellt hier eine Grenzzugspannung dar, die im Zugversuch experimentell zu bestimmen ist. Ist die Funktion F kleiner als die Grenzspannung, tritt kein Versagen auf. Für $F = \sigma_G$ wird Versagen angenommen. Entsprechend dem Versagensmodell (duktil, spröd) wird für σ_G der geeignete Werkstoffkennwert ausgewählt.

Für Werkstoffe, die in ihrem Verhalten keine Effekte höherer Ordnung aufweisen und somit im Rahmen klassischer Modelle beschrieben werden können, wird die Gl. (4.1.2) im allgemeinen durch Vernachlässigung der ersten und/oder der dritten Invarianten weiter vereinfacht. Diese Vereinfachungen sind jedoch nicht immer zulässig, da für bestimmte Werkstoffe wesentliche Unterschiede im Zug- und Druckverhalten sowie andere nichtklassische Effekte nachgewiesen wurden (vergl. z.B. [53, 54, 62, 74, 102, 174]). Damit können alle Spannungsinvarianten sowie weitere materialspezifische Größen λ_n bei der Konkretisierung des Kriteriums (4.1.2) eine Rolle spielen

$$F(I_1, \sigma_{vM}, \xi, \lambda_1, \lambda_2, \ldots) \leq \sigma_G \tag{4.1.3}$$

Die Koeffizienten λ_n sind aus möglichst einfachen Werkstoffexperimenten (Basisexperimente) zu bestimmen. Nachfolgend werden 6 Basisexperimente beschrieben, zu denen auch mathematische Lösungen existieren. Man erhält dann allgemein

$$F(I_1, \sigma_{vM}, \xi, \lambda_1, \lambda_2, \lambda_3, \lambda_4, \lambda_5, \lambda_6) - \sigma_V \leq \sigma_G \tag{4.1.4}$$

Nun muß die Vergleichspannung σ_V explizit definiert werden. Bewährt hat sich der Ansatz [11]

$$\sigma_V = \lambda_1 \sigma_{vM} \sin\xi + \lambda_2 \sigma_{vM} \cos\xi + \lambda_3 \sigma_{vM} + \lambda_4 I_1 + \lambda_5 I_1 \sin\xi + \lambda_6 I_1 \cos\xi \tag{4.1.5}$$

Die Gln. (4.1.4) und (4.1.5) können als 6-Parameter-Kriterium klassifiziert werden. Zur Ermittlung der Koeffizienten $\lambda_n (n = 1, \ldots, 6)$ sind 6 Grundversuche, die 6 werkstoffspezifische Versagenskennwerte liefern, notwendig.

4.1.2 Grundversuche

Die notwendigen Grundversuche (Basisexperimente) sind nicht eindeutig bestimmt, sondern in gewissen Grenzen wählbar. Nachfolgend werden 6 mögliche Basisexperimente (physikalische und mathematische) beschrieben. Weitere Details dazu lassen sich u.a. [53, 89, 151, 158, 174] entnehmen. Es ist stets zu beachten, daß die sogenannten klassischen Grundversuche, d.h. einachsiger Zug und Druck, reiner Schub nicht genügen [187]. Nach [174] sind insbesondere Versuche, bei denen hydrostatischer Druck überlagert wird, von Bedeutung. Diese Einschätzung gilt vor allem für Polymerwerkstoffe. Der Vergleich der jeweils zugeordneten mathematischen und physikalischen Experimente gestattet die Identifikation der Größen λ_n durch geeignete Werkstoffkennwerte. Für die beschriebenen 6 physikalischen Experimente ist dabei das Grenzkriterium (4.1.5) mathematisch zu formulieren.

1. **Physikalische Experimente**

    (a) Einachsiger Zug
      In diesem Fall wird davon ausgegangen, daß nur die angreifende Zugspannung σ_{11} von Null verschieden ist, wobei $\sigma_{11} > 0$ gilt. Die Bedingung für den Eintritt des Grenzzustandes lautet mit dem Grenzwert σ_G für Versagen bei Zug

    $$\sigma_{11} = \sigma_G \tag{4.1.6}$$

    (b) Einachsiger Druck
      Hierbei gilt, daß gleichfalls nur σ_{11} von Null verschieden ist, jedoch ist diese Spannung eine Druckspannung ($\sigma_{11} < 0$). Damit folgt für den Grenzzustand

    $$\sigma_{11} = -\sigma_D \tag{4.1.7}$$

    σ_D ist der Grenzwert (positiver Zahlenwert) für das Versagen bei Druck.

    (c) Reine Torsion
      Hierbei soll nur σ_{12} von Null verschieden sein. Wenn τ_G der Grenzwert für den Versagensfall bei reinem Schub ist, gilt

    $$\sigma_{12} = \tau_G \tag{4.1.8}$$

    (d) Dünnwandige Hohlprobe unter Innendruck
      In dem Bereich des Prüfkörpers, für den ein homogener Spannungszustand angenommen werden kann, sind bis auf σ_{11} (Zugspannung in Längsrichtung) und σ_{22} (Zugspannung in Umfangsrichtung) alle weiteren Spannungen Null. Die beiden Spannungen σ_{11} und σ_{22} lassen sich dann wie folgt berechnen [84]

    $$\sigma_{11} = \frac{\sigma_B}{2}, \quad \sigma_{22} = \sigma_B \tag{4.1.9}$$

    Dabei ist σ_B der Grenzwert der Spannung, der mit dem Innendruck in der Hohlprobe p wie folgt verbunden ist

    $$\sigma_B = \frac{pR}{h}$$

    R ist der mittlere Prüfkörperradius und h die Wandstärke. Die angeführten Formeln sind an die Dünnwandigkeit der Probekörper gebunden. Für den Versagensfall gilt dann

    $$2\sigma_{11} = \sigma_{22} = \sigma_B$$

(e) Dünnwandige Hohlprobe unter Innendruck und Längskraft
Damit ergeben sich in dem Bereich, für den ein homogener Spannungszustand gilt, folgende Beziehungen

$$\sigma_{11} = \frac{F}{A} + \frac{\sigma_t}{2}, \quad \sigma_{22} = \sigma_t$$

F ist die Längszugkraft, A - der Querschnitt des Prüfkörpers. Die Umfangsspannung σ_t ist mit dem Innendruck p über die Gleichung

$$\sigma_t = \frac{pR}{h}$$

verbunden. Der Innendruck und die Längskraft werden so geregelt, daß im Versagensfall der Grenzwert der Spannungen σ_E von beiden Spannungswerten erreicht wird. Damit wird gefordert, daß

$$\sigma_{11} = \sigma_{22} = \sigma_E \qquad (4.1.10)$$

gilt.

(f) Einachsiger Zug in einer Hochdruckkammer
Hierbei wird der Prüfkörper auf Zug und hydrostatischen Druck beansprucht. Es gilt

$$\sigma_{11} = \frac{F}{A} - p, \quad \sigma_{22} = -p, \quad \sigma_{33} = -p$$

mit F als Längszugkraft, A als Querschnitt des Prüfkörpers (Vollquerschnitt) und p als Kammerdruck. Der Kammerdruck und die Längskraft werden so geregelt, daß im Versagensfall der Grenzwert der Spannungen σ_H mit den Spannungen σ_{11}, σ_{22} und σ_{33} wie folgt verbunden ist

$$\sigma_{11} = \frac{2}{3}\sigma_H, \quad \sigma_{22} = \sigma_{33} = -\frac{1}{3}\sigma_H \qquad (4.1.11)$$

Damit verschwindet die erste Invariante des Spannungstensors für diesen Grenzzustand.

2. Mathematische Experimente

(a) Einachsiger Zug
In diesem Fall ergeben sich mit

$$I_1 = \sigma_{11}\mathbf{e}_1\mathbf{e}_1 \cdot\cdot \mathbf{I} = \sigma_{11},$$

$$\sigma_{vM} = \sqrt{\frac{3}{2}\left(\sigma_{11}\mathbf{e}_1\mathbf{e}_1 - \frac{1}{3}I_1\mathbf{I}\right)\cdot\cdot\left(\sigma_{11}\mathbf{e}_1\mathbf{e}_1 - \frac{1}{3}I_1\mathbf{I}\right)} = \sigma_{11},$$

$$\sin 3\xi = -\frac{27}{2}\frac{\frac{2}{27}\sigma_{11}^3}{\sigma_{11}^3} = -1$$

folgende Ausdrücke für die Invarianten (4.1.1)

$$I_1 = \sigma_G, \quad \sigma_{vM} = \sigma_G, \quad \xi = -\frac{\pi}{6} \qquad (4.1.12)$$

Nach Einsetzen von (4.1.12) in das Grenzkriterium (4.1.4), (4.1.5) erhält man

$$-\lambda_1 + \sqrt{3}\lambda_2 + 2\lambda_3 + 2\lambda_4 - \lambda_5 + \sqrt{3}\lambda_6 = 2 \qquad (4.1.13)$$

$$\begin{aligned}
\lambda_1 &= \frac{1}{3}(2\frac{\sigma_G}{\sigma_D} - 3\frac{\sigma_G}{\sigma_H} + \frac{\sigma_G}{\sigma_E}), \\
\lambda_2 &= -\frac{1}{3(2-\sqrt{3})}(2\frac{\sigma_G}{\sigma_D} - 2\sqrt{3}\frac{\sigma_G}{\tau_G} + 3\frac{\sigma_G}{\sigma_H} + \frac{\sigma_G}{\sigma_E}), \\
\lambda_3 &= \frac{1}{3(2-\sqrt{3})}(2\frac{\sigma_G}{\sigma_D} - 3\frac{\sigma_G}{\tau_G} + 3\frac{\sigma_G}{\sigma_H} + \frac{\sigma_G}{\sigma_E}), \\
\lambda_4 &= \frac{1}{3(2-\sqrt{3})}(3 - \frac{\sigma_G}{\sigma_D} + \sqrt{3}\frac{\sigma_G}{\tau_G} - 2\sqrt{3}\frac{\sigma_G}{\sigma_B} - 3\frac{\sigma_G}{\sigma_H} + \frac{\sigma_G}{\sigma_E}), \\
\lambda_5 &= -\frac{1}{3}(3 + \frac{\sigma_G}{\sigma_D} - 3\frac{\sigma_G}{\sigma_H} - \frac{\sigma_G}{\sigma_E}), \\
\lambda_6 &= -\frac{1}{3(2-\sqrt{3})}(3 - \frac{\sigma_G}{\sigma_D} + 2\frac{\sigma_G}{\tau_G} - 4\frac{\sigma_G}{\sigma_B} - 3\frac{\sigma_G}{\sigma_H} + \frac{\sigma_G}{\sigma_E})
\end{aligned} \qquad (4.1.19)$$

Die hier angeführten Basisexperimente sind nicht die einzig möglichen. Bei der Diskussion um die Basisexperimente gibt es übereinstimmende Aussagen bezüglich der ersten drei Versuche: Zug, Druck und Torsion. Weitere Basisexperimente sind in Abhängigkeit von den experimentellen Möglichkeiten, von der Art des Werkstoffs, von der Art der Belastung usw. definierbar.

4.1.3 Sonderfälle des 6-Parameter-Kriteriums

Das vorgeschlagene Kriterium (4.1.4), (4.1.5) enthält insgesamt 6 materialspezifische Koeffizienten. Deren Ermittlung ist aufwendig, da 6 unabhängige Basisexperimente zu realisieren sind. Für zahlreiche Anwendungen kann jedoch gezeigt werden, daß eine befriedigende Beschreibung des Grenzverhaltens von Werkstoffen auf der Grundlage von Sonderfällen möglich ist. Sonderfälle des allgemeinen Kriteriums sind auch dann notwendig, wenn die gegebenen technischen Möglichkeiten keine Realisierung von 6 unabhängigen Grundversuchen gestatten. Somit ist eine Analyse von Sonderfällen des Kriteriums (4.1.4), (4.1.5) sinnvoll. Die Sonderfälle lassen sich nach der Anzahl der verwendeten materialspezifischen Kennwerte einteilen (1-Parameter-Kriterium, 2-Parameter-Kriterium, ...), d.h. nach der Anzahl der *unabhängigen* Grundversuche [207].

Nachfolgend wird gezeigt, daß man bei der Analyse der Sonderfälle zwei Ergebnisse erhalten kann:

1. Das allgemeine Kriterium (4.1.4), (4.1.5) enthält zahlreiche spezielle Versagenskriterien, die in der Fachliteratur beschrieben sind, als Sonderfälle. Dabei lassen sich durch Koeffizientenvergleich die speziellen Werte für alle λ_n angeben, d.h., statt der allgemeinen Ausdrücke (4.1.19) ergeben sich konkrete Zahlenwerte für die λ_n.

2. Die Diskussion der Sonderfälle führt auf Einsatzempfehlungen für die speziellen Kriterien. Man erkennt, daß bei Verwendung spezieller Kriterien die Verhältnisse zwischen den materialspezifischen Parametern σ_G, σ_D, τ_G, σ_B, σ_E und σ_H nicht mehr beliebig sind.

Bei der Diskussion der klassischen Kriterien ist vielfach der Übergang von den Hauptspannungen zu den Invarianten (4.1.1) notwendig. Die eingeführten Invarianten hängen mit den Hauptspannungen $\sigma_I, \sigma_{II}, \sigma_{III}$ wie folgt zusammen [60, 61, 147, 192]

$$\sigma_I = \frac{1}{3}\left[2\sigma_{vM}\sin\left(\xi + \frac{2\pi}{3}\right) + I_1\right],$$

$$\sigma_{II} = \frac{1}{3}(2\sigma_{vM}\sin\xi + I_1), \tag{4.1.20}$$

$$\sigma_{III} = \frac{1}{3}\left[2\sigma_{vM}\sin(\xi + \frac{4\pi}{3}) + I_1\right],$$

wobei $\sigma_I \geq \sigma_{II} \geq \sigma_{III}$ gilt.

1-Parameter-Kriterien: Entsprechend der vorgenommenen Klassifikation sind 1-Parameter-Kriterien Sonderfälle des verallgemeinerten Kriteriums (4.1.4), (4.1.5), das nur auf der Grundlage eines Basisexperiments verifiziert wird. Dazu wird i. allg. der Zugversuch herangezogen, jedoch ist auch der Einsatz anderer Grundversuche (z.B. Druckversuch oder Torsionsversuch) prinzipiell denkbar. Die Vergleichsspannung σ_V ergibt sich nach dem jeweils gewählten Kriterium.

Kriterium von Huber–von Mises–Hencky: Für dieses Kriterium sind unterschiedliche Darstellungen in der Literatur zu finden. Entsprechend [135, 136] gilt

$$\sigma_V = \sigma_{vM}, \tag{4.1.21}$$

d.h., die Vergleichsspannung ist physikalisch der Gestaltänderungsenergie zugeordnet. Damit ergibt der Vergleich mit dem Kriterium (4.1.5)

$$\lambda_3 = 1, \ \lambda_1 = \lambda_2 = \lambda_4 = \lambda_5 = \lambda_6 = 0$$

HUBER hat das Kriterium (4.1.21) als Festigkeitskriterium bei Druck vorgeschlagen. Besonders gut beschreibt es den Übergang zum plastischen Fließen von zahlreichen Metallen, worauf schon VON MISES hinwies. Sprödes Werkstoffverhalten läßt sich jedoch nur schlecht beschreiben. Der Einfluß des hydrostatischen Beanspruchungszustandes kann mit dem HUBER-VON MISES-HENCKY-Kriterium nicht beurteilt werden.

Die Einsatzgrenzen für ein Kriterium müssen stets experimentell überprüft werden. Das Einsetzen der konkreten λ_n-Werte in das Gleichungssystem (4.1.19) führt aber auch formal mathematisch auf folgende Anwendungsempfehlungen für das HUBER-VON MISES-HENCKY-Kriterium

$$\frac{\sigma_G}{\sigma_D} = 1, \ \frac{\sigma_G}{\tau_G} = \sqrt{3}, \ \frac{\sigma_G}{\sigma_B} = \frac{\sqrt{3}}{2}, \ \frac{\sigma_G}{\sigma_H} = 1, \ \frac{\sigma_G}{\sigma_E} = 1$$

Aus den Anwendungsempfehlungen ist zu erkennen, daß unterschiedliches Verhalten bei Zug und bei Druck nicht mit dem HUBER-VON MISES-HENCKY-Kriterium beschrieben werden kann ($\sigma_G = \sigma_D$).

Anmerkung: Für zahlreiche plastische Werkstoffe, für die dieses Versagenskriterium besonders geeignet ist, wird für plastisches Versagen infolge einachsigem Zug oder reinem Schub das Verhältnis $\sigma_G = \sqrt{3}\tau_G$ auch im Experiment bestätigt [97].

Kriterium von Coulomb–Tresca–Saint Venant: Nach diesem Kriterium tritt der Versagensfall beim Maximum der Schubspannungen ein, d.h. [186]

$$\tau_{max} = \frac{1}{2}(\sigma_I - \sigma_{III})$$

bzw.

$$\sigma_V = \sigma_I - \sigma_{III} \tag{4.1.22}$$

Unter Berücksichtigung der Gln. (4.1.20) erhält man

$$\sigma_V = \frac{2\sqrt{3}}{3}\sigma_{vM}\cos\xi$$

Aus dem Koeffizientenvergleich mit (4.1.5) ergibt sich

$$\lambda_2 = \frac{2\sqrt{3}}{3},\ \lambda_1 = \lambda_3 = \lambda_4 = \lambda_5 = \lambda_6 = 0$$

In Übereinstimmung mit dem formulierten Kriterium haben hydrostatische Spannungszustände und die mittlere Hauptspannung keinen Einfluß auf das Versagen. Diese Aussagen werden jedoch nicht für alle Werkstoffe im Experiment bestätigt, so daß das Kriterium dann nicht einsetzbar ist. Experimentelle Untersuchungen zeigen ferner, daß plastisches Versagen gut erfaßt wird, sprödes Werkstoffverhalten dagegen nicht mit diesem Kriterium beurteilt werden sollte.

Mit den λ_n-Werten erhält man aus den Gln. (4.1.19) folgende Anwendungsempfehlungen

$$\frac{\sigma_G}{\sigma_D} = 1,\ \frac{\sigma_G}{\tau_G} = 2,\ \frac{\sigma_G}{\sigma_B} = 1,\ \frac{\sigma_G}{\sigma_H} = 1,\ \frac{\sigma_G}{\sigma_E} = 1$$

Zug- und Torsionsversuche mit Stahlproben, die BAUSCHINGER durchführte, bestätigen, daß die Festigkeit bei Schub ungefähr die Hälfte vom Wert der Festigkeit bei Zug beträgt.

Kriterium von Galilei–Leibniz: Dieses Versagenskriterium, welches auch als Kriterium der maximalen Hauptspannung bezeichnet wird, lautet [166]

$$\sigma_V = \sigma_I \qquad (4.1.23)$$

Unter Beachtung der Gln. (4.1.20) erhält man folgenden Ausdruck für die Vergleichsspannung

$$\sigma_V = -\frac{1}{3}\sigma_{vM}\sin\xi + \frac{\sqrt{3}}{3}\sigma_{vM}\cos\xi + \frac{1}{3}I_1$$

Der Koeffizientenvergleich liefert

$$\lambda_1 = -\frac{1}{3},\ \lambda_2 = \frac{\sqrt{3}}{3},\ \lambda_3 = 0,\ \lambda_4 = \frac{1}{3},\ \lambda_5 = \lambda_6 = 0$$

Das Kriterium von GALILEI-LEIBNIZ weist einen Widerspruch zum Experiment auf: für den Fall einachsigen Drucks und für den Fall hydrostatischen Drucks würde gleiches Versagen eintreten. Dies wird jedoch für hydrostatischen Druck nicht bestätigt. Aus dem Experiment folgt, daß das Kriterium (4.1.23) bei spröden Werkstoffen und Beanspruchungszuständen, die nahe einachsigen Zuständen liegen, verwendet werden kann. Plastische Zustände werden schlecht wiedergegeben.

Es ergeben sich folgende Anwendungsempfehlungen

$$\frac{\sigma_G}{\sigma_D} = 0,\ \frac{\sigma_G}{\tau_G} = \frac{\sigma_G}{\sigma_B} = \frac{\sigma_G}{\sigma_E} = 1,\ \frac{\sigma_G}{\sigma_H} = \frac{2}{3}$$

Die erste Beziehung kann wie folgt interpretiert werden: das GALILEI-LEIBNIZ-Kriterium kann für Werkstoffe eingesetzt werden, die eine sehr große Druckfestigkeit im Vergleich zur Zugfestigkeit aufweisen (theoretisch wird eine unendliche Druckfestigkeit angenommen). Für den Fall, daß unterschiedliches Verhalten bei Zug und bei Druck vorausgesetzt werden kann, wurde das GALILEI-LEIBNIZ-Kriterium von RANKINE erweitert.

Hauptdehnungshypothese: Bei der von MARIOTTE, SAINT VENANT, BACH u. a. vorgeschlagenen Hypothese wird der Versagensfall für den Fall angenommen, daß die größte Hauptdehnung einen kritischen Wert erreicht [82]. Die maximale Dehnung sei ε_I. Damit ergibt sich unter Annahme des HOOKEschen Gesetzes

$$\varepsilon_V = \frac{\sigma_V}{E} = \varepsilon_I = \frac{1}{E}[\sigma_I - \nu(\sigma_{II} + \sigma_{III})]$$

bzw.

$$\sigma_V = \sigma_I - \nu(\sigma_{II} + \sigma_{III}) \tag{4.1.24}$$

mit ν als Querkontraktionszahl. Entsprechend den Gln. (4.1.20) gilt

$$\sigma_V = \frac{1+\nu}{3}\sigma_{vM}(-\sin\xi + \sqrt{3}\cos\xi) + \frac{1}{3}(1-2\nu)I_1$$

Der Koeffizientenvergleich liefert

$$\lambda_1 = -\frac{1+\nu}{3}, \ \lambda_2 = \frac{1+\nu}{3}\sqrt{3}, \ \lambda_4 = \frac{1}{3}(1-2\nu), \ \lambda_3 = \lambda_5 = \lambda_6 = 0$$

Als Einsatzempfehlung erhält man

$$\frac{\sigma_G}{\sigma_D} = \nu, \ \frac{\sigma_G}{\tau_G} = 1+\nu, \ \frac{\sigma_G}{\sigma_B} = \frac{2-\nu}{2}, \ \frac{\sigma_G}{\sigma_H} = \frac{2}{3}(1+\nu), \ \frac{\sigma_G}{\sigma_E} = \frac{1}{2}$$

Die erste Einsatzempfehlung fällt mit einer in [82] getroffenen Aussage bezüglich des Verhältnisses der Kennwerte bei Zug und Druck zusammen. Die Hauptdehnungshypothese wird insbesonders bei verformungsarmen, spröden Werkstoffen (z.B. Keramik) zur Charakterisierung des Bruchs verwendet.

Anmerkungen: Für $\nu = 0$ erhält man das GALILEI-LEIBNIZ-Kriterium (4.1.23) aus der Gl. (4.1.24), die die Hauptdehnungshypothese beschreibt. Diese führt auf die Aussage, daß bei zweiachsigem Zug ($\sigma_I = \sigma_{II} \neq 0$) eine größere Festigkeit im Material auftreten kann, als wenn nur Zug in der einen oder der anderen Richtung auftreten würde. Dies wird jedoch im Experiment nicht bestätigt.

Hauptdehnungshypothese bei Volumenkonstanz: Dieses Versagenskriterium, welches auch in Arbeiten von RANKINE, LAMÉ und CLEBSCH zu finden ist, kann folgendermaßen formuliert werden [166, 170]: *Der Versagenszustand wird mit dem Erreichen der maximalen Hauptdehnung angenommen, jedoch wird Volumenkonstanz des Werkstoffs vorausgesetzt..* Unter der Voraussetzung der Gültigkeit des HOOKEschen Gesetzes und der elastischen Volumenkonstanz ($\nu = 0.5$) gilt dann

$$\sigma_V = \sigma_I - \frac{1}{2}(\sigma_{II} + \sigma_{III}) \tag{4.1.25}$$

Unter Beachtung der Gln. (4.1.20) erhält man folgenden Ausdruck für die Vergleichsspannung

$$\sigma_V = \frac{1}{2}\sigma_{vM}(\sqrt{3}\cos\xi - \sin\xi)$$

Der Koeffizientenvergleich liefert

$$\lambda_1 = -\frac{1}{2}, \ \lambda_2 = \frac{\sqrt{3}}{2}, \ \lambda_3 = \lambda_4 = \lambda_5 = \lambda_6 = 0$$

Aus den ermittelten λ_n-Werten ergeben sich folgende Anwendungsempfehlungen

$$\frac{\sigma_G}{\sigma_D} = \frac{1}{2}, \frac{\sigma_G}{\tau_G} = \frac{3}{2}, \frac{\sigma_G}{\sigma_B} = \frac{3}{4}, \frac{\sigma_G}{\sigma_H} = 1, \frac{\sigma_G}{\sigma_E} = \frac{1}{2}$$

Dieses Kriterium, welches eine Modifikation der Hauptdehnungshypothese darstellt, eignet sich offensichtlich zur Beschreibung des Fließbeginns [170].

Anmerkung: Auf einem völlig anderen Weg wird in [130] ein Kriterium abgeleitet, welches in Teilen auf Gl. (4.1.25) führt. Dieses Kriterium wird als „twin-shear stress-Kriterium" bezeichnet. Physikalisch läßt es sich wie folgt interpretieren: die Summe der beiden größten Schubspannungen wird als für das Versagen bedeutsam angesehen. Damit folgen die Kriteriumsgleichungen

$$\begin{array}{rll} \sigma_V &= \sigma_I - \tfrac{1}{2}(\sigma_{II} + \sigma_{III}), & \text{wenn} \quad \sigma_{12} \geq \sigma_{23} \\ \sigma_V &= \tfrac{1}{2}(\sigma_I + \sigma_{II}) - \sigma_{III}, & \text{wenn} \quad \sigma_{12} \leq \sigma_{23} \end{array} \qquad (4.1.26)$$

Das Kriterium eignet sich für metallische, duktile Werkstoffe, die im Experiment Werte liefern, die außerhalb der Grenzfläche nach dem HUBER-VON MISES-HENCKY-Kriterium liegen.

Kriterium von Sdobyrev: In [176] wird folgendes Kriterium vorgeschlagen

$$\sigma_V = \frac{1}{2}(\sigma_{vM} + \sigma_I) \qquad (4.1.27)$$

Entsprechend den Gln. (4.1.20) gilt damit

$$\sigma_V = \frac{1}{6}(-\sigma_{vM}\sin\xi + \sqrt{3}\sigma_{vM}\cos\xi + 3\sigma_{vM} + I_1)$$

Aus dem Koeffizientenvergleich mit (4.1.5) ergibt sich

$$\lambda_1 = -\lambda_4 = -\frac{1}{6}, \ \lambda_2 = \frac{\sqrt{3}}{6}, \ \lambda_3 = \frac{1}{2}, \ \lambda_5 = \lambda_6 = 0$$

Das Kriterium von SDOBYREV, welches neben der zweiten auch die erste Invariante einbezieht, kann bei folgenden Kennwerteverhältnissen eingesetzt werden

$$\frac{\sigma_G}{\sigma_D} = \frac{1}{2}, \frac{\sigma_G}{\tau_G} = \frac{\sqrt{3}+1}{2}, \frac{\sigma_G}{\sigma_B} = \frac{\sqrt{3}+2}{4}, \frac{\sigma_G}{\sigma_H} = \frac{5}{6}, \frac{\sigma_G}{\sigma_E} = \frac{3}{2}$$

Das Kriterium von SDOBYREV wird in der Berechnungspraxis hauptsächlich für die Bewertung der Langzeitfestigkeit warmfester Legierungen verwendet.

2-Parameter-Kriterien: Der Einsatz von 2-Parameter-Kriterien ist mit der Verfügbarkeit von Kennwerten aus zwei Grundversuchen verbunden. Für einige Geomaterialien und Grauguß-Werkstoffe können entsprechende Kriterien formuliert werden, die beispielsweise Unterschiede im Zug- und Druckverhalten berücksichtigen. Dann sind als Basisversuche der Zugversuch und der Druckversuch zu realisieren. Daneben gibt es auch Kriterien, die als Basisversuche den Zugversuch und den Torsionsversuch voraussetzen. In den nachfolgenden Gleichungen ist χ der Quotient aus σ_G und σ_D

$$\chi = \frac{\sigma_G}{\sigma_D}$$

und η der Quotient aus σ_G und τ_G

$$\eta = \frac{\sigma_G}{\tau_G}$$

Um die Darstellungen kompakter zu gestalten, wird teilweise noch der Koeffizient ζ eingeführt

$$\zeta = \frac{2-\eta}{2-\sqrt{3}}$$

Kriterium von Mohr: Von MOHR stammt eine Modifikation des COULOMB-TRESCA-SAINT VENANT-Kriteriums [73]. Im einfachsten Fall der Berücksichtigung unterschiedlicher Festigkeit bei Zug und Druck führt diese auf eine Form, auf die bereits COULOMB hingewiesen hat

$$\sigma_V = \sigma_I - \chi \sigma_{III} \tag{4.1.28}$$

Nach Einsetzen der Ausdrücke für die Hauptspannungen (4.1.20) gilt

$$\sigma_V = \frac{1}{3}[-(1-\chi)\sigma_{vM}\sin\xi + \sqrt{3}(1+\chi)\sigma_{vM}\cos\xi + (1-\chi)I_1]$$

Das MOHRsche Kriterium fällt mit dem verallgemeinerten Kriterium (4.1.5) für folgende Werte der Koeffizienten zusammen

$$\lambda_1 = \frac{1}{3}(\chi-1),\ \lambda_2 = \frac{\sqrt{3}}{3}(\chi+1),\ \lambda_4 = \frac{1}{3}(1-\chi),\ \lambda_3 = \lambda_5 = \lambda_6 = 0 \tag{4.1.29}$$

Das MOHRsche Kriterium eignet sich zur Beschreibung spröden Werkstoffverhaltens, wobei der Tatsache Rechnung getragen wird, daß bei einigen Werkstoffen die Druckfestigkeit größer als die Zugfestigkeit ist. Die mittlere Spannung bleibt jedoch unberücksichtigt. Als Anwendungsgebiet für das MOHRsche Kriterium gilt u.a. die Bodenmechanik. Ausführliche Untersuchungen zu den Möglichkeiten und Grenzen des MOHRschen Kriteriums sind in [79] veröffentlicht. Es wird darin unterstrichen, daß mit dem Kriterium Scherversagen beschreibbar ist, dagegen ist das Kriterium für Zugversagen nicht geeignet.
Das Einsetzen der Koeffizientenwerte (4.1.29) in die Gln. (4.1.19) führt auf die folgenden Anwendungsempfehlungen für das MOHRsche Kriterium

$$\frac{\sigma_G}{\sigma_D} = \chi,\ \frac{\sigma_G}{\tau_G} = 1+\chi,\ \frac{\sigma_G}{\sigma_B} = 1,\ \frac{\sigma_G}{\sigma_H} = \frac{1}{3}(2+\chi),\ \frac{\sigma_G}{\sigma_E} = 1$$

Kriterium von Botkin-Mirolyubov: Das entsprechende Kriterium lautet [158]

$$\sigma_V = \frac{1}{2}[(1+\chi)\sigma_{vM} + (1-\chi)I_1] \tag{4.1.30}$$

Dieses Kriterium wurde in ähnlicher Weise von SCHLEICHER in [172], NADAI in [141] sowie PRAGER und DRUCKER in [64] formuliert und berücksichtigt auch den Einfluß hydrostatischen Drucks auf den Fließbeginn. Der Koeffizientenvergleich mit dem verallgemeinerten Kriterium (4.1.5) ist hier elementar

$$\lambda_3 = \frac{1}{2}(1+\chi),\ \lambda_4 = \frac{1}{2}(1-\chi),\ \lambda_1 = \lambda_2 = \lambda_5 = \lambda_6 = 0$$

Damit erhält man folgende Anwendungsempfehlungen

$$\frac{\sigma_G}{\sigma_D} = \chi, \frac{\sigma_G}{\tau_G} = \frac{\sqrt{3}}{2}(1+\chi), \frac{\sigma_G}{\sigma_B} = \frac{\sqrt{3}}{4}(1+\chi) + \frac{3}{4}(1-\chi), \frac{\sigma_G}{\sigma_H} = \frac{1}{2}(1+\chi), \frac{\sigma_G}{\sigma_E} = \frac{1}{2}(3-\chi)$$

Das Kriterium von BOTKIN-MIROLYUBOV beschreibt den Fließbeginn ausgewählter Werkstoffe (Sinterwerkstoffe, Baustoffe) im Vergleich zu den bisher behandelten Kriterien besser, da der Einfluß des hydrostatischen Zustandes und Unterschiede im Zug- und im Druckbereich einbezogen werden.

Kriterium von Pisarenko und Lebedev: Entsprechend [158] läßt sich die Vergleichspannung auch unter Verwendung der zweiten Invarianten und der größten Hauptspannung angeben

$$\sigma_V = \chi\sigma_{vM} + (1-\chi)\sigma_I \tag{4.1.31}$$

Nach Einsetzen des Ausdrucks für die Hauptspannung erhält man

$$\sigma_V = -\frac{1}{3}(1-\chi)\sigma_{vM}\sin\xi + \frac{\sqrt{3}}{3}(1-\chi)\sigma_{vM}\cos\xi + \chi\sigma_{vM} + \frac{1}{3}(1-\chi)I_1$$

Der Koeffizientenvergleich mit dem verallgemeinerten Kriterium (4.1.5) führt auf die folgenden Werte

$$\lambda_1 = -\frac{1}{3}(1-\chi), \lambda_2 = \frac{\sqrt{3}}{3}(1-\chi), \lambda_3 = \chi, \lambda_4 = \frac{1}{3}(1-\chi), \lambda_5 = \lambda_6 = 0 \tag{4.1.32}$$

Aus den Gln. (4.1.32) sowie (4.1.19) ergeben sich Anwendungsempfehlungen für das PISARENKO-LEBEDEV-Kriterium

$$\frac{\sigma_G}{\sigma_D} = \chi, \frac{\sigma_G}{\tau_G} = 1 + (\sqrt{3}-1)\chi, \frac{\sigma_G}{\sigma_B} = 1 - \frac{2-\sqrt{3}}{2}\chi, \frac{\sigma_G}{\sigma_H} = \frac{1}{3}(2+\chi), \frac{\sigma_G}{\sigma_E} = 1$$

Das Kriterium von PISARENKO und LEBEDEV wurde bei der Beschreibung des Versagens von Grauguß, einigen Stählen und Leichtmetall-Legierungen verwendet. In der Fachliteratur sind aber leider wenig Aussagen zu finden, für welche weiteren Anwendungsfälle das Kriterium von PISARENKO und LEBEDEV besonders geeignet ist. Eine physikalische Begründung für das Kriterium kann man in der folgenden Form geben: der Grenzzustand des Werkstoffs wird durch die maximale Hauptspannung und die Gestaltänderungsenergie beeinflußt. Für $\chi = 1$ erhält man im Grenzfall das HUBER-VON MISES HENCKY Kriterium (4.1.21), während für $\chi = 0$ das GALILEO LEIDNIZ-Kriterium (4.1.23) folgt.

Kriterium von Sandel: Folgende Formulierung wird für dieses Kriterium in [167] angegeben

$$\sigma_V = \sigma_I + \frac{1}{2}(1-\chi)\sigma_{II} - \chi\sigma_{III} \tag{4.1.33}$$

Unter Beachtung der Gln. (4.1.20) folgt damit

$$\sigma_V = \frac{\sqrt{3}}{3}(1+\chi)\sigma_{vM}\cos\xi + \frac{1}{2}(1-\chi)I_1$$

Die λ_n ergeben sich zu

$$\lambda_1 = \lambda_3 = \lambda_5 = \lambda_6 = 0, \lambda_2 = \frac{\sqrt{3}}{3}(1+\chi), \lambda_4 = \frac{1}{2}(1-\chi)$$

Als Anwendungsempfehlungen erhält man

$$\frac{\sigma_G}{\sigma_D} = \chi, \frac{\sigma_G}{\tau_G} = 1 + \chi, \frac{\sigma_G}{\sigma_B} = \frac{5-\chi}{4}, \frac{\sigma_G}{\sigma_E} = \frac{3-\chi}{2}, \frac{\sigma_G}{\sigma_H} = \frac{1+\chi}{2}$$

Das Kriterium von SANDEL steht im engen Zusammenhang mit dem Kriterium von COULOMB-TRESCA-SAINT VENANT bzw. MOHR. Während bei diesen Kriterien die maximale Schubspannung für das Versagen Verantwortung trägt (bzw. bei unterschiedlichem Zug- und Druckverhalten eine entsprechend modifizierte Größe), geht man beim Kriterium von SANDEL von der maximalen Gleitung aus. Außerdem verwendete SANDEL die Volumendilatation als Bemessungsgröße. Damit wird der Einfluß der mittleren Spannung auf das Grenzverhalten berücksichtigt.

Anmerkung: Die konsequente Analyse der Kriterien von MOHR und SANDEL führt auf eine mögliche Weiterentwicklung des twin-shear stress-Kriteriums. In [131] ist eine entsprechende Erweiterung vorgestellt

$$\begin{aligned} \sigma_V &= \sigma_I - \frac{\chi}{2}(\sigma_{II} + \sigma_{III}), \quad \text{wenn} \quad \sigma_{II} \leq \frac{\sigma_I + \chi\sigma_{III}}{1+\chi} \\ \sigma_V &= \frac{1}{2}(\sigma_I + \sigma_{II}) - \chi\sigma_{III}, \quad \text{wenn} \quad \sigma_{II} \geq \frac{\sigma_I + \chi\sigma_{III}}{1+\chi} \end{aligned} \qquad (4.1.34)$$

Dieses Kriterium ist zumindest in der Lage, unterschiedliches Verhalten im Zug und im Druckbereich zu erfassen. Daneben kann auch der Einfluß hydrostatischen Drucks analysiert werden. Das Kriterium läßt sich daher u.a. zur Versagensbeschreibung von Grauguß und Beton einsetzen.

Kriterium von Koval'chuk: Dieses Kriterium kann wie folgt ausgedrückt werden [105]

$$\zeta\sigma_{vM} + (1-\zeta)(\sigma_I - \sigma_{III}) = \sigma_G \qquad (4.1.35)$$

Damit erhält man die Vergleichspannung unter Beachtung der Gln. (4.1.20) zu

$$\sigma_V = \frac{2\sqrt{3}}{3}(1-\zeta)\sigma_{vM}\cos\xi + \zeta\sigma_{vM}$$

Der Vergleich liefert dann

$$\lambda_1 = \lambda_4 = \lambda_5 = \lambda_6 = 0, \lambda_2 = \frac{2\sqrt{3}}{3}(1-\zeta), \lambda_3 = \zeta$$

sowie

$$\frac{\sigma_G}{\sigma_D} = 1, \frac{\sigma_G}{\tau_G} = \eta, \frac{\sigma_G}{\sigma_B} = \frac{1}{2}\eta, \frac{\sigma_G}{\sigma_E} = \frac{\sigma_G}{\sigma_H} = 1$$

Das Kriterium von KOVAL'CHUK entspricht einer linearen Abhängigkeit der Fließbedingung von der VON MISES-Vergleichsspannung sowie der maximalen Schubspannung, wobei als Grundversuche Zug und Torsion eingesetzt werden. Das Verhalten bei Zug und Druck wird als identisch vorausgesetzt. Für die Anwendung müssen die Grenzwerte bei Zug σ_G sowie Torsion τ_G bekannt sein. Für bestimmte Verhältniszahlen η lassen sich 1-Parameter-Kriterien formulieren: für $\eta = \sqrt{3}$ folgt das HUBER-VON MISES-HENCKY-Kriterium, für $\eta = 2$ das COULOMB-TRESCA-SAINT VENANT-Kriterium. Setzt man die Bedingung der Konvexität der Grenzfläche voraus, erhält man für η einen zulässigen Wertebereich von

$\sqrt{3} \leq \eta \leq 2$ [105]. Das Kriterium, welches auch für eine temperaturabhängige Grenzspannung gültig ist, beschreibt das Fließverhalten bzw. die Festigkeit zahlreicher Stähle bei zweiachsiger Beanspruchung sowie mäßigen Temperaturen (kein Kriechen) hinreichend gut, insbesondere wenn die experimentellen Daten zwischen den Grenzkurven entsprechend den Kriterien von HUBER-VON MISES-HENCKY und COULOMB-TRESCA-SAINT VENANT liegen.

In Tabelle 4.1 sind die wichtigsten Ergebnisse zu den 1- bzw. 2-Parameter-Kriterien nochmals zusammengefaßt. Die Tabelle stellt eine Verallgemeinerung der in [42] angeführten Tabelle dar. Diese gibt die Verhältniszahlen für die Grenzwerte des Versagens im Zusammenhang mit einem 4-Parameter-Kriterium (unabhängige Basisexperimente Zug, Druck, Torsion und dünnwandiges Rohr unter Innendruck) an, wobei nur die Kriterien von HUBER-VON MISES-HENCKY, COULOMB-TRESCA-SAINT VENANT, GALILEI-LEIBNIZ, MARIOTTE, SDOBYREV, MOHR, BOTKIN-MIROLYUBOV sowie PISARENKO-LEBEDEV betrachtet wurden. Weitere Diskussionen u.a. zu den unterschiedlichen Kriterien, ihrer geometrischen Interpretation sowie der Konvexität der Grenzfläche kann man in [36, 92, 158] finden.

3-Parameter-Kriterien: 3-Parameter-Kriterien werden entsprechend [158] als günstigste Variante verallgemeinerter Kriterien angesehen. Dabei sind nach der auch hier gültigen Klassifikation 3 unabhängige Basisexperimente nötig. In [158] werden als Basisexperimente der Zug-, der Druck- und der Torsionsversuch bevorzugt. Einige spezielle Varianten von 3-Parameter-Kriterien werden nachfolgend diskutiert.

Kriterium von Paul: In [156] ist folgendes Kriterium angeführt

$$a_1 \sigma_I + a_2 \sigma_{II} + a_3 \sigma_{III} = \sigma_G$$

Dabei sind a_1, a_2, a_3 skalare Koeffizienten. Nach Übergang auf die Invarianten I_1, σ_{vM}, ξ erhält man

$$\sigma_V = \lambda_1 \sigma_{vM} \sin \xi + \lambda_2 \sigma_{vM} \cos \xi + \lambda_4 I_1 \qquad (4.1.36)$$

mit den λ_n-Werten

$$\lambda_1 = \frac{1}{3}(2a_2 - a_1 - a_3), \quad \lambda_2 = \frac{\sqrt{3}}{3}(a_1 - a_3), \quad \lambda_4 = \frac{1}{3}(a_1 + a_2 + a_3), \quad \lambda_3 = \lambda_5 = \lambda_6 = 0$$

Die Anwendungsempfehlungen lauten

$$\frac{\sigma_G}{\tau_G} = \frac{\sigma_G}{\sigma_D} + 1, \quad \frac{\sigma_G}{\sigma_E} - 2\frac{\sigma_G}{\sigma_B} \quad 1, \quad \frac{\sigma_G}{\sigma_H} - \frac{1}{3}\left(4 - 2\frac{\sigma_G}{\sigma_B} + \frac{\sigma_G}{\sigma_D}\right)$$

Im Zusammenhang mit dem Kriterium von PAUL werden folgende Experimente als unabhängige Basisexperimente vorausgesetzt: einachsiger Zug, einachsiger Druck sowie die dünnwandige Rohrprobe unter Innendruck. Das Kriterium wird u.a. zur Bewertung des Grenzzustandes von Gußeisen, granualarer Stoffe, Beton und geologischen Materialien verwendet [156].

Kriterium von Tsvelodub: In [192] wird das folgende Kriterium begründet

$$\lambda_1 \sigma_{vM} \sin \xi + \lambda_2 \sigma_{vM} \cos \xi + \lambda_3 \sigma_{vM} = \sigma_G$$

Damit lautet die Vergleichsspannung

skalare Faktoren						Relationen zwischen den Festigkeitskennwerten				
λ_1	λ_2	λ_3	λ_4	λ_5	λ_6	$\dfrac{\sigma_G}{\sigma_D}$	$\dfrac{\sigma_G}{\tau_G}$	$\dfrac{\sigma_G}{\sigma_B}$	$\dfrac{\sigma_G}{\sigma_E}$	$\dfrac{\sigma_G}{\sigma_H}$
Ein-Parameter-Kriterien										
Huber-von Mises-Hencky-Kriterium (4.1.21)										
0	0	1	0	0	0	1	$\sqrt{3}$	$\dfrac{\sqrt{3}}{2}$	1	1
Coulomb-Tresca-Saint Venant-Kriterium (4.1.22)										
0	$\dfrac{2\sqrt{3}}{3}$	0	0	0	0	1	2	1	1	1
Galilei-Leibniz-Kriterium (4.1.23)										
$-\dfrac{1}{3}$	$\dfrac{\sqrt{3}}{3}$	0	$\dfrac{1}{3}$	0	0	0	1	1	1	$\dfrac{2}{3}$
Hauptdehnungshypothese (4.1.24)										
$-\dfrac{1+\nu}{3}$	$\dfrac{\sqrt{3}}{3}(1+\nu)$	0	$\dfrac{1-2\nu}{3}$	0	0	ν	$1+\nu$	$\dfrac{2-\nu}{2}$	$\dfrac{1}{2}$	$\dfrac{2}{3}(1+\nu)$
Hauptdehnungshypothese bei Volumenkonstanz (4.1.25)										
$-\dfrac{1}{2}$	$\dfrac{\sqrt{3}}{2}$	0	0	0	0	$\dfrac{1}{2}$	$\dfrac{3}{2}$	$\dfrac{3}{4}$	$\dfrac{1}{2}$	1
Sdobyrev-Kriterium (4.1.27)										
$-\dfrac{1}{6}$	$\dfrac{\sqrt{3}}{6}$	$\dfrac{1}{2}$	$\dfrac{1}{6}$	0	0	$\dfrac{1}{2}$	$\dfrac{\sqrt{3}+1}{2}$	$\dfrac{\sqrt{3}+2}{4}$	$\dfrac{3}{2}$	$\dfrac{5}{6}$
Zwei-Parameter-Kriterien										
Mohr-Kriterium (4.1.28)										
$\dfrac{\chi-1}{3}$	$\dfrac{\sqrt{3}(\chi+1)}{3}$	0	$\dfrac{1-\chi}{3}$	0	0	χ	$1+\chi$	1	1	$\dfrac{2+\chi}{3}$
Botkin-Mirolyubov-Kriterium (4.1.30)										
0	0	$\dfrac{1+\chi}{2}$	$\dfrac{1-\chi}{2}$	0	0	χ	$\dfrac{\sqrt{3}(1+\chi)}{2}$	$\dfrac{\sqrt{3}(1+\chi)}{4}+\dfrac{3(1-\chi)}{4}$	$\dfrac{3-\chi}{2}$	$\dfrac{1+\chi}{2}$
Pisarenko-Lebedev-Kriterium (4.1.31)										
$\dfrac{\chi-1}{3}$	$\dfrac{\sqrt{3}}{3}(1-\chi)$	χ	$\dfrac{1-\chi}{3}$	0	0	χ	$1+(\sqrt{3}-1)\chi$	$1-(1-\dfrac{\sqrt{3}}{2})\chi$	1	$\dfrac{2+\chi}{3}$
Sandel-Kriterium (4.1.33)										
0	$\dfrac{\sqrt{3}}{3}(1+\chi)$	0	$\dfrac{1-\chi}{2}$	0	0	χ	$1+\chi$	$\dfrac{5-\chi}{4}$	$\dfrac{3-\chi}{3}$	$\dfrac{1+\chi}{2}$
Koval'chuk-Kriterium (4.1.35)										
0	$\dfrac{2\sqrt{3}}{3}(1-\zeta)$	ζ	0	0	0	1	η	$\dfrac{\eta}{2}$	1	1

Tabelle 4.1 Werte für die skalaren Koeffizienten λ_m ($m = 1,\ldots,6$) sowie für die Anwendungsempfehlungen im Falle der 1- und 2-Parameter-Kriterien

$$\sigma_V = \lambda_1 \sigma_{vM} \sin \xi + \lambda_2 \sigma_{vM} \cos \xi + \lambda_3 \sigma_{vM} \qquad (4.1.37)$$

Die Koeffizienten $\lambda_1, \lambda_2, \lambda_3$ stimmen mit dem allgemeinen Kriterium (4.1.4) überein. Damit gilt auch

$$\lambda_4 = \lambda_5 = \lambda_6 = 0$$

und für die Festigkeitskennwerte erhält man die Relationen

$$2\frac{\sigma_G}{\sigma_B} = \frac{\sigma_G}{\tau_G}, \frac{\sigma_G}{\sigma_H} = 1, \frac{\sigma_G}{\sigma_E} = \frac{\sigma_G}{\sigma_D}$$

Als unabhängige Basisexperimente werden einachsiger Zug, einachsiger Druck sowie reine Torsion vorausgesetzt. Das Kriterium von TSVELODUB wurde insbesondere bei der Beschreibung von Kriechprozessen sowie der Langzeitfestigkeit verschiedener Leichtmetall-Legierungen verwendet.

4-Parameter-Kriterien: Den Abschluß der Diskussion möglicher Sonderfälle bilden ausgewählte 4-Parameter-Kriterien.
Kriterium von Birger: Dieses Kriterium wird in [42] wie folgt angegeben

$$a_1 \sigma_I + a_2 \sigma_{II} + a_3 \sigma_{III} + a_4 \sigma_{vM} = \sigma_G$$

Dabei sind a_m ($m = 1, \ldots, 4$) skalare Koeffizienten. Für die Vergleichspannung ergibt sich

$$\sigma_V = \lambda_1 \sigma_{vM} \sin \xi + \lambda_2 \sigma_{vM} \cos \xi + \lambda_3 \sigma_{vM} + \lambda_4 I_1$$

mit

$$\lambda_1 = \frac{1}{3}(2a_2 - a_1 - a_3), \lambda_2 = \frac{\sqrt{3}}{3}(a_1 - a_3), \lambda_3 = a_4, \lambda_4 = \frac{1}{3}(a_1 + a_2 + a_3), \lambda_5 = \lambda_6 = 0$$

Als Anwendungsempfehlungen erhält man

$$\frac{\sigma_G}{\sigma_H} = 1 - \frac{1}{3}\left(2\frac{\sigma_G}{\sigma_B} - \frac{\sigma_G}{\tau_G}\right), \frac{\sigma_G}{\sigma_E} = 2\frac{\sigma_G}{\sigma_B} - \frac{\sigma_G}{\tau_G} + \frac{\sigma_G}{\sigma_D}$$

Für das Kriterium von BIRGER wird von folgenden unabhängigen Experimenten ausgegangen: einachsiger Zug, einachsiger Druck, reine Torsion und dünnwandige Rohrprobe unter Innendruck.
Als Einsatzgebiet seines Kriteriums hat BIRGER zunächst die möglichst begründete Auswahl von Kriterien mit einer geringeren Anzahl von Parametern gesehen. Gleichzeitig hielt er eine weitere experimentelle Absicherung des 4-Parameter-Kriteriums für wünschenswert. Ein derartig erhöhter Aufwand ist jedoch nur bei besonders wichtigen Konstruktionselementen gerechtfertigt. Andererseits wäre eine bessere Vorhersage des Fließbeginns bzw. des Sprödversagens bei mehrachsigen Spannungszuständen möglich [42].
Kriterium von Tarasenko: In [184] wird das folgende Kriterium diskutiert

$$\lambda_2 \sigma_{vM} \cos \xi + \lambda_4 I_1 + \lambda_5 I_1 \sin \xi + \lambda_6 I_1 \cos \xi = \sigma_G$$

Damit erhält man die Vergleichspannung zu

$$\sigma_V = \lambda_2 \sigma_{vM} \cos\xi + \lambda_4 I_1 + \lambda_5 I_1 \sin\xi + \lambda_6 I_1 \cos\xi$$

Die Koeffizienten $\lambda_2, \lambda_4, \lambda_5$ und λ_6 stimmen mit dem allgemeinen Ansatz nach Gl. (4.1.4) überein, zwei Koeffizienten sind identisch Null

$$\lambda_1 = \lambda_3 = 0$$

Als Anwendungsempfehlungen ergibt sich

$$2\frac{\sigma_G}{\sigma_H} = \frac{\sigma_G}{\tau_G}, \quad 2\frac{\sigma_G}{\sigma_E} = 3\frac{\sigma_G}{\tau_G} - 4\frac{\sigma_G}{\sigma_D}$$

Als unabhängige Experimente werden im Falle der Kriterien von TARASENKO und BIRGER die gleichen Basisexperimente vorausgesetzt.

Zusammenfassend kann man feststellen, daß in der Regel für den Übergang zum plastischen Fließen das HUBER-VON MISES-HENCKY- bzw. das COULOMB-TRESCA-ST. VENANT-Kriterium genügen, während für das Sprödversagen eine Vielzahl von Kriterien zum Einsatz kommen kann [156, 158]. Insbesondere ist der Einfluß des hydrostatischen Druckes sowie des unterschiedlichen Zug- und Druckverhaltens teilweise beträchtlich, so daß für poröse Komposite, Sinterwerkstoffe, Metallkeramik, aber auch Geomaterialien zunehmend auch komplizierte Kriterien eingesetzt werden. Beispiele des Kapitels 6 zeigen, daß auch 4-Parameter-Kriterien nicht in jedem Fall eine befriedigende Beschreibung des Versagens ermöglichen. Sonderfälle in der Form von 5-Parameter-Kriterien werden in der Literatur nicht diskutiert. Der Aufwand für 5-Parameter-Kriterien unterscheidet sich nicht wesentlich von dem Einsatz des allgemeinen Kriteriums (4.1.4).

4.2 Berücksichtigung von Werkstoffschädigung

Der nachfolgende Abschnitt behandelt eine Erweiterung des bisher eingeführten Kriechmodells, die insbesondere eine bessere Erfassung von Schädigungsprozessen in den das Werkstoffverhalten beschreibenden konstitutiven Gleichungen ermöglicht. Der Schwerpunkt liegt dabei auf der Betrachtung von Kriechschädigungsprozessen, wobei das methodische Konzept mit dem einfachen Ansatz von KACHANOV [96] und RABOTNOV [159] vergleichbar ist, da lediglich eine skalare Schädigungsvariable eingesetzt wird.

4.2.1 Kopplung von Kriechprozessen und Schädigungsakkumulation

Im Abschnitt 3.4 wurden konstitutive Gleichungen für das stationäre Kriechen isotroper Werkstoffe unter Einschluß nichtklassischer Effekte betrachtet. Diese beschreiben offensichtlich das Kriechverhalten bei fehlender Verfestigung und Entfestigung (stationäres Kriechen). Eine typische stationäre Kriechkurve für die Vergleichskriechdeformation ε_V^{kr} ist auf Bild 4.1 a) dargestellt. Für einige Werkstoffe schließt sich an diese Kurve ein weiterer Bereich an, der beschleunigtes Kriechen darstellt. In diesem Bereich kommt es insbesondere zu einer deutlichen Schädigungszunahme bzw. infolge dieser zu einer Entfestigung. Eine typische Kriechkurve mit stationärem und beschleunigtem Kriechen ist auf Bild 4.1 b) dargestellt.

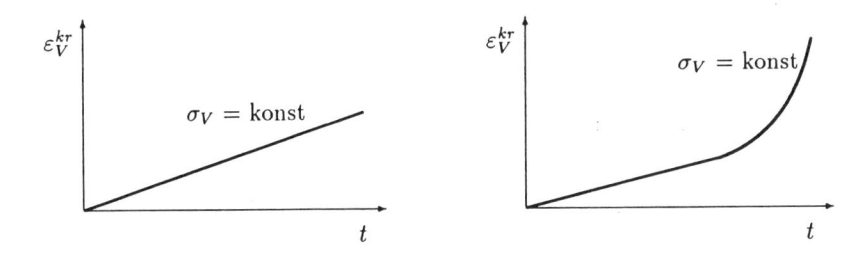

Bild 4.1 Kriechkurven: a) Werkstoff bei fehlender Ver- und Entfestigung (stationäres Kriechen), b) Werkstoff bei fehlender Verfestigung (stationäres und beschleunigtes Kriechen)

Der Schädigungsprozeß, der im Werkstoff nachgewiesen werden kann, muß auch bei der Modellierung des Konstitutivverhaltens berücksichtigt werden. Er setzt sich bis zum Bruch fort bzw. bis makroskopische Risse auftreten. Eine Schädigungsmodellierung im Rahmen der phänomenologischen Kontinuumstheorie ist prinzipiell möglich, jedoch muß die Schädigung als im Kontinuum verteilt angenommen werden. Dies ist z.B. durch die Annahme der Entstehung von Mikroriß- und/oder Porenfeldern möglich [6, 7]. Im nachfolgenden Abschnitt wird eine Erweiterung der im Abschnitt 3.4 diskutierten Konstitutivgleichungen für isotropes Werkstoffkriechen durch die Einbeziehung einer isotropen Kriechschädigung vorgenommen. Die Modellgleichungen haben, wie im Kapitel 6 gezeigt wird, ihre Anwendung bei Deformationsprozessen, die durch gleichzeitig ablaufendes Kriechen und Schädigungsakkumulation gekennzeichnet sind. Dies trifft u.a. bei leichten Legierungen (Aluminiumlegierungen, Titanlegierungen usw.) sowie bei einigen Stählen zu [160]. Über weitere nichttraditionelle Anwendungsgebiete wird in letzter Zeit zunehmend referiert. So ist z.B. in [197] ein Kriechschädigungsmodell für Eis beschrieben.

4.2.2 Konstitutiv- und Evolutionsgleichungen

Der Ausgangspunkt der Modellierung ist die Einführung eines Maßes für die Intensität des Kriechprozesses auf der Grundlage der spezifischen Dissipationsleistung

$$D = \boldsymbol{\sigma} \cdot \cdot \, \dot{\boldsymbol{\varepsilon}}^{kr}$$

Mit $\boldsymbol{\sigma}$ wird wieder der Spannungstensor bezeichnet, $\dot{\boldsymbol{\varepsilon}}^{kr}$ ist der Tensor der Kriechverzerrungsgeschwindigkeiten. Nachfolgend wird die spezielle Kennzeichnung kr weggelassen. Als Maß der Schädigung wird die spezifische Dissipationsenergie φ verwendet [16, 17, 80]

$$\varphi = \int\limits_0^{t_*} D \, dt \qquad (4.2.1)$$

Der Anfangszeitpunkt $t = 0$ ist dadurch gekennzeichnet, daß an keiner Stelle im Werkstoff eine Schädigung auftritt. Diese Annahme ist bei realen Werkstoffen nur näherungsweise erfüllt, da stets technologisch bedingte Anfangsschädigungen vorhanden sind. Sie führt zu der Aussage $\varphi(t = 0) = \varphi_0 = 0$. Weiterhin wird postuliert, daß zum Zeitpunkt des Bruches $t = t_*$ die bis dahin während des Kriechens dissipierte Energie unabhängig von der Art des Spannungszustandes einen konstanten Wert annimmt, d.h., es gilt

$$\varphi(t = t_*) = \varphi_* = \text{konst}$$

Diese Aussage ist auch im Experiment nachgewiesen worden [80, 81]. Bei konstanter Temperatur kann dann eine Zustandsgleichung in der Form

$$D = f(\sigma_V, \varphi) \tag{4.2.2}$$

formuliert werden. Diese verbindet den Kriech- und den Schädigungsprozeß. Die Gl. (4.2.2) ist experimentell zu verifizieren. Es ist zweckmäßig, dazu die Abhängigkeit der Zustandsgleichung von den Größen σ_V und φ z.B. durch einen Produktansatz zu separieren

$$f(\sigma_V, \varphi) = \chi(\sigma_V) \frac{\varphi_*^m}{(\varphi_* - \varphi)^m} \tag{4.2.3}$$

Dabei ist m ein werkstoffspezifischer Exponent und $\chi(\sigma_V)$ ist eine experimentell anzupassende Funktion der Vergleichsspannung.
Das Schädigungsmaß φ steht im Zusammenhang mit dem RABOTNOV-Parameter ω [159, 160]

$$\omega = \frac{\varphi}{\varphi_*}, \quad 0 \leq \omega \leq 1$$

Gl. (4.2.3) läßt sich damit umformulieren

$$f = \chi(\sigma_V) \frac{1}{(1-\omega)^m} \tag{4.2.4}$$

Andererseits kann die spezifische Dissipationsleistung aus dem Produkt von Vergleichsspannung und Vergleichskriechgeschwindigkeit bestimmt werden

$$D = \sigma_V \dot{\varepsilon}_V = \chi(\sigma_V) \frac{1}{(1-\omega)^m}$$

Damit erhält man für die Vergleichskriechgeschwindigkeit

$$\dot{\varepsilon}_V = \frac{D}{\sigma_V} = \frac{g(\sigma_V)}{(1-\omega)^m} \tag{4.2.5}$$

Die Funktion

$$g(\sigma_V) = \frac{\chi(\sigma_V)}{\sigma_V}$$

wird in Analogie zu den Gleichungen zur Beschreibung des Zusammenhangs zwischen Vergleichskriechgeschwindigkeit und Vergleichsspannung durch Ansätze in der Form von Potenzfunktionen, hyperbolische Sinusfunktionen bzw. Exponentialfunktionen approximiert. Gl. (4.2.4) fällt damit formal vollständig mit der von RABOTNOV in [160] für einachsige Spannungszustände angegebenen Gleichung zusammen.
Im Weiteren wird die Darstellung der konstitutiven Beziehungen mit Hilfe der spezifischen Dissipationsenergie bevorzugt. Der Übergang zur RABOTNOVschen Theorie kann aber jederzeit vorgenommen werden. Gl. (4.2.4) nimmt damit die folgende Form an

$$\dot{\varepsilon}_V = g(\sigma_V) \frac{\varphi_*^m}{(\varphi_* - \varphi)^m} \tag{4.2.6}$$

Aus den konstitutiven Kriechgleichungen (3.4.8) folgen dann modifizierte Konstitutivgleichungen, die den Einfluß der Schädigung berücksichtigen

$$\dot{\varepsilon} = g(\sigma_V)\frac{\varphi_*^m}{(\varphi_* - \varphi)^m}\left[\alpha\mu_1\mathbf{I} + \frac{\mu_2 I_1\mathbf{I} + \mu_3\boldsymbol{\sigma}}{\sigma_2} + \gamma\frac{\mu_4 I_1^2\mathbf{I} + \mu_6\boldsymbol{\sigma}\cdot\boldsymbol{\sigma} + \frac{\mu_5}{3}(I_2\mathbf{I} + 2I_1\boldsymbol{\sigma})}{\sigma_3^2}\right] \quad (4.2.7)$$

Diese Konstitutivgleichung muß noch durch eine Schädigungsevolutionsgleichung ergänzt werden. Sie folgt aus den Gln. (4.2.1) und (4.2.3)

$$\dot{\varphi} = \chi(\sigma_V)\frac{\varphi_*^m}{(\varphi_* - \varphi)^m} \quad (4.2.8)$$

Die Gln. (4.2.7) und (4.2.8) bilden die Grundlage einer energetisch begründeten Theorie des Kriechens und der Langzeitfestigkeitsbewertung für isotrope Werkstoffe unter Berücksichtigung der Werkstoffschädigung und von Effekten höherer Ordnung. In der Gl. (4.2.7) treten 6 werkstoffspezifische Parameter $\mu_i (i = 1,\ldots,6)$ auf (6-Parameter-Modell), die es wiederum experimentell zu bestimmen gilt.

4.2.3 Grundversuche

Zur Ermittlung der werkstoffspezifischen Koeffizienten μ_i in Gl. (4.2.7) können 4 unabhängige Grundversuche herangezogen werden. Diese sind in Analogie zum Abschnitt 3.2.2 definiert. Dabei wird von einem Zusammenhang zwischen den Geschwindigkeiten der Vergleichskriechdehnungen und Vergleichsspannungen in der Form des Potenzgesetzes ausgegangen, wobei für alle Experimente unterschiedliche Gesetze vorausgesetzt werden, jedoch sollen die Kriechexponenten n jeweils identisch sein.

1. Physikalische Experimente

    (a) Einachsiger Zug ($\sigma_{11} > 0$):
    In Richtung der Belastung tritt folgende Kriechgeschwindigkeit auf

    $$\dot{\varepsilon}_{11} = \hat{L}_+ \sigma_{11}^n \frac{\varphi_*^m}{(\varphi_* - \varphi)^m} \quad (4.2.9)$$

    Die Evolutionsgleichung lautet in diesem Fall

    $$\dot{\psi} = \hat{L}_+ \sigma_{11}^{n+1} \frac{\varphi_*^m}{(\varphi_* - \varphi)^m} \quad (4.2.10)$$

    In Querrichtung erhält man

    $$\dot{\varepsilon}_{22} = -\hat{Q}\sigma_{11}^n\frac{\varphi_*^m}{(\varphi_* - \varphi)^m} \quad (4.2.11)$$

    Die Evoloutionsgleichung ist für die Querrichtung mit Gl. (4.2.10) identisch.

    (b) Einachsiger Druck ($\sigma_{11} < 0$):
    In Richtung der anliegenden Spannung ergibt sich

    $$\dot{\varepsilon}_{11} = -\hat{L}_-|\sigma_{11}|^n\frac{\varphi_*^m}{(\varphi_* - \varphi)^m} \quad (4.2.12)$$

    Als Evolutionsgleichung wird die nachfolgende Gleichung verwendet

$$\dot{\varphi} = \hat{L}_{-}|\sigma_{11}|^{n+1}\frac{\varphi_*^m}{(\varphi_* - \varphi)^m} \qquad (4.2.13)$$

Für die Querrichtung beim Druckversuch erfolgt keine Auswertung. Die entsprechende Begründung wurde in Abschnitt 1.1.1 gegeben.

(c) Reine Torsion ($\sigma_{12} \neq 0$):
Aus der Schubspannung folgen die Kriechgeschwindigkeiten

$$\dot{\gamma}_{12} = 2\dot{\varepsilon}_{12} = \hat{N}\sigma_{12}^n \frac{\varphi_*^m}{(\varphi_* - \varphi)^m} \qquad (4.2.14)$$

und

$$\dot{\varepsilon}_{11} = \hat{M}\sigma_{12}^n \frac{\varphi_*^m}{(\varphi_* - \varphi)^m} \qquad (4.2.15)$$

Die Gleichung für die Schädigungsentwicklung in den Gln. (4.2.14) und (4.2.15) hat dabei folgendes Aussehen

$$\dot{\varphi} = \hat{N}\sigma_{12}^{n+1} \frac{\varphi_*^m}{(\varphi_* - \varphi)^m} \qquad (4.2.16)$$

Damit wird von gleicher Schädigungsentwicklung für beide Kriechprozesse ausgegangen.

(d) Hydrostatischer Druck ($\sigma_{11} = \sigma_{22} = \sigma_{33} = -|I_1|/3$):
In diesem Fall ergeben sich die Dehngeschwindigkeiten zu

$$\dot{\varepsilon}_{11} = \dot{\varepsilon}_{22} = \dot{\varepsilon}_{33} = -\hat{P}|\sigma_{11}|^n \frac{\varphi_*^m}{(\varphi_* - \varphi)^m} \qquad (4.2.17)$$

und die Evolutionsgleichung lautet

$$\dot{\varphi} = 3\hat{P}|\sigma_{11}|^{n+1} \frac{\varphi_*^m}{(\varphi_* - \varphi)^m} \qquad (4.2.18)$$

$\hat{L}_+, \hat{L}_-, \hat{Q}, \hat{N}, \hat{M}, \hat{P}, n$ sind Kennwerte, die aus den entsprechenden Werkstoffexperimenten zu bestimmen sind. In allen betrachteten Fällen wurde wiederum vorausgesetzt, daß das Potenzgesetz (NORTONsches Kriechgesetz) die beste Approximation für den Kriechprozeß darstellt.

2. Mathematische Experimente

Bei der Lösung der mathematisch-mechanischen Aufgaben ist der Ausgangspunkt die Konstitutivgleichung (4.2.7). In dieser wird $g(\sigma_V) = \sigma_V^n$ gesetzt.

(a) Einachsiger Zug

$$\dot{\varepsilon}_{11} = (\sqrt{\mu_2 + \mu_3} + \alpha\mu_1 + \gamma\sqrt[3]{\mu_4 + \mu_5 + \mu_6})^{n+1}\sigma_{11}^n \frac{\varphi_*^m}{(\varphi_* - \varphi)^m} \qquad (4.2.19)$$

und

$$\dot{\varepsilon}_{22} = (\sqrt{\mu_2 + \mu_3} + \alpha\mu_1 + \gamma\sqrt[3]{\mu_4 + \mu_5 + \mu_6})^n \left[\frac{\mu_2}{\sqrt{\mu_2 + \mu_3}} + \alpha\mu_1 + \gamma\frac{\mu_4 + \frac{\mu_5}{3}}{(\mu_4 + \mu_5 + \mu_6)^{2/3}}\right]\sigma_{11}^n \frac{\varphi_*^m}{(\varphi_* - \varphi)^m} \qquad (4.2.20)$$

sowie

$$\dot{\varphi} = (\sqrt{\mu_2 + \mu_3} + \alpha\mu_1 + \gamma\sqrt[3]{\mu_4 + \mu_5 + \mu_6})^{n+1}\sigma_{11}^{n+1}\frac{\varphi_*^m}{(\varphi_* - \varphi)^m} \qquad (4.2.21)$$

(b) Einachsiger Druck

$$\dot{\varepsilon}_{11} = -(\sqrt{\mu_2 + \mu_3} - \alpha\mu_1 - \gamma\sqrt[3]{\mu_4 + \mu_5 + \mu_6})^{n+1}|\sigma_{11}|^n \frac{\varphi_*^m}{(\varphi_* - \varphi)^m} \quad (4.2.22)$$

und

$$\dot{\varphi} = (\sqrt{\mu_2 + \mu_3} - \alpha\mu_1 - \gamma\sqrt[3]{\mu_4 + \mu_5 + \mu_6})^{n+1}|\sigma_{11}|^{n+1} \frac{\varphi_*^m}{(\varphi_* - \varphi)^m} \quad (4.2.23)$$

(c) Reine Torsion

$$2\dot{\varepsilon}_{12} = (\sqrt{2\mu_3})^{n+1} \sigma_{12}^n \frac{\varphi_*^m}{(\varphi_* - \varphi)^m} \quad (4.2.24)$$

und

$$\dot{\varepsilon}_{11} = (\sqrt{2\mu_3})^n \alpha\mu_1 \sigma_{12}^n \frac{\varphi_*^m}{(\varphi_* - \varphi)^m} \quad (4.2.25)$$

sowie

$$\dot{\varphi} = (\sqrt{2\mu_3})^{n+1} \sigma_{12}^{n+1} \frac{\varphi_*^m}{(\varphi_* - \varphi)^m} \quad (4.2.26)$$

(d) Hydrostatischer Druck

$$\dot{\varepsilon}_{11} = -\frac{1}{3}(\sqrt{9\mu_2 + 3\mu_3} - \alpha\mu_1 - \gamma\sqrt[3]{27\mu_4 + 9\mu_5 + 3\mu_6})^{n+1}|\sigma_{11}|^n \frac{\varphi_*^m}{(\varphi_* - \varphi)^m} \quad (4.2.27)$$

und

$$\dot{\varphi} = (\sqrt{9\mu_2 + 3\mu_3} - \alpha\mu_1 - \gamma\sqrt[3]{27\mu_4 + 9\mu_5 + 3\mu_6})^{n+1}|\sigma_{11}|^{n+1} \frac{\varphi_*^m}{(\varphi_* - \varphi)^m} \quad (4.2.28)$$

Aus dem paarweisen Vergleich der Gleichungen für die jeweiligen Koordinaten des Tensors der Kriechdeformationen der mathematischen und der physikalischen Experimente erhält man zur Ermittlung der werkstoffspezifischen Koeffizienten μ_i das gleiche Gleichungssystem (3.4.23) wie im Falle des stationären Kriechprozesses.

4.2.4 Sonderfälle

Die im Abschnitt 4.2.2 abgeleiteten allgemeinen Konstitutivgleichungen zur Beschreibung des stationären und des beschleunigten Kriechens sind tensoriell nichtlinear. In die Gleichungen gehen neben den Exponenten n und m 6 Parameter ein, die experimentell zu bestimmen sind. Nachfolgend werden Sonderfälle diskutiert, die nur drei Parameter enthalten. Dabei sind unterschiedliche Varianten möglich. Die hier abgeleiteten Gleichungen werden im Abschnitt 6.4 angewendet. Bei allen Diskussionen wird von der Gleichung $g(\sigma_V) = \sigma_V^n$ ausgegangen.

1. Sonderfall: Für den Fall, daß man im Experiment näherungsweise die Beziehungen

$$\hat{T} = \hat{M}\hat{N}^{-nr}, \sqrt{9\hat{X}^2 - 3\hat{N}^{2r}} = 3\hat{T} + (3\hat{P})^r$$

feststellt, folgt aus dem Gleichungssystem (3.4.23) $\gamma = 0$. Damit geht in die Vergleichsspannung die kubische Invariante nicht ein. Der Ansatz für die Vergleichsspannungen nach Gl. (3.1.6) reduziert sich auf

$$\sigma_V = \alpha\sigma_1 + \sigma_2$$

und die Gln. (4.2.7) und (4.2.8) vereinfachen sich zu

$$\dot{\boldsymbol{\varepsilon}} = g(\sigma_V)\frac{\varphi_*^m}{(\varphi_* - \varphi)^m}\left(\alpha\mu_1\mathbf{I} + \frac{\mu_2 I_1 \mathbf{I} + \mu_3\boldsymbol{\sigma}}{\sigma_2}\right) \qquad (4.2.29)$$

und

$$\dot{\varphi} = \chi(\sigma_V)\frac{\varphi_*^m}{(\varphi_* - \varphi)^m} \qquad (4.2.30)$$

Gl. (4.2.29) ist tensoriell linear.

2. Sonderfall: Wird experimentell der Zusammenhang

$$3\hat{T}^3 - \left[\sqrt{9\hat{X}^2 - 3\hat{N}^{2r}} - (3\hat{P})^r\right]^3 = \hat{Y} = \hat{M} = 0$$

sowie

$$\hat{Y} = \hat{X} - \frac{\hat{N}^{2r}}{2\hat{X}} + \hat{Q}\hat{L}_+^{-nr}$$

nachgewiesen, kann man näherungsweise aus dem Gleichungssystem (3.4.23) schließen, daß

$$\alpha\mu_1 = \mu_4 = \mu_5 = 0$$

ist. Die Vergleichsspannung reduziert sich dann auf

$$\sigma_V = \sigma_2 + \gamma\sqrt[3]{\mu_6 I_3}$$

und die Gln. (4.2.7) und (4.2.8) nehmen folgende vereinfachte Form an

$$\dot{\boldsymbol{\varepsilon}} = g(\sigma_V)\frac{\varphi_*^m}{(\varphi_* - \varphi)^m}\left(\frac{\mu_2 I_1 \mathbf{I} + \mu_3\boldsymbol{\sigma}}{\sigma_2} + \frac{\gamma\mu_6\boldsymbol{\sigma}\cdot\boldsymbol{\sigma}}{\sigma_3^2}\right), \qquad (4.2.31)$$

$$\dot{\varphi} = \chi(\sigma_V)\frac{\varphi_*^m}{(\varphi_* - \varphi)^m} \qquad (4.2.32)$$

Gl. (4.2.31) ist tensoriell nichtlinear. Es werden alle Invarianten einbezogen.

3. Sonderfall: Folgt aus dem Experiment

$$\left[\sqrt{9\hat{X}^2 - 3\hat{N}^{2r}} - (3\hat{P})^r\right]^3 - 9\hat{T}^3 = \hat{T} + 3\hat{Y} = \hat{M} = 0,$$

kann man näherungsweise

$$\alpha\mu_1 = \mu_4 = \mu_6 = 0$$

setzen. Für die Vergleichsspannung gilt dann der vereinfachte Ansatz

$$\sigma_V = \sigma_2 + \gamma \sqrt[3]{\mu_5 I_1 I_2}$$

und die Gln. (4.2.7) und (4.2.8) reduzieren sich zu

$$\dot{\boldsymbol{\varepsilon}} = g(\sigma_V) \frac{\varphi_*^m}{(\varphi_* - \varphi)^m} \left[\frac{\mu_2 I_1 \mathbf{I} + \mu_3 \boldsymbol{\sigma}}{\sigma_2} + \gamma \frac{\frac{\mu_5}{3}(I_2 \mathbf{I} + 2 I_1 \boldsymbol{\sigma})}{\sigma_3^2} \right] \qquad (4.2.33)$$

und

$$\dot{\varphi} = \chi(\sigma_V) \frac{\varphi_*^m}{(\varphi_* - \varphi)^m} \qquad (4.2.34)$$

Gl. (4.2.33) ist wie Gl. (4.2.29) tensoriell linear. Sie enthält jeweils nur die erste und die zweite Grundinvariante, jedoch werden diese unterschiedlich kombiniert.

4. Sonderfall - Klassisches Kriechschädigungsmodell: Aus den allgemeinen Gleichungen läßt sich auch der Sonderfall des klassischen Kriechschädigungsmodells ableiten. Dieses Modell berücksichtigt keine Effekte höherer Ordnung. Erhält man im Experiment

$$\hat{L}_+ = \hat{L}_-, \hat{M} = \hat{P} = 0, \hat{N}^{2r} = 3\hat{L}_+^{2r},$$

setzt man

$$\alpha = \gamma = 0, \mu_3 = -3\mu_2$$

Damit geht die Vergleichsspannung in die VON MISES-Vergleichsspannung über und als Konstitutiv- und Evolutionsgleichungen ergeben sich die bekannten klassischen Beziehungen

$$\dot{\boldsymbol{\varepsilon}} = \frac{3}{2} \left(\sqrt{\frac{2}{3}} \mu_3 \right)^{n+1} \frac{g(\sigma_{vM}) \varphi_*^m}{(\varphi_* - \varphi)^m \sigma_{vM}} \mathbf{s} \qquad (4.2.35)$$

und

$$\dot{\varphi} = \left(\sqrt{\frac{2}{3}} \mu_3 \right)^{n+1} \chi(\sigma_{vM}) \frac{\varphi_*^m}{(\varphi_* - \varphi)^m} \qquad (4.2.36)$$

4.3 Zyklische Beanspruchungen

Periodische zyklische Belastungen stellen einen wichtigen Beanspruchungsfall bei vielen Problemen der Berechnungspraxis dar. Eine Bewertung des Grenzverhaltens ist daher für Aussagen über die Sicherheit entsprechend beanspruchter Konstruktionselemente unabdingbar. Dem steht gegenüber, daß die Formulierung einer geschlossenen Theorie für die zahlreichen, denkbaren Lastfälle auf Schwierigkeiten stößt. Dies hat zur Folge, daß die Bewertung von Bauteilen bei periodischen zyklischen Belastungen rein experimentell erfolgt. Der Versuchsaufwand ist jedoch beträchtlich. Für Sonderfälle wurden daher theoretische Konzepte entwickelt, um die Gesamtkosten zu senken. Nachfolgend wird gezeigt, wie für die im Buch behandelte Materialklasse im Fall der Niedriglastspielzahl-Ermüdung (low-cycle fatigue) ein Konzept entwickelt werden kann, daß das spezielle Werkstoffverhalten innerhalb modifizierter traditioneller Konzepte für die Analyse von Problemen der Niedriglastspielzahl-Ermüdung berücksichtigt. Es wird dabei ein verallgemeinertes Ermüdungsfestigkeitskriterium für mehrachsige Beanspruchung formuliert.

Die Formulierung von Ermüdungsfestigkeitskriterien bei mehrachsiger Beanspruchung ist mit bestimmten Schwierigkeiten verbunden [115]. Diese hängen damit zusammen, daß auf einen Zyklus (Periode) bezogene Charakteristika (Amplitudenwert, Mittelwert, Oberwert, Unterwert usw.) zu verwenden sind, wobei für die eindeutige Beschreibung zwei Größen (z.B. Amplitudenwert, Mittelwert) herangezogen werden müssen. Bei mehrachsiger Beanspruchung ist dann wiederum eine Vergleichsspannung zu definieren. Diese ist bei vorausgesetzter Werkstoffisotropie eine Funktion invarianter Größen. Der experimentelle Aufwand ist im Vergleich zum einachsigen Verhalten beträchtlich. Daher sind auch bisher nur eine begrenzte Anzahl von Versuchsdaten zu der Gruppe der Werkstoffe mit nichtklassischem Verhalten in der Literatur zu finden. Bei den nachfolgenden Betrachtungen wird ein vereinfachtes Modell herangezogen [15]. Dieses bezieht nur zwei Invarianten des Spannungszustandes ein, auf die Einbeziehung der dritten Invariante wird verzichtet. Außerdem wird wiederum gezeigt, daß bestimmte klassische Kriterien als Sonderfälle aus dem verallgemeinerten Kriterium folgen. Der Zusammenhang mit entsprechenden Ansätzen der Kontinuumsschädigungsmechanik wird gleichfalls aufgezeigt.

4.3.1 Formulierung eines verallgemeinerten Ermüdungsfestigkeitskriteriums

Im Falle einachsiger zyklischer Beanspruchung können folgende Parameter definiert werden [43]

- die Spannungsamplitude

$$\sigma_a = \frac{1}{2}(\sigma_o + \sigma_u),$$

- die Mittelspannung

$$\sigma_m = \frac{1}{2}(\sigma_o - \sigma_u),$$

- die Ober- und die Unterspannung σ_o und σ_u mit dem Spannungsverhältnis

$$r = \frac{\sigma_u}{\sigma_o}$$

Bei mehrachsiger Beanspruchung müssen die Ermüdungsfestigkeitskriterien sowie die möglicherweise notwendigen Schädigungsgleichungen auf der Grundlage von Vergleichspannungen formuliert werden. Dabei gilt für isotrope Werkstoffe, daß die Vergleichsspannung nur von invarianten Größen der Spannungscharakteristika abhängen darf.

Für einachsige zyklische Beanspruchungen läßt sich die Spannung σ durch ihren Amplitudenwert σ_a sowie ihren Mittelwert σ_m je Zyklus angeben. Wichtige Sonderfälle sind Wechselbeanspruchungen mit dem Mittelwert $\sigma_m = 0$ sowie Schwellbeanspruchungen mit $\sigma_m = \sigma_a$. Als Kennwerte des Schwingfestigkeit dienen in diesen beiden Fällen σ_W (Wechselfestigkeit) bzw. σ_{Sch} (Schwellfestigkeit). Für den einachsigen Zug- bzw. Zug-Druck- bzw. Druckbereich wird als Formelzeichen σ verwendet, für die entsprechenden Torsionsversuche τ. Damit kann das Ermüdungsfestigkeitskriterium wie folgt ausgedrückt werden

$$\sigma_a \leq \sigma_W \tag{4.3.1}$$

σ_W ist die Wechselfestigkeit bei symmetrischen Belastungszyklen für einachsigen Zug/Druck bzw. Biegung ($\sigma_m = 0$). In Analogie kann ein Ermüdungsfestigkeitskriterium für mehrachsige Beanspruchung formuliert werden

$$\sigma_V \leq \sigma_W \qquad (4.3.2)$$

Dabei ist σ_V die Vergleichspannung, die eine definierte Äquivalenz zwischen dem einachsigen Spannungszustand und möglichen mehrachsigen Spannungszuständen bei zyklischer Beanspruchung herstellen soll.

Es wird angenommen, daß die Koordinaten des Spannungstensors $\boldsymbol{\sigma}$ während eines Zyklusses die Amplituden $\boldsymbol{\sigma}^a$ und die Mittelwerte $\boldsymbol{\sigma}^m$ haben. Damit muß die Vergleichspannung bei vorausgesetzter Werkstoffisotropie eine Funktion der drei Amplitudeninvarianten und der Mittelwertinvarianten sein. Bei Vernachlässigung des Einflusses der dritten Invarianten gilt für die Vergleichsspannung folgender Ausdruck

$$\sigma_V = \lambda_1 \sigma_{vM}^a + \lambda_2 I_1^a + \lambda_3 \sigma_{vM}^m + \lambda_4 I_1^m \qquad (4.3.3)$$

σ_{vM}^a ist die VON MISES-Vergleichspannung für die Amplituden

$$\sigma_{vM}^a = \sqrt{\frac{3}{2} \mathbf{s}^a \cdot\cdot \mathbf{s}^a}, \quad \mathbf{s}^a = \boldsymbol{\sigma}^a - \frac{1}{3} I_1^a \mathbf{I}$$

mit $\mathbf{I}$ als Einheitstensor und σ_{vM}^m ist die VON MISES-Vergleichspannung für die Mittelwerte $\boldsymbol{\sigma}^m$

$$\sigma_{vM}^m = \sqrt{\frac{3}{2} \mathbf{s}^m \cdot\cdot \mathbf{s}^m}, \quad \mathbf{s}^m = \boldsymbol{\sigma}^m - \frac{1}{3} I_1^m \mathbf{I}$$

I_1^a ist die erste Invariante des Spannungstensors der Amplituden $\boldsymbol{\sigma}^a$ ($I_1^a = \boldsymbol{\sigma}^a \cdot\cdot \mathbf{I}$), I_1^m ist die erste Invariante des Spannungstensors der Mittelwerte $\boldsymbol{\sigma}^m$ ($I_1^m = \boldsymbol{\sigma}^m \cdot\cdot \mathbf{I}$). $\lambda_i (i = 1, \ldots, 4)$ sind werkstoffabhängige Parameter.

4.3.2 Grundversuche

Das formulierte Ermüdungsfestigkeitskriterium (4.3.2) enthält unter Berücksichtigung von Gl. (4.3.3) insgesamt 4 werkstoffspezifische Parameter $\lambda_1, \lambda_2, \lambda_3, \lambda_4$. Die folgenden vier Grundversuche sind zu deren Ermittlung geeignet:

1. Symmetrische Zug/Druck Belastung mit einem Mittelwert von Null (Wechselbeanspruchung)
   Damit folgt

   $$\sigma_{vM}^a = I_1^a = \sigma_W, \quad \sigma_{vM}^m = I_1^m = 0$$

   und die Auswertung des Kriteriums (4.3.2), (4.3.3) führt zu

   $$\lambda_1 + \lambda_2 = 1 \qquad (4.3.4)$$

2. **Pulsierende Zugbelastung mit einer Unterspannung von Null (Schwellbeanspruchung)**
Der Kennwert ist damit die Schwellfestigkeit σ_{Sch}. Damit folgt

$$\sigma_{11}^a = \sigma_{11}^m = \sigma_{Sch}, \quad \sigma_{vM}^a = I_1^a = \sigma_{vM}^m = I_1^m = \sigma_{Sch}$$

und aus dem Kriterium (4.3.2), (4.3.3)

$$\lambda_1 + \lambda_2 + \lambda_3 + \lambda_4 = \frac{\sigma_W}{\sigma_{Sch}} \qquad (4.3.5)$$

3. **Symmetrische Torsionsbeanspruchung mit einem Spannungsmittelwert von Null (Wechselbeanspruchung)**
Wird mit τ_W die Torsionswechselfestigkeit bezeichnet, gilt

$$\sigma_{12}^a = \tau_W, \quad \sigma_{vM}^a = \sqrt{3}\tau_W, \, I_1^a = \sigma_{vM}^m = I_1^m = 0$$

Damit folgt aus den Gln. (4.3.2), (4.3.3)

$$\lambda_1 = \frac{1}{\sqrt{3}} \frac{\sigma_W}{\tau_W} \qquad (4.3.6)$$

4. **Pulsierende Torsionsbeanspruchung mit einer Unterspannung von Null je Zyklus (Schwellbeanspruchung)**
Wenn mit τ_{Sch} die Torsionsschwellfestigkeit bezeichnet wird, gilt

$$\sigma_{12}^a = \sigma_{12}^m = \tau_{Sch}, \quad \sigma_{vM}^a = \sigma_{vM}^m = \sqrt{3}\tau_{Sch}, \quad I_1^a = I_1^m = 0$$

und aus den Gln. (4.3.2), (4.3.3) erhält man

$$\lambda_1 + \lambda_3 = \frac{1}{\sqrt{3}} \frac{\sigma_W}{\tau_W} \qquad (4.3.7)$$

Aus dem Gleichungssystem (4.3.4) - (4.3.7) lassen sich alle λ_m-Werte explizit analytisch berechnen

$$\begin{aligned}
\lambda_1 &= \frac{1}{\sqrt{3}} \frac{\sigma_W}{\tau_W}, & \lambda_2 &= 1 - \frac{1}{\sqrt{3}} \frac{\sigma_W}{\tau_W}, \\
\lambda_3 &= \frac{1}{\sqrt{3}} \left(\frac{\sigma_W}{\tau_{Sch}} - \frac{\sigma_W}{\tau_W} \right), & \lambda_4 &= \frac{\sigma_W}{\sigma_{Sch}} - 1 - \frac{1}{\sqrt{3}} \left(\frac{\sigma_W}{\tau_{Sch}} - \frac{\sigma_W}{\tau_W} \right)
\end{aligned} \qquad (4.3.8)$$

4.3.3 Sonderfälle

Aus dem verallgemeinerten Ermüdungsfestigkeitskriterium (4.3.2), (4.3.3) lassen sich zahlreiche Sonderfälle ableiten. Diese sind u.a. dadurch gekennzeichnet, daß sie eine geringere Anzahl von Parametern enthalten.

1-Parameter-Kriterium: Zunächst wird ein 1-Parameter-Kriterium analysiert. Dieses stellt eine Analogie zur VON MISES-Festigkeits- bzw. Plastizitätshypothese dar. Dabei wird postuliert, daß

4.3 Zyklische Beanspruchungen 115

$$\sigma^a_{vM} = \sigma_W \tag{4.3.9}$$

ist. Ein Vergleich mit dem verallgemeinerten Kriterium (4.3.2), (4.3.3) liefert

$$\lambda_1 = 1, \quad \lambda_2 = \lambda_3 = \lambda_4 = 0 \tag{4.3.10}$$

Analysiert man die Gln. (4.3.8) für den Sonderfall (4.3.9) unter Beachtung (4.3.10) erhält man die Relationen, die zwischen den unterschiedlichen Kennwerten gelten müssen

$$\frac{\sigma_W}{\tau_W} = \sqrt{3}, \quad \frac{\sigma_W}{\sigma_{Sch}} = 1, \quad \frac{\sigma_W}{\tau_{Sch}} = \sqrt{3} \tag{4.3.11}$$

Werden die Beziehungen (4.3.11) deutlich verletzt, ist das Kriterium in der Praxis nicht anwendbar.

2-Parameter-Kriterien: Für 2-Parameter-Kriterien sind zwei unabhängige Werkstoffkennwerte zu definieren.
Kriterium von Sines: In [177] wurde folgendes Kriterium vorgeschlagen

$$\sigma^a_{vM} + \lambda_4 I^m_1 = \sigma_W \tag{4.3.12}$$

Der Vergleich mit dem verallgemeinerten Kriterium (4.3.2), (4.3.3) liefert dann

$$\lambda_1 = 1, \quad \lambda_2 = \lambda_3 = 0 \tag{4.3.13}$$

und aus den Gln. (4.3.8) folgt die Bedingung

$$\lambda_4 = \frac{\sigma_W}{\sigma_{Sch}} - 1 \tag{4.3.14}$$

Die Möglichkeit der Anwendung des Kriteriums von SINES ist damit bei folgenden Relationen zwischen den Kennwerten gegeben

$$\frac{\sigma_W}{\tau_W} = \sqrt{3}, \quad \frac{\sigma_W}{\tau_{Sch}} = \sqrt{3} \tag{4.3.15}$$

Kriterium von Crossland: Das nachfolgende Kriterium wurde in [115] vorgeschlagen

$$(1 - b\sigma_W)\sigma^a_{vM} + b\sigma_W(I^a_1 + I^m_1) = \sigma_W \tag{4.3.16}$$

Dabei ist b eine werkstoffspezifische Konstante. Der Vergleich mit dem verallgemeinerten Kriterium (4.3.2), (4.3.3) liefert

$$\lambda_1 = 1 - b\sigma_W, \quad \lambda_2 = \lambda_4 = b\sigma_W, \quad \lambda_3 = 0 \tag{4.3.17}$$

Man erhält die Kennwerterelationen

$$\frac{\sigma_W}{\sigma_{Sch}} = 1 + b\sigma_W, \quad \frac{\sigma_W}{\tau_W} = \frac{\sigma_W}{\tau_{Sch}} = \sqrt{3}(1 - b\sigma_W), \tag{4.3.18}$$

die die praktische Anwendung des Kriteriums eingrenzen.
Kriterium von Goodman: In [115] wird ein weiteres Kriterium eingeführt

$$\sigma^a_{vM} + \frac{\sigma_W}{\sigma_G}\sigma^m_{vM} = \sigma_W, \tag{4.3.19}$$

wobei σ_G die Bruchgrenze bei Zug ist. Das verallgemeinerte Ermüdungsfestigkeitskriterium (4.3.2), (4.3.3) geht in das GOODMAN-Kriterium für den Fall über, daß

$$\lambda_1 = 1, \quad \lambda_2 = \lambda_4 = 0, \quad \lambda_3 = \frac{\sigma_W}{\sigma_G} \tag{4.3.20}$$

gilt. In der Praxis kann dieses Kriterium eingesetzt werden, wenn die folgenden Beziehungen eingehalten werden

$$\frac{\sigma_W}{\tau_W} = \sqrt{3}, \frac{\sigma_W}{\sigma_{Sch}} = 1 + \frac{\sigma_W}{\sigma_G}, \frac{\sigma_W}{\tau_{Sch}} = \sqrt{3}\left(1 + \frac{\sigma_W}{\sigma_G}\right) \tag{4.3.21}$$

Kriterium von Kinasoshvili: In [158] ist folgendes Kriterium angegeben

$$\sigma_{vM}^a + \frac{\sigma_W - \sigma_{Sch}}{\sigma_{Sch}}\sigma_{vM}^m = \sigma_W \tag{4.3.22}$$

Der Vergleich mit dem verallgemeinerten Kriterium liefert

$$\lambda_1 = 1, \quad \lambda_2 = \lambda_4 = 0, \quad \lambda_3 = \frac{\sigma_W - \sigma_{Sch}}{\sigma_{Sch}} \tag{4.3.23}$$

Ein Einsatz in der Praxis ist dann sinnvoll, wenn folgende Bedingungen erfüllt sind

$$\frac{\sigma_W}{\tau_W} = \sqrt{3}, \quad \frac{\sigma_W}{\tau_{Sch}} = \sqrt{3}\frac{\sigma_W}{\sigma_{Sch}} \tag{4.3.24}$$

Weitere Kriterien: Zwei weitere 2-Parameter-Kriterien sollen an dieser Stelle noch angeführt werden. Im ersten Fall wird angenommen, daß das Ermüdungsversagen bei der Erfüllung des folgenden Kriteriums eintritt

$$\lambda_1 \sigma_{vM}^a + \lambda_2 I_1^a = \sigma_W \tag{4.3.25}$$

Dieses Kriterium folgt aus dem verallgemeinerten Kriterium (4.3.2) und (4.3.3) für

$$\lambda_3 = \lambda_4 = 0 \tag{4.3.26}$$

Für die praktische Anwendung ist dann die Einhaltung der Gln.

$$\lambda_1 = \frac{1}{\sqrt{3}} \frac{\sigma_W}{\tau_W}, \quad \lambda_2 = 1 - \lambda_1 \tag{4.3.27}$$

sowie der Kennwertrelationen

$$\frac{\sigma_W}{\sigma_{Sch}} = 1, \quad \frac{\sigma_W}{\tau_{Sch}} = \frac{\sigma_W}{\tau_W} \tag{4.3.28}$$

zu beachten.

Ferner ist auch das folgende spezielle Kriterium denkbar

$$\lambda_1 \sigma_{vM}^a + \lambda_3 \sigma_{vM}^m = \sigma_W \tag{4.3.29}$$

Der Zusammenhang mit dem verallgemeinerten Kriterium (4.3.2) und (4.3.3) ergibt sich aus

$$\lambda_2 = \lambda_4 = 0$$

4.4 Kopplung von zyklenabhängigem Kriechen und Niedriglastspielzahl-Ermüdung

skalare Faktoren				Kennwerterelationen		
λ_1	λ_2	λ_3	λ_4	$\dfrac{\sigma_W}{\tau_W}$	$\dfrac{\sigma_W}{\sigma_{Sch}}$	$\dfrac{\sigma_W}{\tau_{Sch}}$
Ein-Parameter-Kriterium (4.3.9)						
1	0	0	0	$\sqrt{3}$	1	$\sqrt{3}$
Zwei-Parameter-Kriterien						
Sines-Kriterium (4.3.12)						
1	0	0	λ_4	$\sqrt{3}$	$\dfrac{\sigma_W}{\sigma_{Sch}}$	$\sqrt{3}$
Crossland-Kriterium (4.3.16)						
$1 - b\sigma_W$	$b\sigma_W$	0	$b\sigma_W$	$\sqrt{3}(1 - b\sigma_W)$	$1 + b\sigma_W$	$\sqrt{3}(1 - b\sigma_W)$
Goodman-Kriterium (4.3.19)						
1	0	$\dfrac{\sigma_W}{\sigma_G}$	0	$\sqrt{3}$	$1 + \dfrac{\sigma_W}{\sigma_G}$	$\sqrt{3}\left(1 + \dfrac{\sigma_W}{\sigma_G}\right)$
Kinasoshvili-Kriterium (4.3.22)						
1	0	$\dfrac{\sigma_W - \sigma_{Sch}}{\sigma_{Sch}}$	0	$\sqrt{3}$	$\dfrac{\sigma_W}{\sigma_{Sch}}$	$\sqrt{3}\dfrac{\sigma_W}{\sigma_{Sch}}$
Kriterium (4.3.25)						
λ_1	λ_2	0	0	$\dfrac{\sigma_W}{\tau_W}$	1	$\dfrac{\sigma_W}{\tau_W}$
Kriterium (4.3.29)						
λ_1	0	λ_3	0	$\sqrt{3}$	$\dfrac{\sigma_W}{\sigma_{Sch}}$	$\sqrt{3}\dfrac{\sigma_W}{\sigma_{Sch}}$

Tabelle 4.2 Spezielle Ermüdungsfestigkeitskriterien

sowie aus den Gln. (4.3.8)

$$\lambda_1 = 1, \quad \lambda_3 = \frac{\sigma_W}{\sigma_{Sch}} - 1 \tag{4.3.30}$$

Daneben muß die Erfüllung der Beziehungen

$$\frac{\sigma_W}{\tau_{Sch}} = \sqrt{3}, \quad \frac{\sigma_W}{\tau_{Sch}} = \sqrt{3}\frac{\sigma_W}{\sigma_{Sch}} \tag{4.3.31}$$

vorausgesetzt werden. Werden als Kennwerte σ_W und σ_{Sch} verwendet, läßt sich das Kriterium (4.3.29) in das KINASOSHVILI-Kriterium (4.3.22) überführen.
In Tabelle 4.2 sind die wichtigsten speziellen Ermüdungsfestigkeitskriterien bei niederzyklischer Beanspruchung zusammengefaßt.

4.4 Kopplung von zyklenabhängigem Kriechen und Niedriglastspielzahl-Ermüdung

Nachfolgend wird ein kontinuumsmechanisches Modell zur Beschreibung der Niederlastspielzahl-Ermüdung, welche von zyklenabhängigem Kriechen begleitet wird, eingeführt. Dabei wird Werkstoffisotropie vorausgesetzt. Die Vergleichsspannungsfunktion hängt nicht von der 3. Invariante ab.

4.4.1 Kontinuumsschädigungsmechanisches Modell

Die Vergleichspannung wird in Analogie zu (4.3.3) für das Ermüdungsversagenskriterium (4.3.2) definiert. Es gilt dann

$$\sigma_V = \kappa_1 \sigma_{vM}^a + \kappa_2 I_1^a + \kappa_3 \sigma_{vM}^m + \kappa_4 I_1^m \qquad (4.4.1)$$

mit $\kappa_i (i = \overline{1,4})$ als werkstoffspezifischen Koeffizienten. Weiterhin kann man eine Evolutionsgleichung für isotrope Schädigung in der Form

$$\frac{d\omega}{dN} = \frac{\vartheta(\sigma_V)}{1 - \omega} \qquad (4.4.2)$$

postulieren. Dabei ist N die Zyklenanzahl, die Variable $\omega \epsilon [0, 1]$ charakterisiert den Schädigungszustand. Der Wert $\omega = 0$ wird dem ungeschädigten Zustand zugeordnet, $\omega = 1$ entspricht dem Versagen. Die Funktion $\vartheta(\sigma_V)$ kann wieder in der Form eines Potenzgesetzes σ_V^n, des hyberbolischen Sinus-Gesetzes $\sinh(\sigma_V/a)$, als Exponentialgesetz $\exp(\sigma_V/b)$ usw. eingeführt werden. Die spezifische Form ist entsprechend den Versuchsergebnissen auszuwählen.

Die konstitutiven Gleichungen für den Kriechdeformationstensor ε^{kr} lassen sich damit wie folgt formulieren

$$\frac{d\varepsilon^{kr}}{dN} = \frac{\chi(\tau_{krV})}{1 - \omega} \left(\frac{\partial \tau_{krV}}{\partial \sigma^a} + \frac{\partial \tau_{krV}}{\partial \sigma^m} \right) \qquad (4.4.3)$$

Die Vergleichsspannung für das zyklisch induzierte Kriechen wird in ähnlicher Weise wie (4.4.1) angegeben

$$\tau_{krV} = \xi_1 \sigma_{vM}^a + \xi_2 I_1^a + \xi_3 \sigma_{vM}^m + \xi_4 I_1^m \qquad (4.4.4)$$

mit $\xi_i (i = \overline{1,4})$ als werkstoffspezifische Koeffizienten. Die Funktion $\chi(\tau_{krV})$ in (4.4.3) ist entsprechend den zyklischen Kriechkurven aus den Grundversuchen auszuwählen. Auch hier sind wiederum gute Anpassungen mit einem Potenzgesetz τ_{krV}^m, mit einem hyperbolischen Sinus-Gesetz $\sinh(\tau_{krV}/c)$ oder einem Exponentialansatz $\exp(\tau_{krV}/d)$ möglich.

4.4.2 Grundversuche

Die Koeffizienten κ_i in der Schädigungsevolutionsgleichung (4.4.2) können auf der Grundlage der folgenden Grundversuche bestimmt werden, wobei die Probekörper aus einer Werkstoffcharge stammen müssen und die gleichen Grenzlastwechselzahlen beim Bruch auftreten:

1. Symmetrische Zug/Druck-Belastung mit einer Mittelspannung von Null
   Dabei folgt aus (4.4.1)

$$\sigma_V = (\kappa_1 + \kappa_2) \hat{\sigma}_W \qquad (4.4.5)$$

   $\hat{\sigma}_W$ ist die Spannungsamplitude der symmetrischen Zug-/Druck-Belastung.

2. Symmetrische Torsionsbelastung mit einer Mittelspannung von Null
   Damit erhält man aus (4.4.1)

$$\sigma_V = \sqrt{3} \kappa_1 \hat{\tau}_W \qquad (4.4.6)$$

   $\hat{\tau}_W$ ist die Amplitude der Schubspannung bei symmetrischer Torsionsbelastung.

4.4 Kopplung von zyklenabhängigem Kriechen und Niedriglastspielzahl-Ermüdung

3. Pulsierende Zugbelastung mit einer Unterspannung von Null
Hierbei erhält man aus (4.4.1)

$$\sigma_V = (\kappa_1 + \kappa_2 + \kappa_3 + \kappa_4)\hat{\sigma}_{Sch} \tag{4.4.7}$$

$\hat{\sigma}_{Sch}$ ist die Amplitude der Spannungen bei Schwellbeanspruchung.

4. Pulsierende Torsionsbelastung mit einer Unterspannung von Null
Aus (4.4.1) erhält man dann

$$\sigma_V = \sqrt{3}(\kappa_1 + \kappa_3)\hat{\tau}_{Sch} \tag{4.4.8}$$

$\hat{\tau}_{Sch}$ ist die Amplitude der Schubspannung bei Schwellbeanspruchung.

Die Grenzzyklenanzahl N_* bis zum Versagen ergibt sich aus der Integration der Gl. (4.4.2)

$$2N_* = \frac{1}{\vartheta^{-1}(\sigma_V^*)} \tag{4.4.9}$$

mit σ_V^* als Wert der Vergleichsspannung beim Bruch. Die inverse Beziehung lautet

$$\sigma_V^* = \vartheta\left(\frac{1}{2N_*}\right) \equiv \vartheta_* \tag{4.4.10}$$

Für die gleiche Grenzzyklenanzahl beim Versagen ergibt sich die gleiche Vergleichsspannung in allen vier Grundversuchen. Damit folgen aus den Gln. (4.4.5) - (4.4.8), (4.4.10) die Ausdrücke für die Koeffizienten

$$\begin{aligned}\kappa_1 &= \frac{\vartheta_*}{\sqrt{3}\hat{\tau}_W}, \kappa_2 = \vartheta_*\left(\frac{1}{\hat{\sigma}_W} - \frac{1}{\sqrt{3}\hat{\tau}_W}\right), \kappa_3 = \frac{\vartheta_*}{\sqrt{3}}\left(\frac{1}{\hat{\tau}_{Sch}} - \frac{1}{\hat{\tau}_W}\right), \\ \kappa_4 &= \vartheta_*\left(\frac{1}{\hat{\sigma}_{Sch}} - \frac{1}{\hat{\sigma}_W} - \frac{1}{\sqrt{3}\hat{\tau}_{Sch}} + \frac{1}{\sqrt{3}\hat{\tau}_W}\right)\end{aligned} \tag{4.4.11}$$

Analog lassen sich die Koeffizienten ξ_i für die konstitutiven Gleichungen (4.4.3), (4.4.4) ermitteln.

4.4.3 Sonderfälle

Die Gl. für die Vergleichsspannung (4.4.1) enthält insgesamt vier Koeffizienten. Aus ihr lassen sich Sonderfälle ableiten, die durch eine geringere Anzahl von Koeffizienten gekennzeichnet sind.
Modell in Analogie zum von Mises-Kriterium: Für die Vergleichspannung gilt dann

$$\sigma_V = \sigma_{vM}^a \tag{4.4.12}$$

Der Vergleich mit der Gl. (4.4.1) liefert

$$\kappa_1 = 1, \kappa_2 = \kappa_3 = \kappa_4 = 0$$

Die Auswertung des Gleichungssystems (4.4.11) führt dann auf die Anwendungsempfehlungen für dieses Modell

σ_V	Koeffizienten				Amplitudengrenzwerte			
	κ_1	κ_2	κ_3	κ_4	$\dfrac{\hat{\sigma}_W}{\theta_*}$	$\dfrac{\hat{\tau}_W}{\hat{\sigma}_W}$	$\dfrac{\hat{\tau}_{Sch}}{\hat{\sigma}_W}$	$\dfrac{\hat{\sigma}_{Sch}}{\hat{\sigma}_W}$
(4.4.12)	1	0	0	0	1	$\dfrac{1}{\sqrt{3}}$	$\dfrac{1}{\sqrt{3}}$	1
(4.4.13)	α	0	$1-\alpha$	0	$\dfrac{1}{\alpha}$	$\dfrac{1}{\sqrt{3}}$	$\dfrac{\alpha}{\sqrt{3}}$	α
(4.4.14)	1	0	0	$\dfrac{\hat{\sigma}_W}{\hat{\sigma}_{Sch}}-1$	1	$\dfrac{1}{\sqrt{3}}$	$\dfrac{1}{\sqrt{3}}$	$\dfrac{\hat{\sigma}_{Sch}}{\hat{\sigma}_W}$

Tabelle 4.3 Sonderfälle der Ermüdungsschädigungsmodelle

$$\hat{\sigma}_W = \theta_*, \frac{\hat{\tau}_W}{\hat{\sigma}_W} = \frac{1}{\sqrt{3}}, \frac{\hat{\tau}_{Sch}}{\hat{\sigma}_W} = \frac{1}{\sqrt{3}}, \frac{\hat{\sigma}_{Sch}}{\hat{\sigma}_W} = 1$$

June Wang-Modell: In [195] wird die folgende Vergleichsspannung angenommen

$$\sigma_V = \alpha \sigma_{vM}^a + (1-\alpha)\sigma_{vM}^m \qquad (4.4.13)$$

Dabei ist α ein skalarer Koeffizient. Die Koeffizienten κ_i werden wieder durch Koeffizientenvergleich bestimmt

$$\kappa_1 = \alpha, \kappa_2 = 0, \kappa_3 = 1-\alpha, \kappa_4 = 0$$

Als Anwendungsempfehlungen erhält man für das JUNE WANG-Modell

$$\alpha\hat{\sigma}_W = \theta_*, \frac{\hat{\tau}_W}{\hat{\sigma}_W} = \frac{1}{\sqrt{3}}, \frac{\hat{\tau}_{Sch}}{\hat{\sigma}_W} = \frac{\alpha}{\sqrt{3}}, \frac{\hat{\sigma}_{Sch}}{\hat{\sigma}_W} = \alpha$$

Modell in Analogie zum Sines-Kriterium: Für die Vergleichspannung nimmt man in diesem Fall folgenden Ausdruck an

$$\sigma_V = \sigma_{vM}^a + \kappa_4 I_1^m \qquad (4.4.14)$$

Damit erhält man

$$\kappa_1 = 1, \kappa_2 = \kappa_3 = 0, \kappa_4 = \frac{\hat{\sigma}_W}{\hat{\sigma}_{Sch}}-1$$

Als Anwendungsempfehlung gelten die Relationen

$$\sigma_W = \theta_*, \frac{\hat{\tau}_W}{\hat{\sigma}_W} = \frac{1}{\sqrt{3}}, \frac{\hat{\tau}_{Sch}}{\hat{\sigma}_W} = \frac{1}{\sqrt{3}}$$

Das JUNE WANG-Kriterium und das zum SINES-Kriterium analoge Kriterium sind 2-Parameter-Kriterien, d.h., es werden zwei unabhängige Grundversuche benötigt. Das zum VON MISES-Kriterium analoge Kriterium ist dagegen ein 1-Parameter-Kriterium, da nur ein Grundversuch benötigt wird. Die angeführten Sonderfälle sind nochmals in Tabelle 4.3 zusammengefaßt.

5 Einbeziehung der Werkstoffanisotropie

Zahlreiche Werkstoffe zeichnen sich durch deutliche Anisotropien aus. Im nachfolgenden Kapitel wird daher die Erweiterung der im Kapitel 3 behandelten isotropen Modelle diskutiert. Ausgangspunkt bildet die einheitliche Darstellung der anisotropen Modellgleichungen, die Analogien zu den im Abschnitt 3.1 formulierten Gleichungen aufweisen. Außerdem werden wichtige Sonderfälle der Anisotropie exemplarisch behandelt. Ein von der nachfolgenden Darstellung abweichender Weg der Formulierung anisotroper Gleichungen für Werkstoffe, die von der Belastungsart abhängige Eigenschaften besitzen, wird in [9] aufgezeigt. Dieser beruht auf dem Äquivalenzpostulat zur Gleichheit der gemischten Invariante des anisotropen Kontinuums und eines isotropen Modellkontinuums. Die gemischte Invariante stellt dabei ein Potential dar. Man kann zeigen, das die entsprechenden konstitutiven Gleichungen mit den nachfolgenden Beziehungen zusammenfallen. Das Konzept der Abbildung eines anisotropen Kontinuums auf ein isotropes Modellkontinuum wurde gleichfalls in [30, 31, 33] angewendet. Ein weiteres Konzept zur Einbeziehung der Anisotropie für den Sonderfall elastischen Materialverhaltens wird in [20] vorgestellt.

5.1 Einheitliche Darstellung anisotroper Modellgleichungen

Nichtklassische Effekte des Werkstoffverhaltens können auch bei Anisotropie des Materialverhaltens auftreten. Es ist daher notwendig, die isotropen Gleichungen zu erweitern. Dabei kann erneut gezeigt werden, daß eine einheitliche Darstellung der entsprechenden Gleichungen für die Modelle Elastizität, Plastizität und Kriechen möglich ist.
Ausgangspunkt der Betrachtungen ist wiederum die Annahme der Existenz eines Potentials

$$\Phi = \Phi(\sigma_V) \qquad (5.1.1)$$

und eines allgemeinen Ansatzes für den kinematischen Tensor $\mathbf{h}$ in der Form folgenden Gesetzes

$$\mathbf{h} = \zeta \frac{\partial \Phi}{\partial \boldsymbol{\sigma}} \qquad (5.1.2)$$

ζ ist ein skalarer Faktor. Für anisotrope Modellgleichungen gelten die gleichen Aussagen bezüglich des kinematischen Tensors $\mathbf{h}$ wie im Falle der isotropen Modellgleichungen, die im Abschnitt 3.1 behandelt wurden. Zur Ableitung der allgemeinen Konstitutivgleichung ist es notwendig, die Vergleichsspannung σ_V zu spezifizieren. σ_V ist auch im anisotropen Fall ein skalarer Wert, der die Äquivalenz der Wirkungen von einachsigen und mehrachsigen Spannungszuständen sichert. σ_V muß daher die Form einer Invarianten annehmen, die aus dem Spannungstensor und möglichen Materialtensoren (Tensoren der Werkstoffkennwerte) gebildet wird [73]. Den physikalischen Zustand anisotroper Kontinua kann man mit Hilfe von Tensoren der Werkstoffkennwerte beschreiben. Verwendet man den Tensor 2. Stufe $\mathbf{a}$, den Tensor 4. Stufe $^{(4)}\mathbf{b}$ sowie den Tensor 6. Stufe $^{(6)}\mathbf{c}$, lassen sich die nachfolgenden gemischten Invarianten bilden

$$\sigma_1 = \mathbf{a} \cdot \cdot \, \boldsymbol{\sigma}, \, \sigma_2^2 = \boldsymbol{\sigma} \cdot \cdot \, ^{(4)}\mathbf{b} \cdot \cdot \, \boldsymbol{\sigma}, \, \sigma_3^3 = \boldsymbol{\sigma} \cdot \cdot \, (\boldsymbol{\sigma} \cdot \cdot \, ^{(6)}\mathbf{c} \cdot \cdot \, \boldsymbol{\sigma})$$

122 5 Einbeziehung der Werkstoffanisotropie

Damit ergibt sich für die Vergleichsspannung wieder eine Darstellung in der Form

$$\sigma_V = \alpha\sigma_1 + \beta\sigma_2 + \gamma\sigma_3, \tag{5.1.3}$$

wobei nachfolgend $\beta = 1$ gesetzt wird. Die Gl. (5.1.3) stellt in dieser Form eine Verallgemeinerung klassischer Ansätze dar. So erhält man für $\alpha = \gamma = 0$ die Vergleichsspannung $\sigma_V = \sigma_2$, die aus Ansätzen von HILL bekannt ist [88].
Entsprechend den Ableitungsregeln im Abschnitt 3.1 folgt zunächst für den kinematischen Tensor

$$\mathbf{h} = \zeta\frac{\partial\Phi(\sigma_V)}{\partial\sigma_V}\left(\alpha\frac{\partial\sigma_1}{\partial\boldsymbol{\sigma}} + \frac{\partial\sigma_2}{\partial\boldsymbol{\sigma}} + \gamma\frac{\partial\sigma_3}{\partial\boldsymbol{\sigma}}\right) \tag{5.1.4}$$

Berücksichtigt man weiterhin

$$\frac{\partial\sigma_1}{\partial\boldsymbol{\sigma}} = \mathbf{a}, \quad \frac{\partial\sigma_2}{\partial\boldsymbol{\sigma}} = \frac{^{(4)}\mathbf{b}\cdot\cdot\boldsymbol{\sigma}}{\sigma_2}, \quad \frac{\partial\sigma_3}{\partial\boldsymbol{\sigma}} = \frac{\boldsymbol{\sigma}\cdot\cdot\,^{(6)}\mathbf{c}\cdot\cdot\boldsymbol{\sigma}}{\sigma_3^2},$$

erhält man die verallgemeinerte anisotrope Konstitutivgleichung

$$\mathbf{h} = \zeta\frac{\partial\Phi}{\partial\sigma_V}\left(\alpha\mathbf{a} + \frac{^{(4)}\mathbf{b}\cdot\cdot\boldsymbol{\sigma}}{\sigma_2} + \gamma\frac{\boldsymbol{\sigma}\cdot\cdot\,^{(6)}\mathbf{c}\cdot\cdot\boldsymbol{\sigma}}{\sigma_3^2}\right) \tag{5.1.5}$$

Der unbestimmte Faktor ζ läßt sich wie im Abschnitt 3.1 ermitteln. Im Ergebnis erhält man

$$\mathbf{h} = \frac{L}{\sigma_V}\left(\alpha\mathbf{a} + \frac{^{(4)}\mathbf{b}\cdot\cdot\boldsymbol{\sigma}}{\sigma_2} + \gamma\frac{\boldsymbol{\sigma}\cdot\cdot\,^{(6)}\mathbf{c}\cdot\cdot\boldsymbol{\sigma}}{\sigma_3^2}\right) \tag{5.1.6}$$

L stellt dabei das Produkt aus kinematischem Tensor und Spannungstensor dar. Eine weitere Konkretisierung ist für die jeweilige Modellklasse möglich. Bei der Anwendung der Gl. (5.1.6) ist zu beachten, daß diese nur für Spannungszustände gilt, für die $\sigma_3 \neq 0$ ist. Wird für einen Spannungszustand $\sigma_3 = 0$ ermittelt (z.B. reiner Schub), ist dies im Ausdruck für die Vergleichsspannung (5.1.3) zu beachten.
Die verallgemeinerte anisotrope Konstitutivgleichung entspricht der Struktur nach der in [32, 160] angeführten Kriechgleichung

$$\dot{\boldsymbol{\varepsilon}} = \mathbf{H} +\,^{(4)}\mathbf{M}\cdot\cdot\,\boldsymbol{\sigma} + \left(^{(6)}\mathbf{L}\cdot\cdot\,\boldsymbol{\sigma}\right)\cdot\cdot\,\boldsymbol{\sigma}$$

und stellt somit eine mögliche Verallgemeinerung dar.
Für einige Anwendungen sind reduzierte Modelle von Interesse. Besondere Bedeutung haben u.a. die Sonderfälle $\alpha = 0, \gamma = 1$ und $\alpha = 1, \gamma = 0$:

- Für $\alpha = 1, \gamma = 0$ gehen die Vergleichsspannung (5.1.3) und die Konstitutivgleichung (5.1.6) in folgende Ausdrücke über

$$\sigma_V = \alpha\sigma_1 + \sigma_2, \quad \mathbf{h} = \frac{L}{\sigma_V}\left(\alpha\mathbf{a} + \frac{^{(4)}\mathbf{b}\cdot\cdot\boldsymbol{\sigma}}{\sigma_2}\right) \tag{5.1.7}$$

- Für $\alpha = 0, \gamma = 1$ folgen für die Vergleichsspannung (5.1.3) und die Konstitutivgleichung (5.1.6)

$$\sigma_V = \sigma_2 + \gamma\sigma_3, \quad \mathbf{h} = \frac{L}{\sigma_V}\left(\frac{^{(4)}\mathbf{b}\cdot\cdot\boldsymbol{\sigma}}{\sigma_2} + \gamma\frac{\boldsymbol{\sigma}\cdot\cdot\,^{(4)}\mathbf{b}\cdot\cdot\boldsymbol{\sigma}}{\sigma_3^2}\right) \tag{5.1.8}$$

5.2 Sonderfälle der Anisotropie

Nachfolgend sollen einige Sonderfälle der Anisotropie in Hinblick auf ihre Auswirkungen auf Gl. (5.1.5) bzw. (5.1.6) diskutiert werden. Die eingeführten Tensoren **a**, $^{(4)}$**b** und $^{(6)}$**c** enthalten insgesamt 819 Koordinaten (**a** - 9, $^{(4)}$**b** - 81, $^{(6)}$**c** - 729). Unter Beachtung der Symmetrie des Spannungstensors und des kinematischen Tensors in der Form

$$\boldsymbol{\sigma} = \boldsymbol{\sigma}^T, \mathbf{h} = \mathbf{h}^T$$

sowie der Existenz eines Potentials reduziert sich diese Anzahl auf 83 (**a** - 6, $^{(4)}$**b** - 21, $^{(6)}$**c** - 56). Mit Hilfe der Transformationsregeln für Tensoren 2., 4. und 6. Stufe

$$\begin{aligned}
a'_{ij} &= \alpha_{mi}\alpha_{nj}a_{mn} \\
b'_{ijkl} &= \alpha_{mi}\alpha_{nj}\alpha_{sk}\alpha_{tl}b_{mnst} \\
c'_{ijklop} &= \alpha_{mi}\alpha_{nj}\alpha_{sk}\alpha_{tl}\alpha_{uo}\alpha_{vp}b_{mnstuv} \\
&(i,j,k,l,o,p,m,n,s,t,u,v = 1,2,3)
\end{aligned}$$

lassen sich weitere Sonderfälle der Anisotropie ableiten. Dabei sind die α_{ij} Elemente der Transformationsmatrix, d.h. Richtungskosinus der Winkel zwischen den Achsen x_i und den gedrehten Achsen x'_j.

Für den Fall orthotroper Werkstoffe erhält man unter der Voraussetzung, daß die Koordinatenachsen mit den Hauptachsen der Orthotropie zusammenfallen

$$h_{11} = \frac{L}{\sigma_V}\left\{\alpha a_{11} + \frac{b_{1111}\sigma_{11} + b_{1122}\sigma_{22} + b_{1133}\sigma_{33}}{\sigma_2} + \gamma\left[\frac{c_{111111}\sigma_{11}^2 + c_{112222}\sigma_{22}^2 + c_{113333}\sigma_{33}^2}{\sigma_3^2}\right.\right.$$
$$\left.\left. + \frac{2(c_{111122}\sigma_{11}\sigma_{22} + c_{112233}\sigma_{22}\sigma_{33} + c_{111133}\sigma_{11}\sigma_{33}) + 4(c_{111212}\sigma_{12}^2 + c_{112323}\sigma_{23}^2 + c_{111313}\sigma_{13}^2)}{\sigma_3^2}\right]\right\}$$

$$h_{12} = \frac{L}{\sigma_V}\left[\frac{2b_{1212}\sigma_{12}}{\sigma_2} + \gamma\left(\frac{4c_{121211}\sigma_{12}\sigma_{11} + 4c_{121222}\sigma_{12}\sigma_{22} + 4c_{121233}\sigma_{12}\sigma_{33} + 8c_{122313}\sigma_{23}\sigma_{13}}{\sigma_3^2}\right)\right]$$

Die übrigen Koordinaten des kinematischen Tensors ergeben sich durch zyklisches Vertauschen der Indizes 1, 2, 3. Außerdem ist zu beachten, daß die Invarianten die folgenden speziellen Ausdrücke annehmen

$$\begin{aligned}
\sigma_1 &= a_{11}\sigma_{11} + a_{22}\sigma_{22} + a_{33}\sigma_{33} \\
\sigma_2^2 &= b_{1111}\sigma_{11}^2 + b_{2222}\sigma_{22}^2 + b_{3333}\sigma_{33}^2 + 2b_{1122}\sigma_{11}\sigma_{22} + 2b_{2233}\sigma_{22}\sigma_{33} + 2b_{1133}\sigma_{11}\sigma_{33} \\
&+ 4b_{1212}\sigma_{12}^2 + 4b_{2323}\sigma_{23}^2 + 4b_{1313}\sigma_{13}^2 \\
\sigma_3^3 &= c_{111111}\sigma_{11}^3 + c_{222222}\sigma_{22}^3 + c_{333333}\sigma_{33}^3 + 3c_{111122}\sigma_{11}^2\sigma_{22} + 3c_{111133}\sigma_{11}^2\sigma_{33} \\
&+ 3c_{222211}\sigma_{22}^2\sigma_{11} + 3c_{222233}\sigma_{22}^2\sigma_{33} + 3c_{333311}\sigma_{33}^2\sigma_{11} + 3c_{333322}\sigma_{33}^2\sigma_{22} + 6c_{112233}\sigma_{11}\sigma_{22}\sigma_{33} \\
&+ 12c_{121211}\sigma_{12}^2\sigma_{11} + 12c_{121222}\sigma_{12}^2\sigma_{22} + 12c_{121233}\sigma_{12}^2\sigma_{33} \\
&+ 12c_{232311}\sigma_{23}^2\sigma_{11} + 12c_{232322}\sigma_{23}^2\sigma_{22} + 12c_{232333}\sigma_{23}^2\sigma_{33} \\
&+ 12c_{131311}\sigma_{13}^2\sigma_{11} + 12c_{131322}\sigma_{13}^2\sigma_{22} + 12c_{131333}\sigma_{13}^2\sigma_{33} \\
&+ 48c_{122313}\sigma_{12}\sigma_{23}\sigma_{13}
\end{aligned}$$

Im Falle der Orthotropie reduziert sich die Anzahl der linear unabhängigen Koordinaten somit auf 32 (**a** - 3, $^{(4)}$**b** - 9, $^{(6)}$**c** - 20).

Für den Sonderfall der Isotropie folgt

$$a_{ij} = \mu_1 \delta_{ij}$$

$$b_{ijkl} = \mu_2 \delta_{ij}\delta_{kl} + \frac{1}{2}\mu_3(\delta_{ik}\delta_{jl} + \delta_{li}\delta_{jk})$$

$$\begin{aligned}c_{ijklmn} &= \mu_4 \delta_{ij}\delta_{kl}\delta_{mn} \\
&+ \frac{\mu_5}{6}(\delta_{ij}\delta_{km}\delta_{ln} + \delta_{ij}\delta_{kn}\delta_{lm} + \delta_{kl}\delta_{im}\delta_{jn} + \delta_{kl}\delta_{in}\delta_{jm} + \delta_{mn}\delta_{ik}\delta_{jl} + \delta_{mn}\delta_{il}\delta_{jk}) \\
&+ \frac{\mu_6}{8}(\delta_{ik}\delta_{jm}\delta_{ln} + \delta_{ik}\delta_{jn}\delta_{lm} + \delta_{il}\delta_{km}\delta_{jn} + \delta_{il}\delta_{kn}\delta_{jm} \\
&+ \delta_{im}\delta_{kj}\delta_{ln} + \delta_{im}\delta_{kn}\delta_{lj} + \delta_{in}\delta_{kj}\delta_{lm} + \delta_{in}\delta_{km}\delta_{lj})\end{aligned}$$

Damit fällt die verallgemeinerte anisotrope Konstitutivgleichung mit der entsprechenden Gleichung des Abschnittes 3.1 vollständig zusammen. Die Koordinatenanzahl reduziert sich dann auf 6 linear-unabhängige Größen (**a** - 1, $^{(4)}$**b** - 2, $^{(6)}$**c** - 3).

5.3 Anisotropes Kriechen und Schädigung

Es soll nun die Kombination von zwei bisher behandelten Modellen betrachtet und somit die Erweiterungsfähigkeit des Konzeptes dargestellt werden. Im Abschnitt 4.2 wurde die Berücksichtigung isotroper Werkstoffschädigung behandelt. Dieses Modell soll jetzt mit dem anisotropen Kriechen in Verbindung gebracht werden. Dazu werden die entsprechenden Gleichungen des Abschnittes 5.1 modifiziert. Die Grundlagen des Modells sind in [1, 16, 17] dargelegt, so daß hier auf die Darstellung von Einzelheiten verzichtet wird.

Ausgangspunkt für die Formulierung der konstitutiven Gleichungen ist erneut die Annahme der Existenz eines Potentials der Form

$$\Phi = \sigma_V^2$$

Damit folgt aus Gl. (5.1.6) für $\mathbf{h} \equiv \dot{\boldsymbol{\varepsilon}}^{kr}$ (Tensor der Kriechverzerrungsgeschwindigkeiten)

$$\dot{\boldsymbol{\varepsilon}}^{kr} = 2\lambda\sigma_V \left(\alpha\mathbf{a} + \frac{^{(4)}\mathbf{b}\cdot\cdot\boldsymbol{\sigma}}{\sigma_2} + \gamma\frac{\boldsymbol{\sigma}\cdot\cdot\,^{(6)}\mathbf{c}\cdot\cdot\boldsymbol{\sigma}}{\sigma_3^2}\right), \tag{5.3.1}$$

wobei der unbestimmte Faktor aus der Äquivalenz der spezifischen Dissipationsleistung bestimmt wird

$$2\lambda\sigma_V = \frac{D}{\sigma_V}$$

Die spezifische Dissipationsleistung für sich nicht verfestigende Werkstoffe, die bei einer konstanten Temperatur den Kriechprozeß und den Schädigungsprozeß miteinander verbindet, wird dann als Funktion von σ_V und φ

$$D = f(\sigma_V, \varphi)$$

entsprechend Gl. (4.2.2) postuliert. Beschränkt man sich weiterhin auf die Konkretisierung (4.2.3), gilt

$$D = \chi(\sigma_V)\frac{\varphi_*^m}{(\varphi_* - \varphi)^m}$$

mit m als Werkstoffkonstante. Damit folgt die konstitutive Gleichung

$$\dot{\varepsilon}^{kr} = g(\sigma_V)\frac{\varphi_*^m}{(\varphi_* - \varphi)^m}\left(\alpha \mathbf{a} + \frac{^{(4)}\mathbf{b}\cdot\cdot\,\boldsymbol{\sigma}}{\sigma_2} + \gamma\frac{\boldsymbol{\sigma}\cdot\cdot\,^{(6)}\mathbf{c}\cdot\cdot\,\boldsymbol{\sigma}}{\sigma_3^2}\right),\qquad(5.3.2)$$

die durch die Evolutionsgleichung

$$\dot{\varphi} = \chi(\sigma_V)\frac{\varphi_*^m}{(\varphi_* - \varphi)^m}\qquad(5.3.3)$$

zu ergänzen ist. Für die Funktion $\chi(\sigma_V)$ wird der Ansatz

$$\chi(\sigma_V) = g(\sigma_V)\sigma_V$$

gewählt. Dabei ist die Funktion $g(\sigma_V)$ aus den Grundversuchen zu bestimmen. Vielfach werden die experimentellen Daten durch Potenzansätze, Exponentialansätze usw. beschrieben.

5.4 Anisotrope Grundmodelle mit einer reduzierten Parameterzahl

Das im Abschnitt 5.1 vorgestellte Grundmodell enthält im Ausdruck für die Vergleichsspannung (5.1.3) neben den numerischen Koeffizienten α und γ drei gemischte Invarianten, in die im allgemeinsten Fall 83 Werkstoffparameter eingehen. Eine Reduzierung des Modells ist daher, vor allem aus der Sicht der Werkstoffprüfung, notwendig, damit der experimentelle Aufwand für die Parameteridentifikation gesenkt werden kann. Vereinfachungen lassen sich für alle drei Grundmodelle Elastizität, Plastizität und Kriechen bilden. Nachfolgend werden ausgewählte reduzierte Modelle vorgestellt. Dabei erfolgt eine Beschränkung auf tensoriell lineare Zusammenhänge. Ausführliche Diskussionen zu diesen Modellen findet man u.a. in [9, 179].

5.4.1 Elastisches Modell

Postuliert wird die Existenz eines elastischen Potentials in folgender Form

$$\Phi = \frac{1}{2}\sigma_V^2$$

mit einem reduzierten Ansatz für die Vergleichsspannung

$$\sigma_V = \sigma_1 + \sigma_2 = \mathbf{a}\cdot\cdot\,\boldsymbol{\sigma} + \sqrt{\boldsymbol{\sigma}\cdot\cdot\,^{(4)}\mathbf{b}\cdot\cdot\,\boldsymbol{\sigma}}\qquad(5.4.1)$$

Diese Modellgleichungen stellen eine deutliche Vereinfachung dar, da die kubische gemischte Invariante nicht in diese Vergleichsspannung eingeht und $\alpha = 1$ gesetzt wurde. Außerdem ist das Potential eine Funktion des Quadrates der Vergleichsspannung. Damit erhält man tensoriell lineare Gleichungen der linearen Elastizität, die jedoch Anisotropie und zumindest unterschiedliches Zug-/Druckverhalten berücksichtigen. Der elastische Verzerrungstensor $\boldsymbol{\varepsilon}$ folgt aus

$$\boldsymbol{\varepsilon} = \frac{\partial\Phi(\sigma_V)}{\partial\boldsymbol{\sigma}}$$

Unter Beachtung der entsprechenden Differentiationsregeln erhält man die Konstitutivgleichung

$$\varepsilon = \sigma_V \left(\mathbf{a} + \frac{{}^{(4)}\mathbf{b} \cdot\cdot\, \boldsymbol{\sigma}}{\sigma_2} \right) = (\sigma_1 + \sigma_2)\left(\mathbf{a} + \frac{{}^{(4)}\mathbf{b} \cdot\cdot\, \boldsymbol{\sigma}}{\sigma_2} \right)$$
$$= \left(\mathbf{a} \cdot\cdot\, \boldsymbol{\sigma} + \sqrt{\boldsymbol{\sigma} \cdot\cdot\, {}^{(4)}\mathbf{b} \cdot\cdot\, \boldsymbol{\sigma}} \right)\left(\mathbf{a} + \frac{{}^{(4)}\mathbf{b} \cdot\cdot\, \boldsymbol{\sigma}}{\sigma_2} \right) \quad (5.4.2)$$

Diese Gleichung enthält insgesamt 27 Werkstoffkennwerte. Für den Übergang zum klassischen anisotropen HOOKEschen Gesetz ist $\mathbf{a} = \mathbf{0}$ und $\sigma_V = \sigma_2$ zu setzen. Gl. (5.4.2) vereinfacht sich dann zu

$$\boldsymbol{\varepsilon} = {}^{(4)}\mathbf{b} \cdot\cdot\, \boldsymbol{\sigma}$$

Der Tensor ${}^{(4)}\mathbf{b}$ ist der Nachgiebigkeitstensor. Seine Konkretisierungen für Sonderfälle der Anisotropie können [18] entnommen werden.

Für die tensoriell lineare Gleichung (5.4.2) lassen sich ebenfalls Sonderfälle der Anisotropie diskutieren. Entsprechend Abschnitt 5.2 gilt beispielsweise für orthotropes Werkstoffverhalten, das Zusammenfallen der Koordinatenachsen mit den Hauptorthotropieachsen vorausgesetzt,

$$\begin{aligned}
\sigma_1 &= a_{11}\sigma_{11} + a_{22}\sigma_{22} + a_{33}\sigma_{33} \\
\sigma_2^2 &= b_{1111}\sigma_{11}^2 + b_{2222}\sigma_{22}^2 + b_{3333}\sigma_{33}^2 + 2b_{1122}\sigma_{11}\sigma_{22} + 2b_{2233}\sigma_{22}\sigma_{33} + 2b_{1133}\sigma_{11}\sigma_{33} \\
&\quad + 4b_{1212}\sigma_{12}^2 + 4b_{2323}\sigma_{23}^2 + 4b_{1313}\sigma_{13}^2
\end{aligned} \quad (5.4.3)$$

und damit

$$\varepsilon_{11} = \sigma_V \left(a_{11} + \frac{b_{1111}\sigma_{11} + b_{1122}\sigma_{22} + b_{1133}\sigma_{33}}{\sigma_2} \right), \quad \varepsilon_{12} = \sigma_V \frac{2b_{1212}\sigma_{12}}{\sigma_2} \quad (5.4.4)$$

Die übrigen Koordinaten des Verzerrungstensors ergeben sich durch zyklisches Vertauschen der Indizes 1, 2, 3. Die Anzahl der zu bestimmenden Kennwerte reduziert sich auf 12.

Für die im Kapitel 6 behandelten Beispiele ist u.a. auch die Kenntnis der Koordinaten der Materialtensoren notwendig. Daher soll hier kurz die Identifikationsmethodik für einen ebenen Spannungszustand und vorausgesetzte Materialorthotropie behandelt werden. Die Koordinatenachsen fallen dabei mit den Hauptachsen der Orthotropie zusammen.

- Einachsiger Zug in Richtung 1
  In diesem Fall gilt

$$\varepsilon_{11} = \left(a_{11} + \sqrt{b_{1111}} \right)^2 \sigma_{11}$$
$$\varepsilon_{22} = \left(a_{11} + \sqrt{b_{1111}} \right)\left(a_{22} + \frac{b_{2211}}{\sqrt{b_{1111}}} \right) \sigma_{11}$$

Aus dem Experiment folgt

$$\varepsilon_{11} = \frac{\sigma_{11}}{E_1^+}, \quad \varepsilon_{22} = -\nu_{21}\varepsilon_{11}$$

- Einachsiger Druck in Richtung 1
  In diesem Fall erhält man

$$\varepsilon_{11} = -\left(-a_{11} + \sqrt{b_{1111}} \right)^2 |\sigma_{11}|$$

Im Experiment ist

5.4 Anisotrope Grundmodelle mit einer reduzierten Parameterzahl

$$\varepsilon_{11} = -\frac{|\sigma_{11}|}{E_1^-}$$

zu bestimmen.

- Einachsiger Zug in Richtung 2
Der analytische Ausdruck lautet

$$\varepsilon_{22} = \left(a_{22} + \sqrt{b_{2222}}\right)^2 \sigma_{22}^n$$

Aus dem Experiment folgt

$$\varepsilon_{22} = \frac{\sigma_{11}}{E_2^+}$$

- Einachsiger Druck in Richtung 2
In diesem Fall gilt

$$\varepsilon_{22} = -\left(-a_{22} + \sqrt{b_{2222}}\right)^2 |\sigma_{22}|$$

Aus dem Experiment ist

$$\varepsilon_{22} = -\frac{|\sigma_{11}|}{E_2^-}$$

zu bestimmen.

- Reine Torsion
In diesem Fall erhält man

$$\gamma_{12} = 2\varepsilon_{11} = 4b_{1212}\sigma_{12}$$

Aus dem Experiment folgt

$$\gamma_{12} = \frac{\sigma_{12}}{G_{12}}$$

Die physikalischen und mathematischen Experimente werden in der üblichen Weise ausgewertet. Es stehen 6 Gleichungen zur Bestimmung der Koordinaten a_{11}, a_{22}, b_{1111}, b_{1122}, b_{2222}, b_{1212} als Funktionen der Werkstoffkennwerte E_1^+, E_1^-, E_2^+, E_2^-, G_{12} und ν_{21} zur Verfügung. Dabei sind E_1^+, E_1^-, E_2^+, E_2^- die Elastizitätsmoduln bei Zug (+) und Druck (−) in Richtung der Hauptachsen der Orthotropie 1, 2. G_{12} ist der Schubmodul und ν_{21} stellt eine Querkontraktionszahl dar, die die Querkontraktion in der Richtung 2 infolge Zugbeanspruchung in Richtung 1 kennzeichnet.

5.4.2 Plastisches Modell

Postuliert wird in diesem Fall die Existenz eines plastischen Potentials

$$\Phi^{pl} = \sigma_V^2$$

mit einem reduzierten Ansatz für die Vergleichsspannung

$$\sigma_V = \tilde{\sigma}_1 + \tilde{\sigma}_2 = \tilde{\mathbf{a}} \cdot\cdot\, \boldsymbol{\sigma} + \sqrt{\boldsymbol{\sigma} \cdot\cdot\, {}^{(4)}\tilde{\mathbf{b}} \cdot\cdot\, \boldsymbol{\sigma}} \tag{5.4.5}$$

$\tilde{\sigma}_1, \tilde{\sigma}_2$ sind gemischte Invarianten des Spannungstensors

$$\tilde{\sigma}_1 = \tilde{\mathbf{a}} \cdot\cdot\, \boldsymbol{\sigma}, \quad \tilde{\sigma}_2^2 = \boldsymbol{\sigma} \cdot\cdot\, {}^{(4)}\tilde{\mathbf{b}} \cdot\cdot\, \boldsymbol{\sigma}$$

Sie können sich prinzipiell von den entsprechenden analogen Ausdrücken im Falle elastischen Werkstoffverhaltens unterscheiden. $\tilde{\mathbf{a}}$, ${}^{(4)}\tilde{\mathbf{b}}$ sind Materialtensoren. In die Vergleichsspannung geht die kubische gemischte Invariante nicht ein ($\gamma = 0$), außerdem wurde $\alpha = 1$ gesetzt. Damit erhält man tensoriell lineare Konstitutivgleichungen der Plastizität, die jedoch Anisotropie und zumindest unterschiedliches Zug-/Druckverhalten berücksichtigen. Die Plastizitätsgleichungen lassen sich als Deformationstheorie bzw. Fließtheorie angeben. Nachfolgend wird sich auf die Deformationstheorie beschränkt, die Ableitung entsprechender Gleichungen für die Fließtheorie ist prinzipiell möglich. Der plastische Verzerrungstensor $\boldsymbol{\varepsilon}^{pl}$ folgt aus

$$\boldsymbol{\varepsilon}^{pl} = \lambda \frac{\partial \Phi(\sigma_V)}{\partial \boldsymbol{\sigma}}$$

mit λ als skalaren Faktor. Unter Beachtung der entsprechenden Differentiationsregeln erhält man unter der Voraussetzung

$$2\lambda\sigma_V = \frac{D}{\sigma_V} = \sigma_V^n$$

die Konstitutivgleichung

$$\begin{aligned}\boldsymbol{\varepsilon}^{pl} &= \sigma_V^n \left(\tilde{\mathbf{a}} + \frac{{}^{(4)}\tilde{\mathbf{b}} \cdot\cdot\, \boldsymbol{\sigma}}{\tilde{\sigma}_2} \right) = (\tilde{\sigma}_1 + \tilde{\sigma}_2)^n \left(\tilde{\mathbf{a}} + \frac{{}^{(4)}\tilde{\mathbf{b}} \cdot\cdot\, \boldsymbol{\sigma}}{\tilde{\sigma}_2} \right) \\ &= (\tilde{\mathbf{a}} \cdot\cdot\, \boldsymbol{\sigma} + \sqrt{\boldsymbol{\sigma} \cdot\cdot\, {}^{(4)}\tilde{\mathbf{b}} \cdot\cdot\, \boldsymbol{\sigma}})^n \left(\tilde{\mathbf{a}} + \frac{{}^{(4)}\tilde{\mathbf{b}} \cdot\cdot\, \boldsymbol{\sigma}}{\tilde{\sigma}_2} \right)\end{aligned} \tag{5.4.6}$$

Diese Gleichung enthält insgesamt 27 Werkstoffparameter. Für den Übergang zur klassischen anisotropen Plastizität ist $\tilde{\mathbf{a}} = \mathbf{0}$ und $\sigma_V = \tilde{\sigma}_2$ zu setzen. Die Konstitutivgleichung vereinfacht sich damit zu

$$\boldsymbol{\varepsilon} = \tilde{\sigma}_2^{n-1}\, {}^{(4)}\tilde{\mathbf{b}} \cdot\cdot\, \boldsymbol{\sigma}$$

Für die tensoriell lineare Gleichung (5.4.2) lassen sich ebenfalls Sonderfälle der Anisotropie diskutieren. Entsprechend Abschnitt 5.2 gilt beispielsweise für orthotropes Werkstoffverhalten, das Zusammenfallen der Koordinatenachsen mit den Hauptorthotropieachsen vorausgesetzt,

$$\begin{aligned}\tilde{\sigma}_1 &= \tilde{a}_{11}\sigma_{11} + \tilde{a}_{22}\sigma_{22} + \tilde{a}_{33}\sigma_{33} \\ \tilde{\sigma}_2^2 &= \tilde{b}_{1111}\sigma_{11}^2 + \tilde{b}_{2222}\sigma_{22}^2 + \tilde{b}_{3333}\sigma_{33}^2 + 2\tilde{b}_{1122}\sigma_{11}\sigma_{22} + 2\tilde{b}_{2233}\sigma_{22}\sigma_{33} + 2\tilde{b}_{1133}\sigma_{11}\sigma_{33} \\ &\quad + 4\tilde{b}_{1212}\sigma_{12}^2 + 4\tilde{b}_{2323}\sigma_{23}^2 + 4\tilde{b}_{1313}\sigma_{13}^2\end{aligned} \tag{5.4.7}$$

und damit
$$\varepsilon_{11}^{pl} = \sigma_V^n \left(\tilde{a}_{11} + \frac{\tilde{b}_{1111}\sigma_{11} + \tilde{b}_{1122}\sigma_{22} + \tilde{b}_{1133}\sigma_{33}}{\tilde{\sigma}_2} \right), \quad \varepsilon_{12}^{pl} = \sigma_V^n \frac{2\tilde{b}_{1212}\sigma_{12}}{\tilde{\sigma}_2} \qquad (5.4.8)$$

Die übrigen Koordinaten des Verzerrungstensors ergeben sich durch zyklisches Vertauschen der Indizes 1, 2, 3. Die Anzahl der zu bestimmenden Kennwerte reduziert sich auf 12.

Für die im Kapitel 6 behandelten Beispiele werden nachfolgend ausgewählte Koordinaten der Materialtensoren bestimmt. Die Identifikation erfolgt beispielhaft für einen ebenen Spannungszustand und vorausgesetzte Materialorthotropie. Die Koordinatenachsen fallen dabei mit den Hauptachsen der Orthotropie zusammen.

- Einachsiger Zug in Richtung 1
  In diesem Fall gilt
  $$\varepsilon_{11}^{pl} = \left(\tilde{a}_{11} + \sqrt{\tilde{b}_{1111}} \right)^{n+1} \sigma_{11}^n$$
  $$\varepsilon_{22}^{pl} = \left(\tilde{a}_{11} + \sqrt{\tilde{b}_{1111}} \right)^{n} \left(a_{22} + \frac{\tilde{b}_{2211}}{\sqrt{\tilde{b}_{1111}}} \right) \sigma_{11}^n$$
  Aus dem Experiment folgt
  $$\varepsilon_{11}^{pl} = \tilde{D}_1^+ \sigma_{11}^n, \quad \varepsilon_{22}^{pl} = -\tilde{\mu}_{21}\varepsilon_{11}$$

- Einachsiger Druck in Richtung 1
  In diesem Fall erhält man
  $$\varepsilon_{11}^{pl} = -\left(-\tilde{a}_{11} + \sqrt{\tilde{b}_{1111}} \right)^{n+1} |\sigma_{11}|^n$$
  Im Experiment ist
  $$\varepsilon_{11}^{pl} = -\tilde{D}_1^- |\sigma_{11}|^n$$
  zu bestimmen.

- Einachsiger Zug in Richtung 2
  In diesem Fall gilt
  $$\varepsilon_{22}^{pl} = \left(\tilde{a}_{22} + \sqrt{\tilde{b}_{2222}} \right)^{n+1} \sigma_{22}^n$$
  Aus dem Experiment folgt
  $$\varepsilon_{22}^{pl} = \tilde{D}_2^+ \sigma_{22}^n$$

- Einachsiger Druck in Richtung 2
  Der analytische Ausdruck lautet
  $$\varepsilon_{22}^{pl} = -\left(-\tilde{a}_{22} + \sqrt{\tilde{b}_{2222}} \right)^{n+1} |\sigma_{22}|^n$$
  Aus dem Experiment ist
  $$\varepsilon_{22}^{pl} = -\tilde{D}_2^- |\sigma_{22}|^n$$
  zu bestimmen.

- **Reine Torsion**
  In diesem Fall erhält man

$$\gamma_{12}^{pl} = 2\varepsilon_{12}^{pl} = 2\left(\sqrt{4\tilde{b}_{1212}}\right)^n \sqrt{\tilde{b}_{1212}}\sigma_{12}^n$$

Aus dem Experiment folgt

$$\gamma_{12}^{pl} = \tilde{D}_{12}\sigma_{12}^n$$

Damit stehen 6 Gleichungen zur Bestimmung der Koordinaten $\tilde{a}_{11}$, $\tilde{a}_{22}$, $\tilde{b}_{1111}$, $\tilde{b}_{1122}$, $\tilde{b}_{2222}$, $\tilde{b}_{1212}$ als Funktionen der Werkstoffkennwerte $\tilde{D}_1^+$, $\tilde{D}_1^-$, $\tilde{D}_2^+$, $\tilde{D}_2^-$, $\tilde{D}_{12}$, $\tilde{\mu}_{21}$ zur Verfügung.

5.4.3 Kriechmodell

Für das anisotrope stationäre Kriechen kann man folgende Konstitutivgleichung betrachten

$$\dot{\boldsymbol{\varepsilon}}^{kr} = (\hat{\sigma}_1 + \hat{\sigma}_2)^n \left(\hat{\mathbf{a}} + \frac{^{(4)}\hat{\mathbf{b}}\cdot\cdot\boldsymbol{\sigma}}{\hat{\sigma}_2}\right) = (\hat{\mathbf{a}}\cdot\cdot\boldsymbol{\sigma} + \sqrt{\boldsymbol{\sigma}\cdot\cdot\,^{(4)}\hat{\mathbf{b}}\cdot\cdot\boldsymbol{\sigma}})^n \left(\hat{\mathbf{a}} + \frac{^{(4)}\hat{\mathbf{b}}\cdot\cdot\boldsymbol{\sigma}}{\hat{\sigma}_2}\right)$$

$\hat{\sigma}_1$, $\hat{\sigma}_2$ stellen erneut gemischte Invarianten dar, die sich von den bisher eingeführten Größen unterscheiden können. Die in der Konstitutivgleichung enthaltenen Materialtensoren können auf der Basis der nachfolgend aufgeführten Grundversuche bestimmt werden. Dabei wird vorausgesetzt, daß die Koordinatenachsen wieder mit den Hauptorthotropieachsen zusammenfallen.

- **Einachsiger Zug in Richtung 1**
  In diesem Fall gilt

$$\dot{\varepsilon}_{11}^{kr} = \left(\hat{a}_{11} + \sqrt{\hat{b}_{1111}}\right)^{n+1} \sigma_{11}^n$$

$$\dot{\varepsilon}_{22}^{kr} = \left(\hat{a}_{11} + \sqrt{\hat{b}_{1111}}\right)^n \left(a_{22} + \frac{\hat{b}_{2211}}{\sqrt{\hat{b}_{1111}}}\right) \sigma_{11}^n$$

Aus dem Experiment folgt

$$\dot{\varepsilon}_{11}^{kr} = \hat{D}_1^+ \sigma_{11}^n, \quad \dot{\varepsilon}_{22} = -\hat{\mu}_{21}\dot{\varepsilon}_{11}$$

- **Einachsiger Druck in Richtung 1**
  In diesem Fall ergibt sich

$$\dot{\varepsilon}_{11}^{kr} = -\left(-\hat{a}_{11} + \sqrt{\hat{b}_{1111}}\right)^{n+1} |\sigma_{11}|^n$$

Im Experiment ist

$$\dot{\varepsilon}_{11}^{kr} = -\hat{D}_1^- |\sigma_{11}|^n$$

zu bestimmen.

5.4 Anisotrope Grundmodelle mit einer reduzierten Parameterzahl

- Einachsiger Zug in Richtung 2
  Der analytische Ausdruck lautet

$$\dot{\varepsilon}_{22}^{kr} = \left(\hat{a}_{22} + \sqrt{\hat{b}_{2222}}\right)^{n+1} \sigma_{22}^n$$

Aus dem Experiment folgt

$$\dot{\varepsilon}_{22}^{kr} = \hat{D}_2^+ \sigma_{22}^n$$

- Einachsiger Druck in Richtung 2
  In diesem Fall gilt

$$\dot{\varepsilon}_{22}^{kr} = -\left(-\hat{a}_{22} + \sqrt{\hat{b}_{2222}}\right)^{n+1} |\sigma_{22}|^n$$

Aus dem Experiment ist

$$\dot{\varepsilon}_{22}^{kr} = -\hat{D}_2^- |\sigma_{22}|^n$$

zu bestimmen.

- Reine Torsion
  In diesem Fall ergibt sich

$$\dot{\gamma}_{12}^{kr} = 2\dot{\varepsilon}_{12}^{kr} = 2\left(\sqrt{4\hat{b}_{1212}}\right)^n \sqrt{\hat{b}_{1212}} \sigma_{12}^n$$

Aus dem Experiment folgt

$$\dot{\gamma}_{12}^{kr} = \hat{D}_{12} \sigma_{12}^n$$

Damit stehen wieder 6 Gleichungen zur Bestimmung der Koordinaten $\hat{a}_{11}$, $\hat{a}_{22}$, $\hat{b}_{1111}$, $\hat{b}_{1122}$, $\hat{b}_{2222}$, $\hat{b}_{1212}$ als Funktionen der Werkstoffkennwerte $\hat{D}_1^+$, $\hat{D}_1^-$, $\hat{D}_2^+$, $\hat{D}_2^-$, $\hat{D}_{12}$, $\hat{\mu}_{21}$ zur Verfügung.

6 Ausgewählte Anwendungen erweiterter Modelle

In den Kapiteln 3 bis 5 wurden unterschiedliche Modellgleichungen des Deformations- und Grenzverhaltens diskutiert sowie Sonderfälle abgeleitet. In den nachfolgenden Abschnitten werden ausgewählte Anwendungen behandelt, wobei kein Anspruch auf Vollständigkeit erhoben wird. Insbesondere zu isotropen Modellen liegen zahlreiche Erfahrungen vor. Für anisotrope Modelle und zyklisches Grenzverhalten gilt dies nicht in diesem Maße. Ursache dafür sind u.a. auch die Schwierigkeiten bei der Bereitstellung der Werkstoffkennwerte.

6.1 Elastisches Werkstoffverhalten

6.1.1 Isotrope Elastizität

Isotrope Elastizität unter Berücksichtigung nichtklassischer Effekte läßt sich mit den im Abschnitt 3.2 eingeführten Konstitutivgleichungen beschreiben. Nachfolgend wird ein pulvermetallurgisch hergestellter Aluminiumwerkstoff betrachtet, für den Kennwerte in [98] veröffentlicht worden sind. Die Pulvermetallurgie ist ein Urformverfahren, welches mit einer Formgebung durch Pressen und anschließendem Sintern verbunden ist. Dabei entsteht ein poröser Werkstoff, der sich in der Regel durch nichtlineares Spannung-Dehnungsverhalten sowie unterschiedliche Eigenschaften bei Zug und bei Druck auszeichnet [27].

Zur theoretischen Vorhersage des Werkstoffverhaltens werden vielfach reduzierte Modellgleichungen verwendet. Hier bieten sich die folgenden 3-Parameter-Gleichungen an:

- mit $\alpha = 1$ sowie $\gamma = 0$ erhält man

$$\varepsilon^{el} = \left(\mu_1 I_1 + \sqrt{\mu_2 I_1^2 + \mu_3 I_2}\right)\left(\mu_1 \mathbf{I} + \frac{\mu_2 I_1 \mathbf{I} + \mu_3 \boldsymbol{\sigma}}{\sqrt{\mu_2 I_1^2 + \mu_3 I_2}}\right) \tag{6.1.1}$$

- mit $\alpha = 0$ sowie $\gamma = 1, \mu_4 = \mu_5 = 0$ folgt

$$\varepsilon^{el} = \left(\sqrt{\mu_2 I_1^2 + \mu_3 I_2} + \sqrt[3]{\mu_6 I_3}\right)\left(\frac{\mu_2 I_1 \mathbf{I} + \mu_3 \boldsymbol{\sigma}}{\sqrt{\mu_2 I_1^2 + \mu_3 I_2}} + \frac{\mu_6 \boldsymbol{\sigma} \cdot \boldsymbol{\sigma}}{\left(\sqrt[3]{\mu_6 I_3}\right)^2}\right) \tag{6.1.2}$$

- mit $\alpha = 0$ sowie $\gamma = 1, \mu_4 = \mu_6 = 0$ ergibt sich

$$\varepsilon^{el} = \left(\sqrt{\mu_2 I_1^2 + \mu_3 I_2} + \sqrt[3]{\mu_5 I_1 I_2}\right)\left[\frac{\mu_2 I_1 \mathbf{I} + \mu_3 \boldsymbol{\sigma}}{\sqrt{\mu_2 I_1^2 + \mu_3 I_2}} + \frac{\mu_5 (I_2 \mathbf{I} + 2 I_1 \boldsymbol{\sigma})}{3 \left(\sqrt[3]{\mu_5 I_1 I_2}\right)^2}\right] \tag{6.1.3}$$

Die eingeführten Sonderfälle der allgemeinen Konstitutivgleichung entsprechen tensoriell linearen Beziehungen (erste und dritte Gleichung) bzw. einem tensoriell nichtlinearem Zusammenhang (zweite Gleichung). Weitere Einzelheiten zu den Konstitutivgleichungen können [204] entnommen werden.

Die jeweiligen 3 Parameter μ_i sind aus Grundversuchen zu bestimmen. Für die 3-Parameter-Sonderfälle genügen die Grundversuche Zug und Druck, aus denen die Elastizitätsmoduln E_+ (Zug) und E_- (Druck) sowie die Querkontraktionszahl ν_+ (Zug) bestimmt werden. Für alle 3 Sonderfälle erhält man

$$\sqrt{\mu_2 + \mu_3} = \frac{1}{2}\left(\frac{1}{\sqrt{E_+}} + \frac{1}{\sqrt{E_-}}\right) \tag{6.1.4}$$

Die übrigen Bestimmungsgleichungen sind für jeden Sonderfall unterschiedlich. Im Falle der Gl. (6.1.1) führt diese Vorgehensweise auf folgendes System

$$\mu_1 = \frac{1}{2}\left(\frac{1}{\sqrt{E_+}} - \frac{1}{\sqrt{E_-}}\right), \mu_2 = -\sqrt{\mu_2 + \mu_3}\left(\frac{\nu_+}{\sqrt{E_+}} + \mu_1\right) \tag{6.1.5}$$

Für Gl. (6.1.2) folgt

$$\sqrt[3]{\mu_6} = \frac{1}{2}\left(\frac{1}{\sqrt{E_+}} - \frac{1}{\sqrt{E_-}}\right), \mu_2 = -\sqrt{\mu_2 + \mu_3}\frac{\nu_+}{\sqrt{E_+}} \tag{6.1.6}$$

Die Gl. (6.1.3) ergibt

$$\sqrt[3]{\mu_5} = \frac{1}{2}\left(\frac{1}{\sqrt{E_+}} - \frac{1}{\sqrt{E_-}}\right), \mu_2 = -\sqrt{\mu_2 + \mu_3}\left(\frac{\nu_+}{\sqrt{E_+}} + \frac{1}{3}\sqrt[3]{\mu_5}\right) \tag{6.1.7}$$

Aus dem Experiment [98] sind insgesamt 4 Kennwerte bekannt: $E_+ = 2010$ MPa, $E_- = 4450$ MPa, $\nu_+ = 0{,}171$ und zusätzlich die Querkontraktionszahl $\nu_- = 0{,}396$ (Druck). Damit ergibt sich eine Möglichkeit der Überprüfung der Konstitutivgleichungen (6.1.1) bis (6.1.3). Die Querkontraktionszahl ν_- läßt sich aus diesen Gleichungen vorhersagen. Es gilt nach Gl. (6.1.1) unter Beachtung der Gln.(6.1.4) und (6.1.5)

$$\nu_- = \left(\mu_1 - \frac{\mu_2}{\sqrt{\mu_2 + \mu_3}}\right)\sqrt{E_-} \tag{6.1.8}$$

Aus Gl. (6.1.2) folgt unter Berücksichtigung der Gln. (6.1.4) und (6.1.6)

$$\nu_- = -\frac{\mu_2}{\sqrt{\mu_2 + \mu_3}}\sqrt{E_-} \tag{6.1.9}$$

Nach Gl. (6.1.3) ergibt sich unter Einbeziehung der Gln. (6.1.4) und (6.1.7)

$$\nu_- = \left(\frac{1}{3}\sqrt[3]{\mu_5} - \frac{\mu_2}{\sqrt{\mu_2 + \mu_3}}\right)\sqrt{E_-} \tag{6.1.10}$$

In Tabelle 6.1 sind die theoretisch prognostizierten Querkontraktionszahlen für die Gln. (6.1.1) bis (6.1.3) angegeben. Man kann erkennen, daß für das Beispiel insbesondere die Gl. (6.1.3) zu einer befriedigenden Übereinstimmung von Theorie und Experiment führt. Die Ergebnisse nach den Gln. (6.1.1) und (6.1.2) weisen dagegen größere Abweichungen auf. Betrachtet man die Absolutwerte, erhält man nach Gl. (6.1.1) sogar einen nahezu doppelt so großen Wert.

134   6 Ausgewählte Anwendungen erweiterter Modelle

Gl.	Parameter μ_i					Prognostizierte Querkontraktionszahl μ_- (Fehler)
	$\mu_2 \cdot 10^4$ MPa^{-1}	$\mu_3 \cdot 10^4$ MPa^{-1}	$\mu_1 \cdot 10^6$ MPa$^{-1/2}$	$\mu_5 \cdot 10^6$ MPa$^{-3/2}$	$\mu_6 \cdot 10^6$ MPa$^{-3/2}$	
(6.1.1)	−1,39	4,87	3,65	-	-	0,736 (+85,9 %)
(6.1.2)	−0,71	4,19	-	-	4,86	0,253 (−36 %)
(6.1.3)	−0,93	4,42	-	4,86	-	0,413 (+4,2 %)

Tabelle 6.1 Theoretisch berechnete Querkontraktionszahl ν_- für einen pulvermetallurgisch hergestellten Aluminiumwerkstoff

6.1.2 Orthotrope Elastizität

Im Abschnitt 5.4.1 wurde eine erweiterte Konstitutivgleichung für Werkstoffverhalten bei anisotroper Elastizität diskutiert. Diese Gleichung war aus der allgemeinen anisotropen Konstitutivgleichung als Sonderfall abgeleitet worden, wobei der Ausdruck für die Vergleichsspannung den vereinfachten Ausdruck (5.4.1) annahm. Damit ging die Konstitutivgleichung in eine Form über, deren Koordinaten durch die Gln. (5.4.4) darstellbar sind. Ein Vergleich zwischen Experiment und Theorie wird nachfolgend für einen glasfaserverstärkten Kunststoff (GFK) durchgeführt, die entsprechenden Werkstoffkennwerte sind in [169] angegeben. Der GFK-Werkstoff wurde als orthotropes Material mit unterschiedlichem Verhalten bei Zug und Druck identifiziert. In den Hauptrichtungen der Orthotropie 1, 2 wurden folgende Elastizitätsmoduln gemessen:

- Zugversuch - $E_1^+ = 51208$ MPa, $E_2^+ = 19521$ MPa
- Druckversuch - $E_1^- = 53464$ MPa, $E_2^- = 31882$ MPa

Für die Hauptachsen der Orthotropie gilt dann

$$b_{1111} = \frac{1}{4}\left(\frac{1}{\sqrt{E_1^+}} + \frac{1}{\sqrt{E_1^-}}\right)^2, \quad a_{11} = \frac{1}{2}\left(\frac{1}{\sqrt{E_1^+}} - \frac{1}{\sqrt{E_1^-}}\right) \qquad (6.1.11)$$

Die Koordinaten b_{2222}, a_{22} erhält man durch Austausch von 1 gegen 2 in den Gln. (6.1.11). Damit folgen die Koordinaten entsprechend den gemessenen Elastizitätsmoduln zu
$b_{1111} = 1,911 \cdot 10^{-5}$ MPa^{-1}, $b_{2222} = 4,069 \cdot 10^{-5}$ MPa^{-1},
$a_{11} = 4,716 \cdot 10^{-5}$ MPa$^{-\frac{1}{2}}$, $a_{22} = 7,781 \cdot 10^{-4}$ MPa$^{-\frac{1}{2}}$

In [169] sind auch Versuchsergebnisse für Zug bzw. Druck angegeben, die sich auf Probekörper beziehen, die unter einem Winkel von 45^0 zu den Hauptachsen der Orthotropie entnommen wurden:
$E_{45}^+ = 14813$ MPa, $E_{45}^- = 16873$ MPa

Nimmt man $E_1^+, E_2^+, E_1^-, E_2^-$ und E_{45}^+ als Basisgrößen, läßt sich der Elastizitätsmodul E_{45}^- theoretisch vorhersagen. Für um 45^0 gegenüber den Hauptachsen der Orthotropie gedrehte Koordinaten gilt

$$\sqrt{b'_{1111}} + a'_{11} = \frac{1}{\sqrt{E_{45}^+}}, \quad \sqrt{b'_{1111}} - a'_{11} = \frac{1}{\sqrt{E_{45}^-}}$$

Mit dem Strich sind die Koordinaten der Materialtensoren im gedrehten Koordinatensystem bezeichnet. Dabei gilt

$$a'_{11} = \frac{1}{2}(a_{11} + a_{22})$$

und es folgt

$$b'_{1111} = \left(\frac{1}{\sqrt{E^+_{45}}} - a'_{11}\right)^2$$

sowie

$$E^-_{45} = \frac{1}{\left(\sqrt{b'_{1111}} - a'_{11}\right)^2}$$

Damit erhält man als prognostizierten Elastizitätsmodul $E^-_{45} = 18305$ MPa. Dem steht der gemessene Wert von 16873 MPa gegenüber. Der relative Fehler, bezogen auf das Experiment, beträgt

$$\delta = \frac{18305 - 16873}{16873} \cdot 100\% = 8{,}49\%$$

Unter Berücksichtigung der Streuung experimenteller Werte kann dieser Fehler als klein angesehen werden.

6.2 Elastisch-plastisches Werkstoffverhalten

6.2.1 Isotropes Werkstoffverhalten

Das nachfolgende Beispiel bezieht sich auf den Epoxidharz EDT-10, einen typischen Vertreter der isotropen Werkstoffe, für den in [193] ausgewählte experimentelle Daten veröffentlicht wurden. Neben den Daten zu Grundversuchen enthält die angegebene Arbeit auch Angaben zu zweiachsigen Spannungszuständen infolge momentaner Belastung. Diesen experimentellen Daten werden hier Ergebnisse nach der erweiterten Theorie gegenübergestellt.
In [193] sind Angaben zu den Grundversuchen Zug, Druck und Torsion enthalten. Diese Daten lassen den Schluß zu, daß sich der Verzerrungstensor additiv aus zwei Anteilen ergibt

$$\varepsilon = \varepsilon^{el} + \varepsilon^{pl}$$

Dabei sind die elastischen Anteile ε^{el} aus dem HOOKEschen Gesetz (3.2.31) zu ermitteln. Die plastischen Verzerrungen ε^{pl} folgen dagegen aus den Beziehungen des Abschnitts 3.3 unter Einbeziehung von $\Phi(\sigma_V) = \sigma_V^n$. Folgende Werkstoffkennwerte wurden für den Epoxidwerkstoff ermittelt:

- elastische Kennwerte

  $E = 2{,}91$ GPa, $G = 1{,}03$ GPa

- plastische Kennwerte

  $n = 2{,}95$, $\tilde{L}_+ = 2{,}58 \cdot 10^u$ MPa^{-n}, $\tilde{L}_- = 5{,}30 \cdot 10^{u-1}$ MPa^{-n}, $\tilde{N} = 1{,}18 \cdot 10^{u+1}$ MPa^{-n}

  mit $u = -n - 5$.

6 Ausgewählte Anwendungen erweiterter Modelle

Leider sind keine Angaben zum Einfluß des hydrostatischen Drucks bzw. zum SWIFT-Effekt vorhanden, so daß das 6-Parameter-Modell nicht vollständig getestet werden kann. Da jedoch die Bedingungen

$$\tilde{L}_+ = \tilde{L}_-, \tilde{N}^{\frac{2}{n+1}} = 3\tilde{L}_+^{\frac{2}{n+1}}$$

nicht erfüllt sind, kann die klassische Plastizitätstheorie zur Bestimmung der plastischen Verzerrungen nicht verwendet werden. Daher werden als Grundlage der Berechnung die 3-Parameter-Gleichungen (3.3.26), (3.3.27), (3.3.28) angenommen. Auf den Bildern 6.1 bis 6.3 werden die experimentell ermittelten und die berechneten Gesamtverzerrungen verglichen. Die Experimente wurden mit Hohlproben, die durch Innendruck, Axialkraft und Torsionsmoment beansprucht wurden, durchgeführt. Auf den Bildern entspricht die mit Ziffer 1

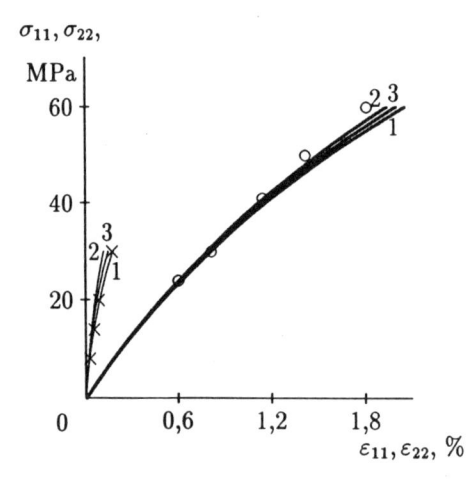

Bild 6.1 Experimentell und analytisch ermittelte Spannung-Dehnungsbeziehungen für den Beanspruchungszustand $\sigma_{22} = 2,05\sigma_{11}$; $\sigma_{12} = 0$ bei elastisch-plastischen Deformationen: Zugspannung-Dehnungsbeziehung in Längsrichtung σ_{11} - ε_{11} (× gemessene Werte), Zugspannung-Dehnungsbeziehung in Querrichtung σ_{22} - ε_{22} (○ gemessene Werte)

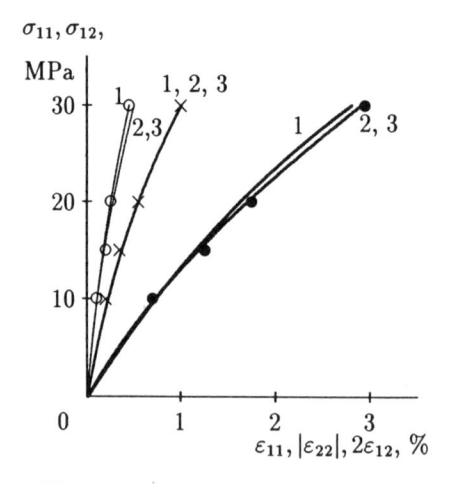

Bild 6.2 Experimentell und analytisch ermittelte Spannung-Dehnungsbeziehungen für den Beanspruchungszustand $\sigma_{12} = 0,93\sigma_{11}$; $\sigma_{22} = 0$ bei elastisch-plastischen Deformationen: Zugspannung-Dehnungsbeziehung in Längsrichtung σ_{11} - ε_{11} (× gemessene Werte), Zugspannung-Dehnungsbeziehung σ_{11} - ε_{22} (○ gemessene Werte), Schubspannung-Gleitungsbeziehung σ_{12} - ε_{12} (● gemessene Werte)

bezeichnete Kurve dem Berechnungsmodell unter Verwendung der Gl. (3.3.26), die Ziffer 2 - der Gl. (3.3.27) und Ziffer 3 - der Gl. (3.3.28). Sämtliche Berechnungsergebnisse zeigen eine gute Übereinstimmung mit dem Experiment. Es ist jedoch kein Qualitätsunterschied für die Gln. (3.3.26), (3.3.27) und (3.3.28) zu erkennen. Daher kann hier die einfachste Gleichung - Gl. (3.3.26) - eingesetzt werden. Sie ist tensoriell linear und beschreibt auch Längsdehnungen bei reiner Torsion.

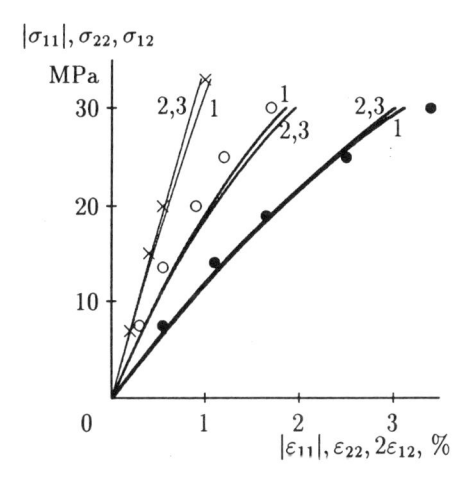

Bild 6.3 Experimentell und analytisch ermittelte Spannung-Dehnungsbeziehungen für den Beanspruchungszustand $\sigma_{22} = -0,94\sigma_{11}$; $\sigma_{12} = -0,9\sigma_{11}$ bei elastisch-plastischen Deformationen: Druckspannung-Dehnungsbeziehung in Längsrichtung σ_{11} - ε_{11} (× gemessene Werte), Zugspannung-Dehnungsbeziehung in Querrichtung σ_{22} - ε_{22} (○ gemessene Werte), Schubspannung-Gleitungsbeziehung σ_{12} - ε_{12} (● gemessene Werte)

6.2.2 Orthotropes Werkstoffverhalten

Anisotropes plastisches Verhalten bei Berücksichtigung nichtklassischer Effekte läßt sich auf der Grundlage der im Kapitel 5 eingeführten konstitutiven Gleichungen beschreiben. Nachfolgend wird ein tensoriell lineares Modell diskutiert. Dieses wird auf den Graphit-Werkstoff ATJ-S, zu dem in [93, 94, 95] experimentelle Meßergebnisse veröffentlicht wurden, angewendet. Ausführlich wurde das Modell in [201] diskutiert.

Für den Graphit-Werkstoff lagen Versuchsergebnisse für die Grundversuche Zug und Druck vor (Bild 6.4). Die Verläufe lassen sich wie folgt beschreiben:

- Einachsiger Zug in Richtung 1

$$\varepsilon_{11}^{el} = \frac{\sigma_{11}}{E_1^+}, \varepsilon_{22}^{el} = -\nu_{21}^+ \varepsilon_{11}^{el}, \varepsilon_{11}^{pl} = \tilde{D}_1^+ \sigma_{11}^n, \varepsilon_{22}^{pl} = -\tilde{\mu}_{21}^+ \varepsilon_{11}^{pl}$$

- Einachsiger Zug in Richtung 2

$$\varepsilon_{22}^{el} = \frac{\sigma_{22}}{E_2^+}, \varepsilon_{22}^{pl} = \tilde{D}_2^+ \sigma_{22}^n$$

- Einachsiger Druck in Richtung 1

$$\varepsilon_{11}^{el} = -\frac{|\sigma_{11}|}{E_1^-}, \varepsilon_{11}^{pl} = -\tilde{D}_1^- |\sigma_{11}|^n$$

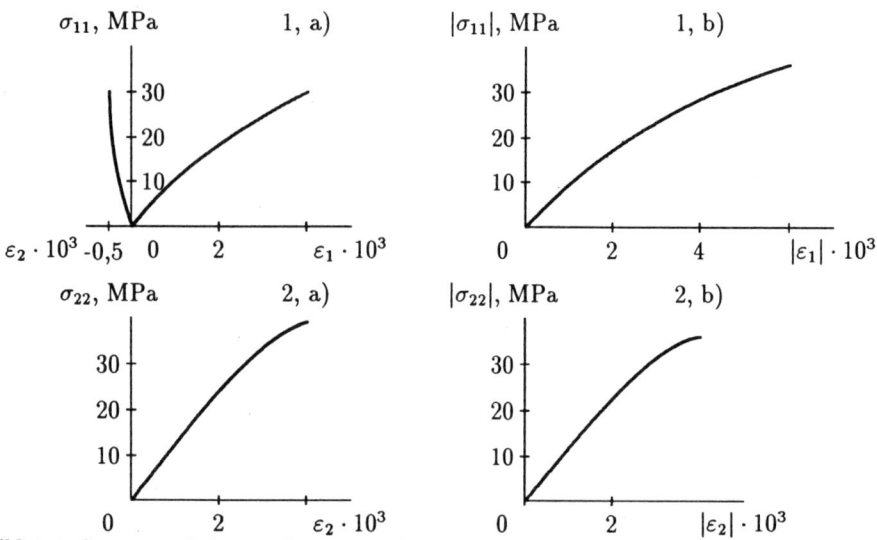

138 6 Ausgewählte Anwendungen erweiterter Modelle

Bild 6.4 Spannung-Dehnungsdiagramme für einen Graphit-Werkstoff: 1, a - Zug in der Anisotropiehauptrichtung 1; 2, a - Zug in der Anisotropiehauptrichtung 2; 1, b - Druck in der Anisotropiehauptrichtung 1; 2, b - Druck in der Anisotropiehauptrichtung 2

- Einachsiger Druck in Richtung 2

$$\varepsilon_{22}^{el} = -\frac{|\sigma_{22}|}{E_2^-}, \varepsilon_{22}^{pl} = -\tilde{D}_2^- |\sigma_{22}|^n$$

Die Gesamtverzerrungen stellen die Summe aus elastischen und plastischen Verzerrungen dar

$$\varepsilon = \varepsilon^{el} + \varepsilon^{pl}$$

Für die Kennwerte konnten die nachfolgende Zahlenwerte bestimmt werden:

$$\begin{aligned}
E_1^+ &= 9,45 \text{ GPa}; \nu_{21}^+ = 0,16; E_2^+ = 11,86 \text{ GPa}; \\
E_1^- &= 7,95 \text{ GPa}; E_2^- = 10,48 \text{ GPa}; \\
\tilde{D}_1^+ &= 21,37 \text{ GPa}^{-n}; \tilde{D}_2^+ = 5,10 \text{ GPa}^{-n}; n = 2,47; \\
\tilde{D}_1^- &= 11,74 \text{ GPa}^{-n}; \tilde{D}_2^- = 6,18 \text{ GPa}^{-n}; \tilde{\mu}_{21}^+ = 0
\end{aligned}$$

Im vorliegenden Beispiel herrscht ein spezieller zweiachsiger Spannungszustand. Damit sind im Falle eines tensoriell linearen Modells die folgenden Koordinaten des Spannungstensors von Null verschieden

$$\begin{aligned}
\varepsilon_{11}^{el} &= (\sigma_1 + \sigma_2)\left(a_{11} + \frac{b_{1111}\sigma_{11} + b_{1122}\sigma_{22}}{\sigma_2}\right), \\
\varepsilon_{22}^{el} &= (\sigma_1 + \sigma_2)\left(a_{22} + \frac{b_{2211}\sigma_{11} + b_{2222}\sigma_{22}}{\sigma_2}\right) \\
\varepsilon_{11}^{pl} &= (\tilde{\sigma}_1 + \tilde{\sigma}_2)^n\left(\tilde{a}_{11} + \frac{\tilde{b}_{1111}\sigma_{11} + \tilde{b}_{1122}\sigma_{22}}{\tilde{\sigma}_2}\right), \\
\varepsilon_{22}^{pl} &= (\tilde{\sigma}_1 + \tilde{\sigma}_2)^n\left(\tilde{a}_{22} + \frac{\tilde{b}_{2211}\sigma_{11} + \tilde{b}_{2222}\sigma_{22}}{\tilde{\sigma}_2}\right)
\end{aligned}$$

mit

$$\sigma_1 = a_{11}\sigma_{11} + a_{22}\sigma_{22}, \tilde{\sigma}_1 = \tilde{a}_{11}\sigma_{11} + \tilde{a}_{22}\sigma_{22}$$
$$\sigma_2^2 = b_{1111}\sigma_{11}^2 + 2b_{1122}\sigma_{11}\sigma_{22} + b_{2222}\sigma_{22}^2, \tilde{\sigma}_2^2 = \tilde{b}_{1111}\sigma_{11}^2 + 2\tilde{b}_{1122}\sigma_{11}\sigma_{22} + \tilde{b}_{2222}\sigma_{22}^2$$

Dabei sind die Materialtensoren des elastischen Modells mit einfachen Kleinbuchstaben, die Materialtensoren des plastischen Modells mit Tilde über den Kleinbuchstaben gekennzeichnet.

Die Koordinaten der Materialtensoren lassen sich folgendermaßen bestimmen

$$b_{1111} = \frac{1}{4}\left(\frac{1}{\sqrt{E_1^+}} + \frac{1}{\sqrt{E_1^-}}\right)^2, b_{2222} = \frac{1}{4}\left(\frac{1}{\sqrt{E_2^+}} + \frac{1}{\sqrt{E_2^-}}\right)^2,$$

$$a_{11} = \frac{1}{2}\left(\frac{1}{\sqrt{E_1^+}} - \frac{1}{\sqrt{E_1^-}}\right), a_{22} = \frac{1}{2}\left(\frac{1}{\sqrt{E_2^+}} - \frac{1}{\sqrt{E_2^-}}\right),$$

$$\tilde{b}_{1111} = \frac{1}{4}\left[\left(\tilde{D}_1^+\right)^{1/(n+1)} + \left(\tilde{D}_1^-\right)^{1/(n+1)}\right]^2, \tilde{b}_{2222} = \frac{1}{4}\left[\left(\tilde{D}_2^+\right)^{1/(n+1)} + \left(\tilde{D}_2^-\right)^{1/(n+1)}\right]^2,$$

$$\tilde{a}_{11} = \frac{1}{2}\left[\left(\tilde{D}_1^+\right)^{1/(n+1)} - \left(\tilde{D}_1^-\right)^{1/(n+1)}\right], \tilde{a}_{22} = \frac{1}{2}\left[\left(\tilde{D}_2^+\right)^{1/(n+1)} - \left(\tilde{D}_2^-\right)^{1/(n+1)}\right],$$

$$b_{1122} = \sqrt{b_{1111}}\left(a_{22} + \frac{\nu_{21}^+}{\sqrt{E_1^+}}\right), \tilde{b}_{1122} = \sqrt{\tilde{b}_{1111}}\left[\tilde{a}_{22} + \tilde{\mu}_{21}^+\left(\tilde{D}_1^+\right)^{1/(n+1)}\right]$$

Abschließend erhält man

$$b_{1111} = 11{,}56 \cdot 10^{-2} \text{ GPa}^{-1}; b_{2222} = 89{,}78 \cdot 10^{-3} \text{ GPa}^{-1}; b_{1122} = -20{,}85 \cdot 10^{-3} \text{ GPa}^{-1};$$
$$a_{11} = -14{,}68 \cdot 10^{-3} \text{ GPa}^{-1/2}; a_{22} = -92{,}64 \cdot 10^{-4} \text{ GPa}^{-1/2};$$
$$\tilde{b}_{1111} = 49{,}51 \cdot 10^{-1} \text{GPa}^{-2m}; \tilde{b}_{2222} = 27{,}06 \cdot 10^{-1} \text{GPa}^{-2m}; \tilde{b}_{1122} = 10{,}08 \cdot 10^{-2} \text{GPa}^{-2m};$$
$$\tilde{a}_{11} = 19{,}16 \cdot 10^{-2} \text{ GPa}^{-m}; \tilde{a}_{22} = -45{,}29 \cdot 10^{-3} \text{ GPa}^{-m}; m = n/(n+1); n = 2{,}47$$

Aus dem Graphit-Werkstoff wurden dünnwandige Hohlproben gefertigt, die mit Innendruck und Drucklängskraft beansprucht wurden. Damit entstanden in den Probekörpern Drucklängsspannungen σ_{11} und Zugumfangsspannungen σ_{22}. Diesen entsprechen die gemessenen Dehnungen ε_1 und ε_2 (Tabelle 6.2). Die Meßergebnisse wurden mit den berechneten

$\|\sigma_{11}\|$ MPa	σ_{22} MPa	$\|\varepsilon_1\|$ $\cdot 10^3$	$\|\varepsilon_{11}\|$ $\cdot 10^3$	ε_2 $\cdot 10^3$	ε_{22} $\cdot 10^3$
2,76	32,34	0,80	1,10	3,40	3,80
15,51	23,52	2,80	3,10	3,04	2,92
16,82	25,57	3,10	3,40	3,40	3,30
23,73	23,52	4,65	4,90	3,43	3,29
24,22	23,52	4,85	5,02	3,43	3,31

Tabelle 6.2 Vergleich theoretisch berechneter ($\varepsilon_1, \varepsilon_2$) und gemessener ($\varepsilon_{11}, \varepsilon_{22}$) Verzerrungen für einen Graphit-Werkstoff

Werten verglichen. Die Übereinstimmung ist gut. In [9] wird auch ein tensoriell nichtlineares Modell diskutiert. Die berechneten Verzerrungen nach diesem Modell stimmen gleichfalls mit den Meßergebnissen gut überein. Eine Bevorzugung des nichtlinearen oder des linearen Modells konnte für das Beispiel nicht nachgewiesen werden. Es sollte daher stets das einfachere Modell mit dem tensoriell linearen Ansatz verwendet werden.

6.3 Werkstoffkriechen

6.3.1 2-Parameter-Modell für isotropes Kriechen

Als Beispiel der Anwendung eines Sonderfalls des verallgemeinerten isotropen Kriechmodells, welches im Abschnitt 3.4 vorgestellt wurde, sollen Versuchsergebnisse [106, 107, 108, 109] für reines Kupfer M1E (Cu 99,9 %) bei einer Temperatur von $T = 573$ K betrachtet werden. Dabei lagen unabhängige Versuchsdaten für dünnwandige Rohrproben bei einachsigem Zug ($\sigma_{11} \neq 0$), reiner Torsion ($\sigma_{12} \neq 0$) sowie mehrachsiger Beanspruchung (Zug und Torsion überlagert) vor. Als Kriechgleichung bietet sich damit Gl. (3.4.25) an. Diese Gleichung enthält drei Koeffizienten (n, μ_2, μ_3), die aus den Grundversuchen (Zug, Torsion) zu ermitteln sind. Weiterhin wird für das Potential $\Phi(\sigma_V) = \sigma_V^n$ vorausgesetzt. Die entsprechende Methodik wurde erstmals in [13] veröffentlicht.

Die Ergebnisse der Grundversuche gestatteten zunächst die Annahme stationären Kriechverhaltens. Stationäres Kriechverhalten läßt sich vielfach mit dem NORTONschen Kriechgesetz beschreiben. Damit können die Gln. (3.4.11) und (3.4.14), die unter der Voraussetzung der Gültigkeit des NORTONschen Kriechgesetzes formuliert wurden, verwendet werden. Zu bestimmen sind die werkstoffspezifischen Kennwerte $\hat{L}_+, \hat{N}$ und der Kriechexponent n, wozu die auf den Bildern 6.5 a) und b) dargestellten Versuchsdaten aus [109] herangezogen werden.

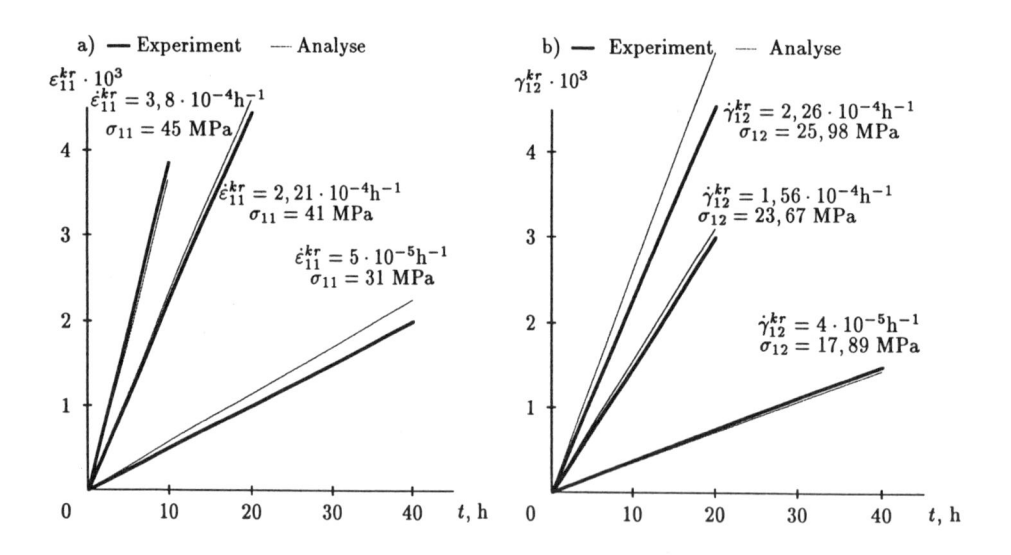

Bild 6.5 Experimentell bestimmte und berechnete Kriechdehnungen und -gleitungen: a) Einachsiger Zug, b) Reine Torsion

Als erstes wurde der Kriechexponent bestimmt. Dieser sollte eine bestmögliche Übereinstimmung der theoretisch berechneten und experimentell ermittelten Kriechdeformationsgeschwindigkeiten bei einem jeweils maximalen Spannungsniveau $\sigma_{11\,max}$ bzw. $\sigma_{12\,max}$ zur Folge haben. Der Ermittlung des Kriechexponenten wurde die Methode der kleinsten Fehlerquadratsumme zu Grunde gelegt, wobei als Fehlerquadratsumme F der Ausdruck

$$F = (\dot{\varepsilon}_{11}^{theor} - \dot{\varepsilon}_{11}^{exp})^2 + (\dot{\gamma}_{12}^{theor} - \dot{\gamma}_{12}^{exp})^2$$

mit

$$\dot{\varepsilon}_{11}^{theor} = \hat{L}_+ \sigma_{11\ max}^n, \quad \dot{\gamma}_{12}^{theor} = \hat{N} \sigma_{12\ max}^n$$

verwendet wurde. Hier und nachfolgend wird die spezielle Kennzeichnung kr weggelassen. Die Kennwerte $\hat{L}_+, \hat{N}$ wurden wie folgt gemittelt

$$\hat{L}_+ = \frac{1}{3} \sum_{i=1}^{3} \dot{\varepsilon}_{11}^{(i)} (\sigma_{11}^{(i)})^{-n}, \quad \hat{N} = \frac{1}{3} \sum_{i=1}^{3} \dot{\gamma}_{12}^{(i)} (\sigma_{12}^{(i)})^{-n}$$

i ist dabei die Anzahl der gemittelten Kriechkurven. Für die angegebenen Zahlenwerte ergab sich das Minimum bei $n = 5,09$. Damit folgen die Kennwerte $\hat{L}_+ = 1,39 \cdot 10^{-12}$ MPa^{-n}h^{-1} und $\hat{N} = 1,61 \cdot 10^{-11}$ MPa^{-n}h^{-1}.

Das Kriechgesetz für den mehrachsigen Zustand, der durch Superposition von einachsigem Zug und reiner Torsion gegeben ist, lautet entsprechend Gl. (3.4.25)

$$\dot{\varepsilon}_{11} = \sigma_2^{(n-1)} (\mu_2 + \mu_3) \sigma_{11}, \quad 2\dot{\varepsilon}_{12} = \dot{\gamma}_{12} = 2\sigma_2^{(n-1)} \mu_3 \sigma_{12}, \quad \sigma_2 = \sqrt{(\mu_2 + \mu_3)\sigma_{11}^2 + 2\mu_3 \sigma_{12}^2}$$

Diese Gleichungen sowie die Gln. (3.4.11) und (3.4.14) führen auf ein Gleichungssystem zur Bestimmung der Koeffizienten μ_2 und μ_3

$$\hat{L}_+ = (\sqrt{\mu_2 + \mu_3})^{(n+1)}, \quad \hat{N} = (\sqrt{2\mu_3})^{(n+1)}$$

Dessen Lösung lautet

$$\mu_2 = \hat{L}_+^{2r} - \frac{1}{2} \hat{N}^{2r} = -1,50 \cdot 10^{-5} \text{ MPa}^{-n} \text{ h}^{-1},$$

$$\mu_3 = \frac{1}{2} \hat{N}^{2r} = 1,43 \cdot 10^{-4} \text{ MPa}^{-n} \text{ h}^{-1}$$

mit $r = 1/(n+1)$.

Nachdem alle Koeffizienten und der Kriechexponent bekannt sind, wird das Kriechgesetz bei mehrachsiger Beanspruchung (Superposition von Zug und Torsion) angewendet. Die Versuchsdaten wurden den Arbeiten [106, 107, 108, 109] entnommen. In Tabelle 6.3 sind die gemessenen Versuchsdaten sowie die auf der Grundlage der speziellen Kriechgleichung (3.4.25) berechneten Werte für die Kriechgeschwindigkeiten angegeben. Variiert man die Spannungen σ_{11} und σ_{12} so, daß die Vergleichsspannung σ_V konstant bleibt, erhält man die in Bild 6.6 dargestellten Funktionsverläufe für die Vergleichskriechgeschwindigkeiten $\dot{\varepsilon}_V$. Der Mehrachsigkeitsfaktor Θ wurde wie folgt berechnet

$$\tan \Theta = \sqrt{3} \frac{\sigma_{12}}{\sigma_{11}}$$

Damit entspricht $\Theta = 0°$ einachsigem Zug und $\Theta = 90°$ reiner Torsion. Die Vergleichspannung und die Vergleichskriechgeschwindigkeit ergeben sich aus

$$\sigma_{vM} = \sqrt{\sigma_{11}^2 + 3\sigma_{12}^2}, \quad \dot{\varepsilon}_{vM} = \sqrt{\dot{\varepsilon}_{11}^2 + \frac{\dot{\gamma}_{12}^2}{3}}$$

Der Vergleich der gemessenen Versuchsdaten und der nach Gl. (3.4.25) berechneten Werte ist bei Berücksichtigung der geringen Datenmenge und der erheblichen Streuung von Kriechexperimenten befriedigend. Der betrachtete Sonderfall der allgemeinen Kriechgleichung ist zur Beschreibung eines Effektes höherer Ordnung (Unabhängigkeit des Verhaltens bei Zug und Torsion) geeignet.

142 6 Ausgewählte Anwendungen erweiterter Modelle

Nr. Experiment	Spannungen in MPa			Kriechverzerrungsgeschwindigkeiten $\cdot 10^5$ h^{-1}					
	σ_{11}	σ_{12}	σ_{vM}	$\dot{\varepsilon}_{11}$		$\dot{\gamma}_{12}$		$\dot{\varepsilon}_{vM}$	
				Exp.	Theor.	Exp.	Theor.	Exp.	Theor.
1	26,8	8,9	31	3,2	4,14	2,4	3,08	3,5	4,51
2	15,5	15,5	31	1,8	1,77	4,4	3,96	3,1	2,89
3	35,5	11,8	41	14,5	17,20	12,4	12,82	16,0	18,73
4	20,5	20,5	41	7,5	7,36	19,6	16,44	13,5	12,01
5	39,0	13,0	45	19,2	27,60	14,6	20,58	21,0	30,09
6	22,5	22,5	45	10,5	11,82	26,4	26,42	18,5	19,30

Tabelle 6.3 Vergleich experimentell und rechnerisch ermittelter Kriechgeschwindigkeiten bei mehrachsiger Beanspruchung (Kupfer M1E, $T = 573$ K)

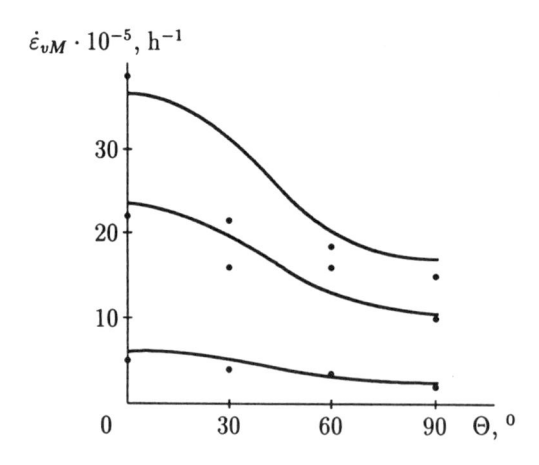

Bild 6.6 Vergleichskriechgeschwindigkeiten bei verschiedenen Vergleichsspannungen in Abhängigkeit vom Mehrachsigkeitsfaktor Θ (die Punkte entsprechen experimentell bestimmten Werten)

6.3.2 3-Parameter-Modelle für isotropes Kriechen

Im Abschnitt 3.4 wurde ausführlich ein 6-Parameter-Modell zur Beschreibung von isotropen Kriechprozessen diskutiert. Dabei wurde im Abschnitt 3.4.3 auf ausgewählte, praktisch anwendbare Sonderfälle eingegangen. Mit den Gln. (3.4.27), (3.4.29) und (3.4.31) wurden deduktiv Konstitutivgleichungen abgeleitet, die jeweils 3 Parameter enthalten. Diese Sonderfälle lassen sich wie folgt darstellen

- $\gamma = 0$

$$\sigma_V = \alpha\sigma_1 + \sigma_2 = \alpha\mu_1 I_1 + \sqrt{\mu_2 I_1^2 + \mu_3 I_2}$$

$$\dot{\boldsymbol{\varepsilon}} = \phi(\sigma_V)\left(\alpha\mu_1 \mathbf{I} + \frac{\mu_2 I_1 \mathbf{I} + \mu_3 \boldsymbol{\sigma}}{\sigma_2}\right) \qquad (6.3.1)$$

- $\alpha = \mu_4 = \mu_5 = 0$

$$\sigma_V = \sigma_2 + \gamma\sigma_3 = \sqrt{\mu_2 I_1^2 + \mu_3 I_2} + \gamma\sqrt[3]{\mu_6 I_3}$$

$$\dot{\varepsilon} = \phi(\sigma_V)\left(\frac{\mu_2 I_1 \mathbf{I} + \mu_3 \boldsymbol{\sigma}}{\sigma_2} + \gamma\frac{\mu_6 \boldsymbol{\sigma} \cdot \boldsymbol{\sigma}}{\sigma_3^2}\right) \qquad (6.3.2)$$

- $\alpha = \mu_4 = \mu_6 = 0$

$$\sigma_V = \sigma_2 + \gamma\sigma_3 = \sqrt{\mu_2 I_1^2 + \mu_3 I_2} + \gamma\sqrt[3]{\mu_5 I_1 I_2}$$

$$\dot{\varepsilon} = \phi(\sigma_V)\left[\frac{\mu_2 I_1 \mathbf{I} + \mu_3 \boldsymbol{\sigma}}{\sigma_2} + \gamma\frac{\mu_6(I_2 \mathbf{I} + 2 I_1 \boldsymbol{\sigma})}{3\sigma_3^2}\right] \qquad (6.3.3)$$

Allen Sonderfällen ist gemeinsam, daß die quadratische Invariante stets in der gleichen Form berücksichtigt wird. Unterschiede zwischen den Varianten ergeben sich aus der Einbeziehung der linearen und der kubischen Invarianten.

Die Sonderfälle wurden auf die Analyse der Kriechdeformationen von PVC unter mehrachsiger Beanspruchung bzw. auf die Analyse von Kriechdeformationsgeschwindigkeiten der Aluminiumlegierung AK4-1T bei einer Temperatur von 473 K angewendet. In den Tabellen 6.4 und 6.5 sind die entsprechenden Ergebnisse dargestellt.

Spannungen, MPa		Kriechverzerrungen $\varepsilon_{11} \cdot 10^3$			
σ_{11}	σ_{22}	Experiment	Gl. (6.3.1)	Gl. (6.3.2)	Gl. (6.3.3)
-14,88	14,88	3,12	4,22	3,85	3,97
-17,10	17,10	4,99	6,76	6,17	6,37
9,93	9,93	0,18	0,15	0,16	0,16
22,05	22,05	2,10	2,29	2,43	2,43

Tabelle 6.4 Vergleich theoretisch und experimentell ermittelter Kriechdehnungen für PVC (Hohlproben unter Innendruck und Längskraft, $t = 100$ h) [116]

Spannungen, MPa		Kriechverzerrungsgeschwindigkeiten $\cdot 10^5$, h^{-1}							
σ_{11}	σ_{12}	$\dot{\varepsilon}_{11}$	$2\dot{\varepsilon}_{12}$	$\dot{\varepsilon}_{11}$	$2\dot{\varepsilon}_{12}$	$\dot{\varepsilon}_{11}$	$2\dot{\varepsilon}_{12}$	$\dot{\varepsilon}_{11}$	$2\dot{\varepsilon}_{12}$
		Experiment		Gl. (6.3.1)		Gl. (6.3.2)		Gl. (6.3.3)	
107,5	62,0	1,20	2,40	1,29	2,56	1,35	2,75	1,34	2,72
-60,6	84,4	-0,72	3,64	-0,75	4,25	-0,69	3,79	-0,75	3,89
-152,9	36,6	-1,74	1,42	-1,45	1,32	-1,43	1,27	-1,47	1,30
0,0	98,0	0,16	9,02	0,20	9,91	0,00	9,91	0,00	9,91

Tabelle 6.5 Vergleich theoretisch und experimentell ermittelter Kriechverzerrungsgeschwindigkeiten für die Aluminiumlegierung AK4-1T (Hohlproben durch Längskraft und Torsionsmoment beansprucht, $T = 473$ K) [179, 192]

Die Ergebnisse, die in den Tabellen 6.4 und 6.5 dargestellt sind, lassen den Rückschluß zu, daß die experimentellen und theoretischen Ergebnisse eine zufriedenstellende Übereinstimmung bei mehrachsigen Spannungszuständen aufweisen. Es können jedoch keine Aussagen getroffen werden, welche der Gln. (6.3.1), (6.3.2) bzw. (6.3.3), die jeweils verschiedenen 3-Parameter-Modellen entsprechen, bevorzugt werden sollte. Damit ist die einfachste, tensoriell lineare Gl. (6.3.1) zu verwenden. Diese gestattet zudem, im Gegensatz zu den Gln. (6.3.2) bzw. (6.3.3), die Erfassung des POYNTING-SWIFT-Effektes.

6.3.3 Orthotropes Kriechen

Das nachfolgende Beispiel bezieht sich auf die Modellierung anisotropen Kriechens unter Berücksichtigung nichtklassischer Effekte. Dabei wird sich wiederum auf den Sonderfall tensoriell linearer Konstitutivgleichungen beschränkt. Eine ausführliche Diskussion dazu kann [9] entnommen werden, wobei auch der Vergleich mit einer Modellierung auf der Grundlage tensoriell nichtlinearer Gleichungen gegeben ist.

Unter Beachtung der allgemeinen Konstitutivgleichungen, die im Kapitel 5 abgeleitet wurden, gilt bei $\gamma = 0$ folgende Konstitutivgleichung für anisotrope Kriechprozesse [9]

$$\dot{\varepsilon} = (\alpha \mathbf{a} \cdot \cdot \boldsymbol{\sigma} + \sqrt{\boldsymbol{\sigma} \cdot \cdot {}^{(4)}\mathbf{b} \cdot \cdot \boldsymbol{\sigma}})^n \left(\alpha \mathbf{a} + \frac{{}^{(4)}\mathbf{b} \cdot \cdot \boldsymbol{\sigma}}{\sqrt{\boldsymbol{\sigma} \cdot \cdot {}^{(4)}\mathbf{b} \cdot \cdot \boldsymbol{\sigma}}} \right)$$

Diese Gleichung gilt für stationäres Kriechen, d.h., Verfestigung und Schädigung werden nicht berücksichtigt. Entsprechend der Methodik, die im Abschnitt 5.4.3 dargestellt wurde, lassen sich die Koordinaten der Materialtensoren aus Grundversuchen bestimmen. Für die Aluminiumlegierung D16T wurden in [143, 199] experimentelle Daten bei einer Versuchstemperatur von 523 K veröffentlicht. Im Einzelnen erhält man

$\hat{b}_{1111} = 1,58 \cdot 10^s \text{ MPa}^{2k} \text{ h}^{2r}; \quad \hat{b}_{2222} = 2,03 \cdot 10^s \text{ MPa}^{2k} \text{ h}^{2r};$
$\hat{b}_{1122} = 7,63 \cdot 10^{s+k+r} \text{ MPa}^{2k} \text{ h}^{2r};$
$\alpha \hat{a}_{11} = 1,74 \cdot 10^{s-k} \text{ MPa}^k \text{ h}^r; \quad \alpha \hat{a}_{22} = 9,57 \cdot 10^{s+k} \text{ MPa}^k \text{ h}^r$

Dabei bedeuten $r = -1/(n+1), k = nr, s = 5k + 3r$. Für den Aluminiumwerkstoff D16T wurde n mit 6,5 bestimmt. In Tabelle 6.6 sind die experimentell und die theoretisch ermittelten Werte für die Kriechgeschwindigkeiten $\dot{\varepsilon}_1, \dot{\varepsilon}_2$ (Experiment) und $\dot{\varepsilon}_{11}, \dot{\varepsilon}_{22}$ (Theorie) angegeben. Unter Beachtung der Streuung der experimentellen Werte kann eine befriedigende

Spannungen, MPa		Kriechverzerrungsgeschwindigkeiten $\cdot 10^3$, h^{-1}			
σ_{11}	σ_{22}	$\dot{\varepsilon}_1$	$\dot{\varepsilon}_{11}$	$\dot{\varepsilon}_2$	$\dot{\varepsilon}_{22}$
-109,8	54,9	-1,60	-0,93	1,60	0,91
-80,6	80,6	-0,92	-0,82	1,38	1,05
70,0	140,0	0,00	0,08	1,65	1,44
-37,6	112,8	-0,79	-0,76	1,59	1,49
124,0	124,0	0,59	0,71	1,18	1,04

Tabelle 6.6 Vergleich theoretisch berechneter ($\dot{\varepsilon}_{11}, \dot{\varepsilon}_{22}$) und gemessener ($\dot{\varepsilon}_1, \dot{\varepsilon}_2$) Kriechverzerrungsgeschwindigkeiten für eine Aluminiumlegierung

Übereinstimmung von Theorie und Experiment festgestellt werden. In [9] wurde nachgewiesen, daß mit dem Übergang zu reduzierten tensoriell nichtlinearen Gleichungen für das Beispiel keine weitere Verbesserung erreicht werden kann.

6.4 Kriechen mit Schädigung

Nachfolgend werden ausgewählte Beispiele für erweiterte konstitutive Gleichungen zur Beschreibung isotropen Kriechen unter Einbeziehung isotroper Schädigung diskutiert. Dabei erfolgt eine Beschränkung auf die Konstitutivgleichungen (4.2.29), (4.2.31) und (4.2.33), die jeweils nur 3 Parameter beinhalten.

Das erste Beispiel bezieht sich auf experimentelle Ergebnisse zum Kriechen der Titanlegierung OT-4 bei einer Temperatur von 748 K, die in [81] veröffentlicht wurden. Als Grundversuche zur Ermittlung der Koeffizienten wurden einachsiger Zug, einachsiger Druck sowie reine Torsion herangezogen. Die Grundversuche zeigten, daß Kriechen mit Verfestigung praktisch nicht auftrat und folglich die Kriechkurven lediglich Abschnitte enthielten, die dem stationären und dem beschleunigten Kriechen zugeordnet werden können. Damit war eine Approximation mit dem NORTONschen Potenzgesetz möglich. Folgende Kennwerte wurden ermittelt: $\hat{L}_+ = 13,3 \cdot 10^{-14}$ MPa^{-n} h^{-1}; $\hat{L}_- = 7,5 \cdot 10^{-14}$ MPa^{-n} h^{-1}; $\hat{N} = 27,7 \cdot 10^{-14}$ MPa^{-n} h^{-1}; $n = 4; m = 2$. Es wurde nachgewiesen, daß mit hinreichender Genauigkeit zum Zeitpunkt des Bruchs unabhängig vom Beanspruchungszustand der Wert der spezifischen Dissipationsenergie eine Konstante ist ($\varphi_* = 100$ MPa).

Für den gleichen Werkstoff und die gleiche Versuchstemperatur lagen auch Versuchsdaten bei verschiedenen ebenen Spannungszuständen vor. Die Versuche wurden an dünnwandigen Rohrproben vorgenommen. Diese wurden durch Zug in Richtung der Längsachse und Torsion beansprucht. Die Bilder 6.7 und 6.8 zeigen den Vergleich von Theorie (Vollinie) und Versuch (Meßpunkte). Dabei entspricht jeweils die Kurve 1 der Gl. (4.2.29), die Kurve 2 der Gl. (4.2.31) und die Kurve 3 der Gl. (4.2.33). Unter Beachtung der für Kriechversuche

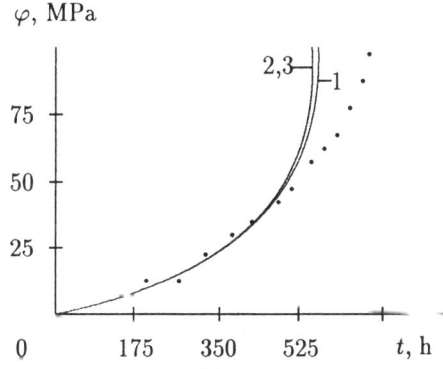

Bild 6.7 Zeitlicher Verlauf der spezifischen dissipierten Energie bei superpositioniertem Zug ($\sigma_{11} = 194,9$ MPa) und Torsion ($\sigma_{12} = 46,6$ MPa)

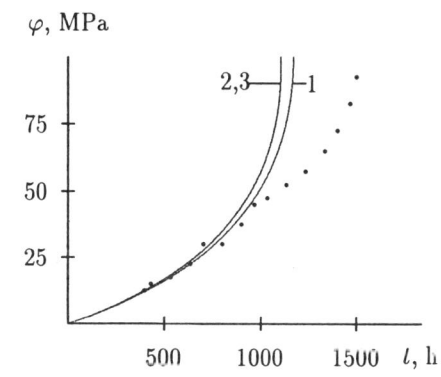

Bild 6.8 Zeitlicher Verlauf der spezifischen dissipierten Energie bei superpositioniertem Zug ($\sigma_{11} = 156,3$ MPa) und Torsion ($\sigma_{12} = 52,1$ MPa)

typischen starken Streuung, die besonders beim Tertiärkriechen und bei mehrachsiger Beanspruchung auftritt, kann man von einer befriedigenden Übereinstimmung zwischen Versuch und Theorie sprechen. Das gewählte Schädigungsmaß (einschließlich seiner Evolutionsgleichung) neigt jedoch zu einer Überbewertung. Diese Tatsache ist auch aus anderen Arbeiten zum RABOTNOVschen Schädigungsmodell bekannt. Es kann außerdem noch festgestellt werden, daß die Ergebnisse für die unterschiedlichen Konstitutiv- und Evolutionsgleichungen dicht beieinander liegen, so daß eine Bevorzugung eines der 3-Parameter-Modelle nicht zu begründen ist.

146   6 Ausgewählte Anwendungen erweiterter Modelle

Ein zweites Beispiel betrifft die Aluminiumlegierung AK4-1T, einen typischen Vertreter der Leichtmetall-Legierungen. Für diesen Werkstoff lagen gleichfalls Kriechdaten bei einer Temperatur von $T = 473$ K vor [80]. Entsprechende Grundversuche (einachsiger Zug, einachsiger Druck und reine Torsion) wurden an Probekörpern vorgenommen, die aus einem Blech von 42 mm Dicke im Ausgangszustand herausgeschnitten wurden. Die Probekörper wurden in verschiedenen Richtungen entnommen. Bei gleichem Belastungsregime zeigten alle Versuche bis zum Bruch praktisch identisches Verhalten, so daß von isotropen Eigenschaften ausgegangen werden konnte. Aus den Grundversuchen wurden folgende Kennwerte bestimmt: $\hat{L}_+ = 5,0 \cdot 10^{-23}$ MPa^{-n} h^{-1}; $\hat{L}_- = 2,5 \cdot 10^{-23}$ MPa^{-n} h^{-1}; $\hat{N} = 11,4 \cdot 10^{-21}$ MPa^{-n} h^{-1}; $n = 8; m = 3; \varphi_* = 10$ MPa. Diese Werte dienten als Grundlage der Koeffizientenberechnung in den Gln. (4.2.29), (4.2.31) und (4.2.33).

Die Modellqualität wurde mit Hilfe von Versuchen bei mehrachsigen Spannungszuständen getestet. Die Belastung erfolgte durch zeitlich konstante Zug- oder Drucklast sowie durch ein Torsionsmoment. Auf den Bildern 6.9 bis 6.12 sind verschiedene Kriechdeformationsverläufe für unterschiedliche Beanspruchungssituationen dargestellt. Die Punkte entsprechen den

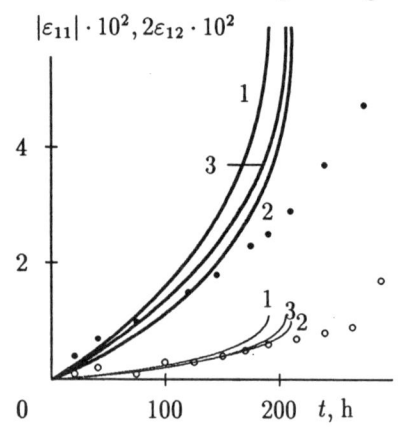

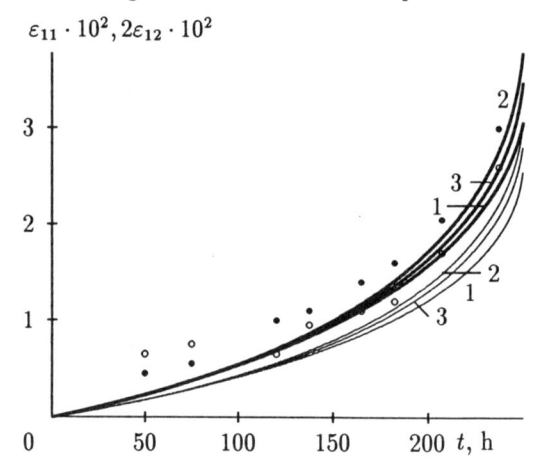

Bild 6.9 Zeitlicher Verlauf der Kriechverzerrungen bei $\sigma_{11} = -68,7$ MPa und $\sigma_{12} = 95,7$ MPa

Bild 6.10 Zeitlicher Verlauf der Kriechverzerrungen bei $\sigma_{11} = 152,4$ MPa und $\sigma_{12} = 50,8$ MPa

experimentell bestimmten Kriechdehnungen ε_{11}, die Kreise den experimentell bestimmten Gleitungen ε_{12}. Die dicken Linien stellen die Berechnungsergebnisse für die Dehnungen dar, die dünnen Linien - die Gleitungen. Die Ziffern 1, 2, 3 weisen darauf hin, daß unterschiedliche Konstitutivgleichungen verwendet wurden. Dabei entspricht jeweils die Kurve 1 der Gl. (4.2.29), die Kurve 2 der Gl. (4.2.31) und die Kurve 3 der Gl. (4.2.33).

Aus dem Vergleich von Rechnung und Experiment kann man schließen, daß das beschleunigte Kriechen schlechter als das stationäre Kriechen wiedergegeben wird. Die Ergebnisse für die drei verwendeten Konstitutivgleichungen liegen sehr dicht zusammen. Daher kann das Kriechverhalten hinreichend genau mit der tensoriell linearen Gl. (4.2.31) beschrieben werden.

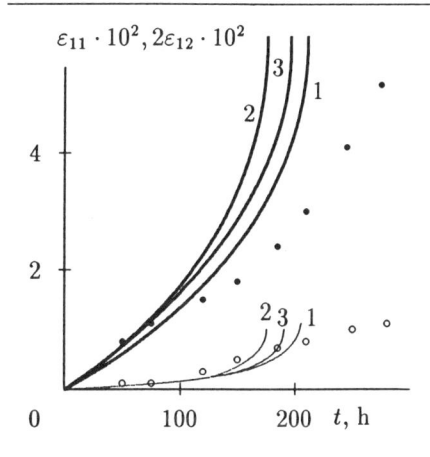

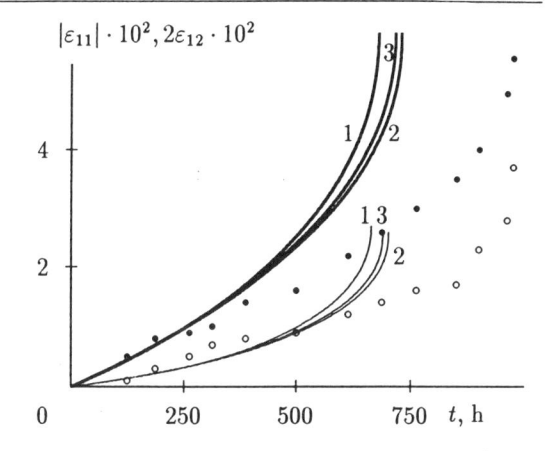

Bild 6.11 Zeitlicher Verlauf der Kriechverzerrungen bei $\sigma_{11} = 66{,}2$ MPa und $\sigma_{12} = 92{,}3$ MPa

Bild 6.12 Zeitlicher Verlauf der Kriechverzerrungen bei $\sigma_{11} = -115{,}8$ MPa und $\sigma_{12} = 66{,}9$ MPa

6.5 Festigkeitskriterien

In diesem Abschnitt werden ausgewählte Beispiele zur Anwendung des verallgemeinerten Festigkeitskriteriums und seiner Sonderfälle betrachtet. Dabei wird das Verhalten unterschiedlicher Werkstoffe (Grauguß, Polymer auf Epoxidbasis, Magnesiumlegierung usw.) bei verschiedenen Belastungsbedingungen analysiert.

Das erste Beispiel bezieht sich auf Grauguß unter mäßigem hydrostatischen Druck bei Raumtemperatur. In [151] werden Versuchsergebnisse zu den Grundversuchen mitgeteilt:

$$\sigma_G = 253 \text{ MPa}, \quad \sigma_D = 624 \text{ MPa}, \quad \tau_G = 168 \text{ MPa},$$
$$\sigma_B = 222 \text{ MPa}, \quad \sigma_E = 195 \text{ MPa}, \quad \sigma_H = 592 \text{ MPa}$$

Setzt man diese Werte in das Gleichungssystem (4.1.19) ein, lassen sich die Koeffizienten λ_m bestimmen

$$\lambda_1 = 0{,}2753; \ \lambda_2 = 2{,}272; \ \lambda_3 = -1{,}402; \ \lambda_4 = 1{,}580; \ \lambda_5 = -0{,}2752; \ \lambda_6 = -1{,}322 \quad (6.5.1)$$

Wie aus Tabelle 6.7 zu erkennen ist, kann kein spezielles Versagenskriterium des Abschnittes 4.1 vollständig die Versuchsergebnisse der Grundversuche wiedergeben. Dies ist besonders für den Quotienten σ_G/σ_H zu erkennen. In Tabelle 6.7 sind die Ergebnisse für alle Quotienten der Festigkeitsgrenzwerte für einen Graugußwerkstoff bei Normaldruck angegeben. Die Ergebnisse lassen den Schluß zu, daß das allgemeine 6-Parameter-Kriterium und die Grundversuche, die teilweise die Mehrachsigkeit des Beanspruchungszustandes einbeziehen, für bestimmte Anwendungsfälle bessere Ergebnisse im Vergleich zu den in der Literatur beschriebenen speziellen Kriterien liefern.

In Tabelle 6.8 sind die Ergebnisse zur Berechnung des relativen Fehlers für die Vergleichspannung nach Gl. (4.1.4), (4.1.5) auf der Grundlage der Hauptspannungen $\sigma_I, \sigma_{II}, \sigma_{III}$ angeführt [12]. Die entsprechenden Versuchsergebnisse wurden [151] entnommen, wobei das Versagen in den dünnwandigen Probekörpern infolge axialer Zug- oder Druckbelastung, Torsionsmoment und Innendruck bei mäßigem hydrostatischen Druck eintrat. Außerdem wurden die relativen Fehler für das HUBER-VON MISES-HENCKY-Kriterium (HMH) (4.1.21) und für das Kriterium von COULOMB-TRESCA-SAINT VENANT (CTV) (4.1.22) berechnet. Eine

Experiment bzw. Festigkeitskriterium	Quotienten der Festigkeitsgrenzwerte				
	$\dfrac{\sigma_G}{\sigma_D}$	$\dfrac{\sigma_G}{\tau_G}$	$\dfrac{\sigma_G}{\sigma_B}$	$\dfrac{\sigma_G}{\sigma_E}$	$\dfrac{\sigma_G}{\sigma_H}$
Experiment	0,405	1,51	1,140	1,300	0,427
(4.1.21)	1,000	1,73	0,866	1,000	1,000
(4.1.22)	1,000	2,00	1,000	1,000	1,000
(4.1.25)	0,500	1,50	0,750	0,500	1,000
(4.1.23)	0,000	1,00	1,000	1,000	0,667
(4.1.27)	0,500	1,37	0,933	1,500	0,833
(4.1.28)	0,405	1,41	1,000	1,000	0,802
(4.1.30)	0,405	1,22	1,050	1,300	0,703
(4.1.31)	0,405	1,30	0,946	1,000	0,802
(4.1.33)	0,405	1,41	1,150	1,300	0,703
(4.1.35)	1,000	1,51	0,755	1,000	1,000
(4.1.36)	0,405	1,41	1,140	1,280	0,709

Tabelle 6.7 Vergleich theoretisch und experimentell ermittelter Festigkeitswerte (Werkstoff: Grauguß)

Festigkeitsvorhersage ist offensichtlich in diesem Fall am besten auf der Grundlage des verallgemeinerten Kriteriums möglich.

Die gleichen Untersuchungen wurden auch für große hydrostatische Drücke durchgeführt. Entsprechende Versuchsdaten sind in [151] angeführt. In diesem Fall liefert das verallgemeinerte Kriterium (4.1.4), (4.1.5) mit den Koeffizienten (6.5.1) keine ausreichend gute Übereinstimmung mit dem Experiment. Der Grund dafür ist, daß die Koeffizienten unter Berücksichtigung der Gln. (4.1.11) für mäßige hydrostatische Drücke bestimmt wurden. Folglich ist es notwendig, die Koeffizienten unter Einbeziehung von dreiachsigen Versuchen bei großen hydrostatischen Drücken zu ermitteln. Dabei wird wie folgt vorgegangen. Zunächst werden Grundversuche bei Normaldruck herangezogen: einachsiger Zug (4.1.6), einachsiger Druck (4.1.7), reine Torsion (4.1.8). Die übrigen drei Grundversuche beziehen sich auf dreiachsige Spannungszustände:

Versuch in einer Druckkammer	hydrostatischer Druck p, MPa	Hauptspannungen, MPa			$\delta, \%$ (4.1.4) (4.1.5)	$\delta, \%$ HMH (4.1.21)	$\delta, \%$ CTV (4.1.22)
		σ_I	σ_{II}	σ_{III}			
Innendruck	100	176	38	-100	6,24	5,52	9,09
Innendruck	200	136	-32	-200	9,78	15,01	32,80
Innendruck	300	82	-109	-300	19,80	30,76	50,99
zweiachsiger Zug	100	130	130	-100	17,40	9,09	9,09
zweiachsiger Zug	200	97	97	-200	18,60	17,39	17,39
Torsion	100	106	-100	-306	7,95	41,03	62,85
einachsiger Druck	100	-100	-100	-767	28,50	163,63	163,63

Tabelle 6.8 Berechnung des relativen Fehlers $\delta = (|\sigma_V - \sigma_G|/\sigma_G) \cdot 100\%$ (Werkstoff - Grauguß unter mäßigem hydrostatischen Druck)

- Einachsiger Zug unter großem hydrostatischen Druck
  Dabei treten folgende Hauptspannungen auf

$$\sigma_I = k_1\bar{\sigma},\ \sigma_{II} = \sigma_{III} = -\bar{\sigma} \tag{6.5.2}$$

- Einachsiger Druck mit überlagertem großen hydrostatischen Druck
  Damit ergeben sich die Hauptspannungen zu

$$\sigma_I = \sigma_{II} = -\bar{\bar{\sigma}},\ \sigma_{III} = -k_2\bar{\bar{\sigma}} \tag{6.5.3}$$

- Reine Torsion unter großem hydrostatischen Druck
  Die Hauptspannungen lauten damit

$$\sigma_{II} = -\bar{\tau},\ \sigma_I = -k_3\bar{\tau},\ \sigma_{III} = -k_4\bar{\tau} \tag{6.5.4}$$

k_1 bis k_4 sind werkstoffspezifische Koeffizienten ($0 < k_1, k_3 < 1$, $k_2, k_4 > 1$).
In den Gln. (6.5.2), (6.5.3) und (6.5.4) stellen die Größen $\bar{\sigma}$, $\bar{\bar{\sigma}}$ und $\bar{\tau}$ die maximalen Werte der Spannung σ_{II} in den Versuchen dar. Entsprechend den beschriebenen Grundversuchen lassen sich die 6 Koeffizienten λ_m ($m = 1,\ldots,6$) für das verallgemeinerte Kriterium (4.1.4), (4.1.5) auf der Grundlage der Festigkeitswerte für den jeweiligen Werkstoff in den Gln. (4.1.6), (4.1.7), (4.1.8), (6.5.2), (6.5.3) und (6.5.4) bestimmen. Für den in [151] betrachteten Gußgußwerkstoff wurden folgende Kennwerte aus den Grundversuchen ermittelt:

σ_G = 253 MPa; σ_D = 624 MPa; τ_G = 168 MPa;
$\bar{\sigma}$ = $\bar{\bar{\sigma}}$ = $\bar{\tau}$ = 500 MPa; $k_1 = 0,160$; $k_2 = 2,492$; $k_3 = 0,396$; $k_4 = 1,604$

Aus diesen Werten lassen sich die λ_m berechnen [11]

$$\lambda_1 = -0,450;\ \lambda_2 = 1,537;\ \lambda_3 = -0,6675;\ \lambda_4 = -0,331;\ \lambda_5 = -0,078;\ \lambda_6 = -0,466 \tag{6.5.5}$$

Berechnungsbeispiele für die Vergleichsspannung nach Gl. (4.1.4), (4.1.5) unter Einbeziehung der Koeffizienten (6.5.5) sind für unterschiedliche mehrachsige Spannungszustände, die sich von den Grundversuchen unterscheiden, in Tabelle 6.9 dargestellt. Die Beispiele zeigen eine befriedigende Übereinstimmung zwischen Versuch und Rechnung bei Einbeziehung der modifizierten Koeffizienten λ_m.

Das nächste Beispiel bezieht sich auf eine Magnesiumlegierung, deren Festigkeit bei Raumtemperatur und hohem hydrostatischen Druck experimentell untersucht wurde [151]. Als Probekörper wurden wiederum dünnwandige Rohrproben, die durch Längskraft und Innendruck belastet wurden, verwendet. In diesem Fall kann folgender Sonderfall des verallgemeinerten Kriteriums (4.1.5) verwendet werden

$$\sigma_V = \lambda_3\sigma_i + \lambda_4 I_1 \tag{6.5.6}$$

Dieser Sonderfall ergibt sich aus dem verallgemeinerten Kriterium für

$$\lambda_1 = \lambda_2 = \lambda_5 = \lambda_6 = 0$$

Als Grundversuche zur Ermittlung der verbliebenen zwei Koeffizienten bieten sich einachsiger Zug unter Umgebungsdruck (4.1.6) und einachsiger Zug in einer Hochdruckkammer (6.5.2) an. Als Kennwerte aus den Grundversuchen wurden die folgenden Größen ermittelt [151]

Versuch in einer Druckkammer	hydrostatischer Druck p, MPa	Hauptspannungen, MPa σ_I	σ_{II}	σ_{III}	δ, % (4.1.4)
einachsiger Zug	100	187	-100	-100	0,40
einachsiger Zug	200	128	-200	-200	3,16
einachsiger Zug	300	64	-300	-300	4,35
einachsiger Zug	400	-15	-400	-400	0,79
Innendruck	100	176	38	-100	11,90
Innendruck	200	136	-32	-200	5,14
Innendruck	300	82	-109	-300	3,56
Innendruck	400	10	-195	-400	9,09
Innendruck	500	-50	-275	-500	9,88
Innendruck	0,1	222	111	0	16,20
Torsion	100	106	-100	-306	2,77
Torsion	200	40	-200	-440	11,10
Torsion	300	-43	-300	-557	5,14
Torsion	400	-122	-400	-678	1,58
einachsiger Druck	100	-100	-100	-767	3,16
einachsiger Druck	200	-200	-200	-905	5,14
einachsiger Druck	300	-300	-300	-1022	3,95
einachsiger Druck	400	-400	-400	-1148	4,35

Tabelle 6.9 Berechnung des relativen Fehlers $\delta = (|\sigma_V - \sigma_G|/\sigma_G) \cdot 100\%$ (Werkstoff - Grauguß unter großem hydrostatischen Druck)

$$\sigma_G = 181 \text{ MPa}; \quad \overline{\sigma} = 500 \text{ MPa}; \quad k_1 = 0,302 \qquad (6.5.7)$$

Damit erhält man die Koeffizienten zu

$$\lambda_3 = 0,888; \quad \lambda_4 = 0,112 \qquad (6.5.8)$$

Für verschiedene Beanspruchungszustände sind die Vergleichsspannungen unter Beachtung der Gl. (6.5.6) und für die Koeffizienten (6.5.8) berechnet worden. Die Ergebnisse sind in Tabelle 6.10 zusammengefaßt. Die befriedigende Übereinstimmung von theoretischer Vorhersage und Experiment lassen den Schluß zu, daß das spezielle Kriterium (6.5.6) im betrachteten Fall sinnvoll einsetzbar ist.

Die bisher getroffenen Festigkeitsaussagen lassen sich auch bei nichtmetallischen Werkstoffen anwenden. In [152] sind Kennwerte zu Versagensversuchen für einen Polymerwerkstoff auf Epoxidbasis veröffentlicht. Als Probekörper wurden wiederum dünnwandige Rohrproben verwendet, die Versuche liefen bei Raumtemperatur ab. Die Belastung erfolgte durch verschiedene Kombinationen aus Zugkraft und Torsionsmoment in einer Hochdruckkammer. Für die betrachtete Versuchsserie wurde zunächst das spezielle Kriterium (6.5.6) ausgewertet. Als Grundversuche wurden die gleichen Versuche wie für die Magnesiumlegierung verwendet. Dabei ergaben sich folgende Festigkeitskennwerte [152]

$$\sigma_G = 26 \text{ MPa}; \quad \overline{\sigma} = 200 \text{ MPa}; \quad k_1 = 0,605 \qquad (6.5.9)$$

Aus diesen lassen sich die Koeffizienten bestimmen

Hauptspannungen, MPa			$\delta, \%$
σ_I	σ_{II}	σ_{III}	
126	-100	-100	6,08
59	-200	-200	6,08
-20	-300	-300	1,10
-74	-400	-400	6,08
174	87	0	0,00
120	10	-133	7,73
56	-72	-238	9,39
-16	-158	-343	7,18
-96	-248	-446	0,00
-172	-336	-549	4,97
150	150	0	1,66
95	95	-129	13,80
20	20	-233	12,60
-48	-48	-338	15,50
-130	-130	-440	8,84
-212	-212	-543	2,76

Tabelle 6.10 Berechnung des relativen Fehlers $\delta = (|\sigma_V - \sigma_G|/\sigma_G) \cdot 100\%$ (Werkstoff - Magnesiumlegierung unter großem hydrostatischen Druck)

$$\lambda_3 = 0,9117; \quad \lambda_4 = 0,0883 \tag{6.5.10}$$

Ein Vergleich von theoretischen Vorhersagen auf der Grundlage des speziellen Kriteriums (6.5.6) unter Beachtung der Koeffizienten (6.5.10) mit Versuchsergebnissen [152] für verschiedene mehrachsige Beanspruchungszustände ist in Tabelle 6.11 gegeben. In diesem Fall sind auch andere, von Gl. (6.5.6) abweichende Kriterien zur Bestimmung der Vergleichsspannung möglich. So kann man beispielsweise folgenden Ausdruck postulieren

$$\sigma_V = \lambda_3 \sigma_i + \lambda_6 I_1 \cos \xi \tag{6.5.11}$$

Dieses Kriterium folgt aus dem verallgemeinerten Kriterium für $\lambda_1 = \lambda_2 = \lambda_4 = \lambda_5 = 0$. Aus den Kennwerten für die Grundversuche (6.5.9) können folgende Koeffizienten für das Kriterium (6.5.11) berechnet werden

$$\lambda_3 = 0,9117; \quad \lambda_6 = 0,1020 \tag{6.5.12}$$

In Tabelle 6.11 sind die relativen Fehler für die Vergleichsspannungen auch für das Kriterium (6.5.11) angegeben. Zusammenfassend kann festgestellt werden, daß das Versagen des betrachteten Polymerwerkstoff befriedigend mit einem 2-Parameter-Kriterium vorhergesagt werden kann.

Versuch in einer Hochdruckkammer	hydrostatischer Druck p, MPa	Hauptspannungen, MPa			δ, % Kriterium (6.5.6)	δ, % Kriterium (6.5.11)
		σ_I	σ_{II}	σ_{III}		
Zug	50	-2	-50	-50	33,7	33,7
Zug	100	-39	-100	-100	32,7	32,7
Zug	150	-80	-150	-150	16,4	16,4
Torsion	0,1	20	0	-20	21,5	21,5
Torsion	25	-0,3	-25	-50,3	26,2	22,2
Torsion	50	-22	-50	-78	19,1	11,2
Torsion	100	-64	-100	-136	16,7	0,9
Torsion	150	-109	-150	-191	3,8	27,5

Tabelle 6.11 Berechnung des relativen Fehlers $\delta = (|\sigma_V - \sigma_G|/\sigma_G) \cdot 100\%$ (Werkstoff - Polymer auf Epoxidbasis unter großem hydrostatischen Druck)

6.6 Zyklische Beanspruchungen

In diesem Abschnitt werden ausgewählte Anwendungsbeispiele für die im Abschnitt 4.3 vorgestellten Modelle diskutiert. Da im Zusammenhang mit der Betrachtung niederzyklischer Ermüdungsprozesse im allgemeinsten Fall ein 4-Parameter-Modell betrachtet wurde, sind folgende Kennwerte aus den Grundversuchen zu bestimmen: $\sigma_W, \tau_W, \sigma_{Sch}, \tau_{Sch}$. In zahlreichen Anwendungsfällen liegen jedoch nicht alle experimentellen Daten zur Bestimmung dieser Grenzwerte vor. Daher sind auch hier wieder Sonderfälle in die Betrachtung einzubeziehen.

Das erste Beispiel, welches [114] entnommen wurde, bezieht sich auf einen Stahl mit folgender chemischer Zusammensetzung (in %): 0,17 C; 0,28 Si; 0,45 Mn; 1,4 Cr; 4,34 Ni; 0,32 Mo. Als Wechselfestigkeiten lagen die Werte $\sigma_W = 630$ MPa und $\tau_W = 364$ MPa vor. Das Verhältnis dieser beiden Werte ist $\sigma_W/\tau_W = \sqrt{3} = 1,73$. In [114] sind auch Versuchsergebnisse für mehrachsige Beanspruchungszustände (symmetrische Biegebeanspruchung und symmetrische Torsionsbeanspruchung) angeführt (Tabelle 6.12). In diesem Beispiel bietet sich die

σ_{11}^a, MPa	σ_{12}^a, MPa	σ_{vM}^a, MPa	δ, %
152	352	628	0,3
293	314	618	1,9
467	234	618	1,9
570	134	615	2,3

Tabelle 6.12 Versuchwerte für symmetrische Biege- und Torsionsbeanspruchung

Anwendung des Kriteriums (4.3.9) an. Für verschiedene Lastfälle sind die auf der Grundlage des Kriteriums (4.3.9) vorhergesagte Ermüdungsfestigkeit sowie der relative Fehler

$$\delta = \frac{\sigma_{vM}^a - \sigma_W}{\sigma_W} \cdot 100\%$$

in Tabelle 6.12 angegeben, wobei sich eine gute Übereinstimmung zwischen Rechnung und Experiment feststellen läßt.

6.6 Zyklische Beanspruchungen   153

In einem weiteren Beispiel soll der Einfluß des hydrostatischen Drucks auf die Ermüdungsfestigkeit bei symmetrischer Torsionsbeanspruchung nachgewiesen werden. Dabei wird davon ausgegangen, daß die Anwendungsempfehlungen (4.3.15) erfüllt sind und somit das Kriterium von SINES (4.3.12) anwendbar ist. Es gilt

$$\sigma_{12}^a = \tau_W^p, \sigma_{11}^m = \sigma_{22}^m = \sigma_{33}^m = p, \sigma_{11}^a = \sigma_{22}^a = \sigma_{33}^a = \sigma_{12}^m = 0$$

Das SINES-Kriterium (4.3.12) führt dann auf

$$\tau_W^p = \tau_W + \sqrt{3}\lambda_3 p$$

Dabei ist τ_W^p die Ermüdungsfestigkeit bei hydrostatischen Druck. Sie hängt linear vom Wert des hydrostatischen Druck p ab. Dieses Ergebnis stimmt gut mit den auf Bild 6.13 dargestellten Versuchsergebnissen [114], die für einen Stahl mit der chemischen Zusammensetzung (in %) von 0,30 C; 0,15 Si; 0,66 Mn; 0,015 S; 0,013 P; 0,58 Cr; 2,55 Ni; 0.59 Mo ermittelt wurden, überein.

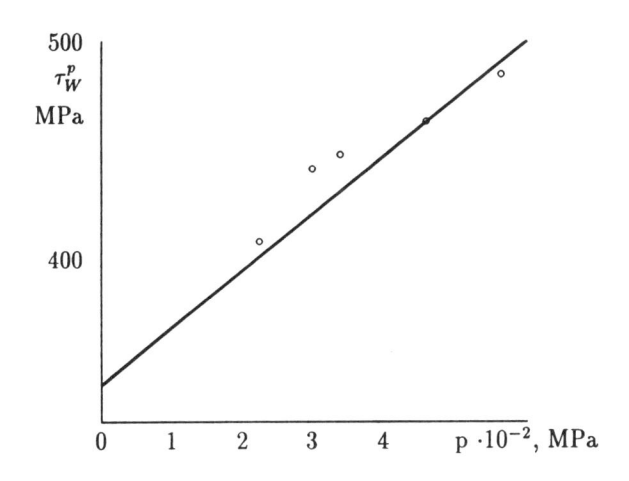

Bild 6.13 Einfluß des hydrostatischen Drucks auf die Torsionsermüdungsfestigkeit (Kreise - Versuchergebnisse, Linie Ergebnisse der Rechnung)

Abschließend soll der Einfluß der Mittelspannung auf die Ermüdungsfestigkeit gezeigt werden. Betrachtet wird dazu die Mittelspannung infolge statischer Biegung und die Ermüdungsfestigkeit bei Torsionswechselbeanspruchung für einen Stahl mit der chemischen Zusammensetzung (in %) von 0,30 C; 0,027 P; 0,66 Mn; 0,016 S; 0,34 Si und der Ermüdungsfestigkeit $\tau_W = 172$ MPa. Die Versuchsdaten wurden [114] entnommen. Es wird angenommen, daß die Bedingungen (4.3.31) erfüllt sind, so daß das Kriterium (4.3.29) mit $\lambda_1 = 1$ verwendet werden kann. Zur Bestimmung des zweiten Koeffizienten λ_3 werden die Ergebnisse aus Versuchen mit Torsionswechselbeanspruchung ($\sigma_{12}^a = 148$ MPa) und überlagerter statischer Biegung ($\sigma_{11}^m = 402$ MPa) herangezogen. Damit gilt

$$\lambda_3 = \frac{\sqrt{3}(\tau_W - \sigma_{12}^a)}{\sigma_{11}^m} \tag{6.6.1}$$

und die Vergleichsspannung σ_V kann mit Hilfe des Kriteriums (4.3.29) bestimmt werden. Die Ergebnisse der Berechnung der Vergleichsspannung und des relativen Fehlers

$$\delta = \frac{|\sigma_V - \sigma_W|}{\sigma_W} \cdot 100\%$$

sind in Tabelle 6.13 angeführt.

σ_{12}^a, MPa	σ_{11}^m, MPa	σ_V, MPa	δ, %
166	144	302	1,5
162	288	310	4,1
148	402	298	0,0

Tabelle 6.13 Symmetrische Torsionsbeanspruchung - statische Biegung

Der Einfluß der Mittelspannung bei statischer zweiachsiger Zugbeanspruchung auf die Ermüdungsfestigkeit bei Biegewechselbeanspruchung ist gleichfalls nachweisbar. In [114] sind Versuchwerte für einen Stahl mit der chemischen Zusammensetzung (in %) 0,32 C; 0,95 Cr; 0,10 Ni; 1,05 Si; 0,95 Mn und einer Wechselfestigkeit von $\sigma_W = 320$ MPa angegeben. Die Erfüllung der Bedingungen (4.3.31) sei vorausgesetzt, so daß das Kriterium (4.3.29) mit $\lambda_1 = 1$ einsetzbar ist. Den Koeffizienten λ_3 kann man aus Versuchen mit symmetrischer Biegebeanspruchung ($\sigma_{11}^a = 253$ MPa) und statischem einachsigen Zug ($\sigma_{11}^m = 300$ MPa) ermitteln. Dabei gilt

$$\lambda_3 = \frac{\sigma_W - \sigma_{11}^a}{\sigma_{11}^m} \tag{6.6.2}$$

Die Ergebnisse der Berechnung der Vergleichsspannungen σ_V und des jeweiligen relativen Fehlers δ bei Anwendung des Kriteriums (4.3.29) für verschiedene zweiachsige Spannungszustände sind in Tabelle 6.14 angeführt.

σ_{11}^a, MPa	σ_{11}^m, MPa	σ_{22}^m, MPa	σ_V, MPa	δ, %
310	75	0	327	2,1
300	150	0	333	4,2
280	200	0	325	1,4
253	300	0	320	0,0
265	75	150	294	8,1
215	150	300	273	14,7
198	200	400	275	14,1
167	300	600	283	11,6

Tabelle 6.14 Symmetrische Biegebeanspruchung - statischer zweiachsiger Zug

7 Zusammenfassung und Ausblick

Die Modellierung des Deformations- und Grenzverhaltens realer Werkstoffe wird durch zahlreiche Phänomene beeinflußt. Für traditionelle Werkstoffe und Anwendungsgebiete läßt sich die Anzahl der zu berücksichtigenden Einflußgrößen i. allg. deutlich reduzieren, so daß die entsprechenden Modelle einfach strukturiert und gut handhabbar sind sowie eine geringe Anzahl von Werkstoffkennwerten enthalten. Damit ist die experimentelle Identifikation und Verifikation der Modelle relativ einfach, in der Regel genügt ein Grundversuch.

Werkstoffe des Hochtechnologiebereichs bzw. Anwendungsgebiete mit hohem Sicherheitsrisiko zeichnen sich dadurch aus, daß Phänomene, die bei traditionellen Modellen von untergeordneter Bedeutung sind, für die Gesamtbewertung des Deformations- und Grenzverhaltens signifikanten Einfluß gewinnen. Derartige Phänomene sind beispielsweise das unterschiedliche Verhalten im Zug- und im Druckbereich, der Einfluß des hydrostatischen Drucks, der POYNTING-SWIFT-Effekt, der KELVIN-Effekt usw. Ein begründeter summarischer Term zur Kennzeichnung und Erfassung der Gesamtheit dieser Effekte ist bisher in der Fachliteratur nicht angegeben. Man spricht von Effekten 2. Ordnung, Effekten höherer Ordnung, von nichttraditionellen Effekten u.a.m. Allen Effekten ist gemeinsam, daß vor allem die Beanspruchungsart einen entscheidenden Einfluß hat. Man kann die Effekte auch danach einteilen, ob zu ihrer Modellierung tensoriell lineare oder tensoriell nichtlineare Konstitutivgleichungen benötigt werden. Die Frage des Werkstoffverhaltens (elastisch oder inelastisch) spielt offensichtlich keine wesentliche Rolle, da Effekte höherer Ordnung bei jedem Werkstoffverhalten auftreten können.

Ausgangspunkt für die im Buch behandelten isothermen Modelle des Deformations- und Grenzverhaltens bei kleinen Deformationen ist eine tensoriell nichtlineare Formulierung der konstitutiven Gleichungen. Diese gestattet die Modellierung von sogenannten Effekten 2. Ordnung nach TRUESDELL [188], d.h., durch die Mitnahme der quadratischen Terme ist es möglich, den POYNTING-, den KELVIN-, den SWIFT-Effekt usw. zu beschreiben. Wesentliche Vereinfachungen ergeben sich beim Übergang zu den tensoriell linearen Beziehungen. Damit sind solche Effekte wie das unterschiedliche Verhalten bei Zug und bei Druck und der Einfluß hydrostatischen Drucks modellierbar. Es wurde im Buch nachgewiesen, daß Effekte 2. Ordnung auch bei Verwendung von tensoriell linearen Gleichungen erfaßt werden können. Die Entscheidung, welche Variante der erweiterten konstitutiven Gleichungen verwendet wird, kann nur im Zusammenhang mit den Möglichkeiten der experimentellen Überprüfung der Modellgleichungen getroffen werden. Es muß aber auch beachtet werden, daß mit der Zunahme der Anzahl der werkstoffspezifischen Parameter die Modelle schwerer handhabbar und weniger überschaubar werden. Außerdem wächst der experimentelle Aufwand zur Identifikation der Modelle beträchtlich. Über den Aufwand im Zusammenhang mit der Anwendung bei einfachen strukturmechanischen Berechnungen kann man sich u.a. in [14, 179, 205] eine Übersicht verschaffen. Daher sind tensoriell nichtlineare Modelle nur in besonderen Fällen in der Ingenieurpraxis einzusetzen.

Die im Buch behandelten Modellgleichungen der Elastizität, der Plastizität und des Kriechens einschließlich des Grenzverhaltens gestatten, aufbauend auf einem einheitlichen Modellierungskonzept, die Beschreibung des Werkstoffverhaltens mit Erfassung von Effekten höherer Ordnung. Dabei gehen im isotropen Fall maximal 6 Werkstoffkennwerte ein. Zu deren Identifikation werden sogenannte Grundversuche benötigt. Damit ist ein bestimmter Vorteil gegenüber Modellen mit Freiwerten, die experimentell angepaßt werden, gegeben.

Ein Konzept, welches die Parameteranpassung über eine Regressionsanalyse vornimmt, wird beispielsweise in [182] diskutiert. Der Vorteil des hier vorgeschlagenen Konzepts besteht in der Vorgabe von unabhängigen Grundversuchen. Es tritt aber auch das Problem auf, welche Grundversuche verwendet werden sollen. Einigkeit herrscht in der Literatur darüber, daß stets der Zug-, der Druck- und der Torsionsversuch verwendet werden sollte [158]. Für die übrigen Versuche steht ein „Überangebot" zur Verfügung, so daß die Auswahl nach der Art des Werkstoffes, nach dem zu erwartenden Beanspruchungszustand usw. erfolgt. Daneben spielen natürlich auch die verfügbaren experimentellen Möglichkeiten eine Rolle.

Die hier behandelten Modellgleichungen für die Deformation und das Versagen unter Berücksichtigung von nichtklassischen Effekten des Werkstoffverhaltens können in verschiedenen Richtungen erweitert werden. Schwerpunkte dabei sind:

- Einbeziehung großer Verzerrungen und nichtisothermer Zustände

- Formulierung allgemeiner Vergleichsspannungsansätze, in die die Invarianten nichtlinear eingehen

- Verbesserung der Modellgleichungen für zyklische Beanspruchungen

- Weiterführung der Arbeiten zum Schädigungsverhalten, insbesondere durch Einführung von nichtskalaren Schädigungsvariablen

Das ausführliche Literaturverzeichnis soll die Vertiefung der hier behandelten Modellgleichungen und die Weiterführung eigener Forschungsarbeiten erleichtern.

Die Anwendung der hier entwickelten werkstoffmechanischen Modelle der Deformation und des Versagens in der Strukturmechanik erfordert die Lösung entsprechender Randwertaufgaben der Elastizitätstheorie, der Plastizitätstheorie oder der Kriechmechanik. So wird z.B. in [14] das Kriechen von Rotationsschalen bei axialsymmetrischer Belastung unter Berücksichtigung eines unterschiedlichen Zug-Druckverhaltens in den Konstitutivgleichungen untersucht. Eine Analyse solcher strukturmechanischer Aufgaben bedarf einer gesonderten Darstellung, sie ist nicht Gegenstand des vorliegenden Buches. In den Arbeiten [37, 38, 179, 200, 202, 205] findet man weitere Hinweise.

Literaturverzeichnis

[1] Х. И. Альтенбах, А. А. Золочевский: *Энергетический вариант теории ползучести и длительной прочности анизотропных и изотропных материалов, разносопротивляющихся растяжению - сжатию.* Журнал прикладной механики и технической физики (1): 114 - 120, 1992.

[2] H. Altenbach: *Möglichkeiten der Modellierung des mechanischen Werkstoffverhaltens.* Wiss. Ztschr. TU Magdeburg 34(7): 6 - 113, 1990.

[3] H. Altenbach: *Zu einigen Aspekten der klassischen Kontinuumsmechanik und ihrer Erweiterungen.* Technische Mechanik 11(2): 95 - 105, 1990.

[4] H. Altenbach: *Modelling of viscoelastic behaviour of plates.* In: M. Życzkowski (Hrsg.): Creep in Structures IV, 531 - 537. Springer-Verlag, Berlin, Heidelberg, 1991.

[5] H. Altenbach: *Werkstoffmechanik.* Deutscher Verlag für Grundstoffindustrie, Leipzig, Stuttgart, 1993.

[6] H. Altenbach, J. Altenbach, P. Schieße: *Konzepte der Schädigungsmechanik und ihre Anwendung bei der werkstoffmechanischen Bauteilanalyse.* Technische Mechanik 11(2): 81 - 93, 1990.

[7] H. Altenbach, H. Blumenauer: *Grundlagen und Anwendungen der Schädigungsmechanik.* Neue Hütte 34(6): 214 - 219, 1989.

[8] H. Altenbach, M. Dankert, A. Zoločevskij: *Konstitutive Gleichungen der nichtlinearen Elastizitätstheorie auf der Grundlage von 3 Invarianten des Spannungstensors.* Technische Mechanik 10(4): 211 - 217, 1989.

[9] H. Altenbach, M. Dankert, A. Zoločevskij: *Anisotrope mathematisch-mechanische Modelle für Werkstoffe mit von der Belastung abhängigen Eigenschaften.* Technische Mechanik 11(1): 5 - 13, 1990.

[10] H. Altenbach, J. Krause, A. Zolochevsky: *Über ein verallgemeinertes Versagenskriterium der Theorie des Grenzzustandes isotroper Werkstoffe.* Technische Mechanik 12(2): 113 - 117, 1991.

[11] H. Altenbach, U. Lauschke, A. Zolochevsky: *Ein verallgemeinertes Versagenskriterium und seine Gegenüberstellung mit Versuchsergebnissen.* ZAMM 73(4 - 5): T 372 - T 375, 1993.

[12] H. Altenbach, J. Murín, M. Dutko, A. Zoločevsky: *O možnosti zovšeobecnenia klasických pevnostných hypotéz.* Strojnícky časopis 45(5): 418 - 427, 1994.

[13] H. Altenbach, P. Schieße, A. Zolochevsky: *Zum Kriechen isotroper Werkstoffe mit komplizierten Eigenschaften.* Rheologica Acta 30(4): 388 - 399, 1991.

[14] H. Altenbach, A. Zolochevsky: *Kriechen dünner Schalen aus anisotropen Werkstoffen mit unterschiedlichem Zug-Druck-Verhalten.* Forschung im Ingenieurwesen 57(6): 172 - 179, 1991.

[15] H. Altenbach, A. Zolochevsky: *A unified model of low cycle fatigue damage*. In: Fourth International Conference on Biaxial/Multiaxial Fatigue, Vol. 2, 117 – 128. St. Germain, 1994.

[16] H. Altenbach, A. A. Zolochevsky: *Eine energetische Variante der Theorie des Kriechens und der Langzeitfestigkeit für isotrope Werkstoffe mit komplizierten Eigenschaften*. ZAMM 74(3): 189 – 199, 1994.

[17] H. Altenbach, A. A. Zoločevskij: *Zur Anwendung gemischter Invarianten bei der Formulierung konstitutiver Beziehungen für geschädigte anisotrope Kontinua*. ZAMM 72(8): 375 – 377, 1992.

[18] J. Altenbach, H. Altenbach: *Einführung in die Kontinuumsmechanik*. Teubner Studienbücher Mechanik. Teubner, Stuttgart, 1994.

[19] С. А. Амбарцумян: *Разномодульная теория упругости*. Наука, Москва, 1982.

[20] С.А. Амбарцумян: *Основные уравнения и соотношения разномодульной теории упругости анизотропного тела*. Изв. АН СССР. Мех. тв. тела (3): 51 – 61, 1969.

[21] B. D. Annin, G. P. Cherepanov: *Elastic-Plastic Problems*. ASME Press, New York, 1988.

[22] M. F. Ashby: *Technology of the 1990's: advanced materials and predictive design*. Phil. Trans. R. Soc. London A322: 393 – 407, 1987.

[23] M. F. Ashby, D.R.H. Jones: *Ingenieurwerkstoffe*. Springer-Verlag, Berlin u.a., 1986.

[24] G. Backhaus: *Deformationsgesetze*. Akademie-Verlag, Berlin, 1983.

[25] J. F. Bell: *The Experimental Foundations of Solid Mechanics*. Bd. VIa/1 (Festkörpermechanik 1) *S. Flügge's Handbuch der Physik*. Springer-Verlag, Berlin u.a., 1973.

[26] А. В. Березин, Е. В. Ломакин, В. И. Строков, В. Н. Барабанов: *Сопротивление деформированию и разрушение изотропных графитовых материалов в условиях сложного напряженного состояния*. Проблемы прочности (2): 60 – 65, 1979.

[27] W. Bergmann: *Werkstofftechnik. Teil 2: Anwendung*. Hanser-Verlag, München, Wien, 1991.

[28] A. Bertram: *Axiomatische Einführung in die Kontinuumsmechanik*. B.I. Wissenschaftsverlag, Mannheim, 1989.

[29] J. Betten: *Zur Verallgemeinerung der Invariantentheorie in der Kriechmechanik*. Rheologica Acta 14: 715 – 720, 1975.

[30] J. Betten: *Ein Beitrag zur Invariantentheorie in der Plastomechanik anisotroper Werkstoffe*. ZAMM 56: 557 – 559, 1976.

[31] J. Betten: *Zur Aufstellung von Stoffgleichungen in der Kriechmechanik anisotroper Körper*. Rheologica Acta 20(6): 527 – 535, 1981.

[32] J. Betten: *Zur Aufstellung einer Integritätsbasis für Tensoren zweiter und vierter Stufe*. ZAMM 62(5): T 274 – T 275, 1982.

[33] J. Betten: *Applications of tensor functions to the formulation of yield criteria for anisotropic materials.* Int. J. Plasticity 4: 29 – 46, 1985.

[34] J. Betten: *Elastizitäts- und Plastizitätslehre.* Vieweg-Verlag, Braunschweig, Wiesbaden, 1985.

[35] J. Betten: *Tensorrechnung für Ingenieure.* B.G. Teubner, Stuttgart, 1987.

[36] J. Betten: *Kontinuumsmechanik.* Springer-Lehrbuch. Springer-Verlag, Berlin u.a., 1993.

[37] J. Betten, M. Borrmann: *Stationäres Kriechverhalten innendruckbelasteter dünnwandiger Kreiszylinderschalen unter Berücksichtigung des orthotropen Werkstoffverhaltens und des CSD-Effekts.* Forschung im Ingenieurwesen 53(3): 75 – 82, 1987.

[38] J. Betten, M. Borrmann, T. Butters: *Materialgleichungen zur Beschreibung des primären Kriechverhaltens innendruckbeanspruchter Zylinderschalen aus isotropem Werkstoff.* Ingenieur-Archiv 60: 99 – 109, 1989.

[39] J. Betten, M. Waniewski: *Einfluß der plastischen Anisotropie auf das sekundäre Kriechverhalten inkompressibler Werkstoffe.* Rheologica Acta 25: 166 – 174, 1986.

[40] J. Betten, A. Zolochevsky: *Theory of plasticity for isotropic materials including second order effects.* In: Fourth International Conference on Computational Plasticity: Fundamentals and Applications, 913 - 922. Barcelona, 1995.

[41] E. W. Billington: *The Poynting-Swift effect in relation to initial and post-yield deformation.* Solids & Structures 21: 355 – 372, 1985.

[42] И. А. Биргер: *Об одном критерии разрушения и пластичности.* Изв. АН СССР. Мех. тв. тела (4): 143 – 150, 1977.

[43] H. Blumenauer (Hrsg.): *Werkstoffprüfung.* Deutscher Verlag für Grundstoffindustrie, Leipzig, Stuttgart, 1994.

[44] H. Blumenauer, G. Pusch: *Technische Bruchmechanik.* Deutscher Verlag für Grundstoffindustrie, Leipzig, 1993.

[45] В. Н. Бойков, Э. С. Лазаренко: *Кратковременная ползучесть материалов, неодинаково сопротивляющихся растяжению-сжатию.* Изв. вузов. Машиностроение (11): 8 – 14, 1976.

[46] R. de Boer: *Vektor- und Tensorrechnung.* Springer-Verlag, Berlin, 1982.

[47] R. de Boer: *Failure conditions for brittle and granular materials.* Quart. Appl. Math. XLIV(1): 71 – 79, 1986.

[48] R. de Boer: *On plastic deformation of soils.* Int. J. of Plasticity 4: 371 – 391, 1988.

[49] R. de Boer: *Theorie poröser Medien - Historische Entwicklung und gegenwärtiger Stand.* Forschungsbericht aus dem Fachbereich Bauwesen der Universität-Gesamthochschule Essen 53, 1991.

[50] R. de Boer, H. T. Dresenkamp: *Constitutive equations for concrete in failure state.* J. Engng. Mech. 115(8): 1591 – 1608, 1989.

[51] R. de Boer, P. V. Lade: *Towards a general plasticity theory for empty and saturated porous solids.* Forschungbericht aus dem Fachbereich Bauwesen der Universität-Gesamthochschule Essen 55, 1991.

[52] В. Н. Борсенко, Н.Н. Песчанская, А.Б. Синани, Б.А. Степанов: *Ползучесть линейных неориентированных полимеров при растяжении, сжатии и кручении.* Механика полимеров (1): 24 – 28, 1970.

[53] P. W. Bridgman: *The Physics of High Pressure.* Bell, London, 1949.

[54] P. W. Bridgman: *Studies in Large Plastic Flow and Fracture.* McGraw-Hill, New York, Toronto, London, 1952.

[55] W. Brostow: *Einstieg in die moderne Werkstoffwissenschaft.* Hanser-Verlag, München, 1984.

[56] O.T. Bruhns: *Neue Materialgleichungen in der Plastomechanik.* ZAMM 73(4 – 5): T 6 – T 19, 1993.

[57] K. Burth, W. Brocks: *Plastizität.* Vieweg-Verlag, Braunschweig/Wiesbaden, 1992.

[58] J. Chakrabarty: *Theory of Plasticity.* Engineering Mechanics Series. McGraw-Hill Book Company, New York et al., 1987.

[59] W. F. Chen: *Plasticity of Reinforced Concrete.* McGraw-Hill, New York, 1982.

[60] W. F. Chen, D. J. Han: *Plasticity for Structural Engineers.* Springer-Verlag, New York et al., 1988.

[61] W. F. Chen, H. Zhang: *Structural Plasticity.* Springer-Verlag, Berlin et al., 1991.

[62] N. Cristescu: *Rock Rheology.* Kluwer Academic Publ., Dordrecht, 1989.

[63] Deutsches Institut für Normung, Normenausschuß Gießereiwesen. *DIN 1691 - Gußeisen mit Lamellengraphit (Grauguß).* Mai 1985.

[64] D. C. Drucker, W. Prager: *Soil Mechanics and Plastic Analysis or Limit Design.* Quart. Appl. Math. 10(2): 157 – 165, 1952.

[65] И.Я. Дзене: *Объемные деформации полимеров при кратковременном нагружении.* Механика полимеров (5): 828 – 833, 1974.

[66] Э. А. Эскин, В. К. Федчук, В. В. Венжен: *Анизотропия физико-механических характеристик асбо-, стекло- и углетекстолитов в диапазоне температур 293...873 К.* Проблемы прочности (7): 109 – 113, 1982.

[67] G. W. Ehrenstein: *Faserverbund-Kunststoffe.* Hanser, 1992.

[68] G. M. Fichtenholz: *Differential- und Integralrechnung.* Bd. III Deutscher Verlag der Wissenschaften, Berlin, 1973.

[69] A. Föppel: *Vorlesungen über Technische Mechanik.* Bd. 3 (Festigkeitslehre) Verlag R. Oldenbourg, München, 1951.

[70] A. Foux: *An experimental investigation of the Poynting effect.* In: M. Reiner, D. Abir (Hrsg.): Second-Order Effects in Elasticity, Plasticity and Fluid Dynamics, 228 – 251. Pergamon Press, Oxford et al., 1964.

[71] J. E. French, P. F. Weinrich, C. W. Weaser: *Tensile fracture of free machining brass as a function of hydrostatic pressure.* Acta Metall. 21: 1045 – 1049, 1973.

[72] H. Giesekus: *Phänomenologische Rheologie.* Springer-Verlag, Berlin, 1994.

[73] И. И. Гольденблат, В. А. Копнов: *Критерии прочности и пластичности конструкционных материалов.* Машиностроение, Москва, 1968.

[74] А. Я. Гольдман: *Прочность конструкционных пластмасс.* Машиностроение, Ленинград, 1979.

[75] А. Я. Гольдман: *Объемное деформирование пластмасс.* Машиностроение, Ленинград, 1984.

[76] H. Göldner (Hrsg.): *Lehrbuch Höhere Festigkeitslehre.* Bd. 1 Fachbuchverlag, Leipzig, 3. Aufl., 1991.

[77] H. Göldner (Hrsg.): *Lehrbuch Höhere Festigkeitslehre.* Bd. 2 Fachbuchverlag, Leipzig-Köln, 3. Aufl., 1992.

[78] M. Goldscheider: *Grenzbedingung und Fließregel von Sand.* Mech. Res. Comm. 3: 463 – 468, 1976.

[79] W. Gollub: *Grenzen und Möglichkeiten der Mohr-Coulombschen Bruchbedingung.* Bd. 68. Fortschritt-Berichte VDI Reihe 18: Mechanik/Bruchmechanik. VDI-Verlag, Düsseldorf, 1989.

[80] Б. В. Горев, В. В. Рубанов, О. В. Соснин: *О ползучести материалов с разными свойствами при растяжении и сжатии.* Проблемы прочности (7): 62 – 67, 1979.

[81] Б. В. Горев, В. В. Рубанов, О. В. Соснин: *О построении уравнений ползучести для материалов с разными свойствами на растяжение и сжатие.* Журнал прикладной механики и технической физики (4): 121 – 128, 1979.

[82] D. Gross: *Bruchmechanik.* Bd. 1 Springer-Verlag, Berlin, 1992.

[83] G. Gudehus: *Elastoplastische Stoffgleichungen für trockenen Sand.* Ingenieur-Archiv 42: 151 – 169, 1973.

[84] H. G. Hahn: *Technische Mechanik fester Körper.* Hanser-Verlag, München, 1990.

[85] D. R. Hayhurst: *Creep rupture under multiaxial states of stress.* J. Mech. Phys. Solids 20: 381 – 390, 1972.

[86] F. W. Hecker: *Die Wirkung des Bauschinger-Effekts bei großen Torsions-Formänderungen.* Diss., TH Hannover 1967.

[87] H. Hencky: *Zur Theorie der plastischen Deformationen und der hierdurch im Material hervorgerufenen Nachspannungen.* ZAMM 4: 323 – 334, 1924.

[88] R. Hill: *The Mathematical Theory of Plsticity.* Materials Research and Engineering. Oxford University Press, London, 1950.

[89] U. Hunsche, H. Albrecht: *Results of true triaxial strength tests on rock salt.* Eng. Frac. Mech. 35: 867 – 877, 1990.

[90] А. А. Ильюшин: *К теории малых упруго-пластических деформаций.* Прикл. Мат. Мех. 10: 347 – 356, 1946.

[91] А. А. Ильюшин: *Теория пластичности при простом нагружении тел, материал которых обладает упрочнением.* Прикл. Мат. Мех. 11: 291 – 296, 1947.

[92] H. Ismar, O. Mahrenholtz: *Über Beanspruchungshypothesen für metallische Werkstoffe.* Konstruktion 34(8): 305 – 310, 1982.

[93] R. M. Jones: *Stress-strain relations for materials with different moduli in tension and compression.* AIAA J. 15: 16 – 23, 1977.

[94] R. M. Jones, D. A. R. Nelson: *Further chracteristics of a nonlinear material model for ATJ-S graphite.* J. Composite Materials 9(7): 251 – 265, 1975.

[95] R. M. Jones, D. A. R. Nelson: *Materials models for nonlinear deformation of graphite.* AIAA J. 14(6): 709 – 717, 1976.

[96] Л. М. Качанов: *О времени разрушения в условиях ползучести.* Изв. АН СССР. Отд. техн. наук (8): 26 – 31, 1958.

[97] Л. М. Качанов: *Основы механики разрушения.* Наука, Москва, 1974.

[98] А.Е. Калинников, А.В. Вахрушев: *О соотношении поперечной и продольной деформации при одноосной ползучести разносопротивляющихся материалов.* Механика композитных материалов (2): 351 – 354, 1985.

[99] S. Kaliszky: *Plastizitätslehre.* VDI-Verlag, Düsseldorf, 1984.

[100] S. Kästner: *Vektoren, Tensoren, Spinoren.* Akademie-Verlag, Berlin, 1960.

[101] H. Kauderer: *Nichtlineare Mechanik.* Springer-Verlag, Berlin, Göttingen, Heidelberg, 1958.

[102] Y. Klausner: *Fundamentals of Continuum Mechanics of Soils.* Springer-Verlag, London, 1991.

[103] E. Klingbeil: *Tensorrechnung für Ingenieure.* B.I. Wissenschaftsverlag, Mannheim u.a., 1989.

[104] Д. Коларов, А. Балтов, Н. Бончева: *Механика на пластичните среди.* Изд. на Българската академия на науките, София, 1975.

[105] Б. И. Ковальчук: *О критерии предельного состояния некоторых корпусных сталей в условиях сложного напряженного состояния при комнатной и повышенных температурах.* Проблемы прочности (5): 10 – 15, 1981.

[106] Z. Kowalewski: *The surface of constant rate of energy dissipation under creep and its experimental determination.* Arch. Mech. 39(5): 445 – 459, 1987.

[107] Z. Kowalewski: *Secondary creep surface and its evolution influenced by room temperature plastic deformation.* In: Proceedings of MECAMAT. Int. Seminar on the Inelastic Behaviour of Solids: Models and Utilization. Part I, 53 – 64. Besançon, 1988.

[108] Z. Kowalewski: *Creep behaviour of copper under plane stress state.* Int. J. Plasticity 7: 387 – 400, 1991.

[109] Z. Kowalewski: *The influence of deformation history on creep of pure copper.* In: M. Życzkowski (Hrsg.): Creep in Structures IV, 115 – 122. Springer-Verlag, Berlin, Heidelberg, 1991.

[110] A. Krawietz: *Materialtheorie. Mathematische Beschreibung des phänomenologischen thermomechanischen Verhalten.* Springer-Verlag, Berlin et al., 1986.

[111] R. Kreißig: *Einführung in die Plastizitätstheorie.* Fachbuchverlag, Leipzig, Köln, 1992.

[112] P. Launay, H. Gachon: *Strain and ultimate strength of concrete under triaxial stress.* Amer. Concr. Inst. Spec. Publ. 34(13), 1970.

[113] А. А. Лебедев: *О критериях эквивалентности в условиях ползучести при сложном напряженном состоянии.* Проблемы прочности (4): 45 – 48, 1970.

[114] А. А. Лебедев, Б И. Ковальчук, Ф. Ф. Гигиняк, В. П. Ламашевский: *Механические свойства конструкционных материалов при сложном напряженном состоянии.* Наукова Думка, Киев, 1983.

[115] J. Lemaitre, J.-L. Chaboche: *Mechanics of Solid Materials.* Cambridge University Press, Cambridge, 1990.

[116] G. Lewin, B. Lehmann: *Ergebnisse über das Spannungs-Verformungsverhalten von PVC, dargestellt an einem zylindrischen Bauelement.* Wiss. Z. TH Magdeburg 21: 415 – 422, 1977.

[117] H. Lippmann: *Angewandte Tensorrechnung.* Springer-Verlag, Berlin, 1993.

[118] D. Löhe, O. Vöhringer, E. Macherauch: *Einfluß der Verformungstemperatur auf Verfestigung sowie Zug- und Druckfestigkeit ferritischer Gußeisen zwischen 77 und 623 K.* Gießereiforschung 38(1): 21 – 31, 1986.

[119] Е.В. Ломакин: *Нелинейная деформация материалов, сопротивление которых зависит от вида напряженного состояния.* Изв. АН СССР. Мех. тв. тела (4): 92 – 99, 1980.

[120] Е.В. Ломакин: *Разномодульность композитных материалов.* Механика композитных материалов (1): 23 – 29, 1981.

[121] Е.В. Ломакин, Ю.Н. Работнов: *Соотношения теории упругости для изотропного разномодульного тела* Изв. АН СССР. Мех. тв. тела (6): 29 – 34, 1978.

[122] G. E. Lucas, R. M. N. Pelloux: *Texture and stress state dependent creep in Zircaloy-2.* Met. Trans. 12A(7): 1321 – 1331, 1981.

[123] А. И. Лурье: *Теория упругости.* Наука, Москва, 1980.

[124] A. I. Lurie: *Nonlinear Theory of Elasticity.* North-Holland Publ. Company, Amsterdam, 1990.

[125] E. Macherauch, K.H. Kloos: *Bewertung der Eigenspannungen bei quasistatischer und schwingender Werkstoffbeanspruchung.* Mat.-wiss. u. Werkstofftechnik 20(1): 1 – 13, 1989.

[126] E. Macherauch, K.H. Kloos: *Bewertung der Eigenspannungen bei quasistatischer und schwingender Werkstoffbeanspruchung - Teil II.* Mat.-wiss. u. Werkstofftechnik 20(2): 53 - 60, 1989.

[127] O. Mahrenholtz, H. Ismar: *Zum elastisch-plastischen Übergangsverhalten metallischer Werkstoffe.* Ingenieur-Archiv 50: 217 - 224, 1981.

[128] Н. Н. Малинин: *Расчеты на ползучесть элементов машиностроительных конструкций.* Машиностроение, Москва, 1981.

[129] A. Mālmeisters, V. Tamužs, G. Teters: *Mechanik der Polymerwerkstoffe.* Akademie-Verlag, Berlin, 1977.

[130] Y. Mao-hong: *Twin shear stress yield criterion.* Int. J. Mech. Sci. 25(1): 71 - 74, 1983.

[131] Y. Mao-hong, H. Linan, S. Lingyu: *Twin shear stress theory and its generalization.* Scientia Sinica, Series A XXVIII(11): 1174 - 1183, 1985.

[132] Н.М. Матченко, Л. А. Толоконников: *О связи между напряжениями и деформациями в разномодульных изотропных средах.* Инженерный журнал. Мех. тв. тела (6): 108 - 110, 1968.

[133] Г. Менгес, Ф. Книпшилд: *Деформативность и прочность жестких пенопластов.* In: *Прикладная механика ячеистых пластмасс,* 32 - 73. Мир, Москва, 1985.

[134] L. L. Mills, R. M. Zimmerman: *Compressive strength of plain concrete under multiaxial loading conditions.* J. Amer. Concr. Inst. 67: 802 - 807, 1970.

[135] R. v. Mises: *Mechanik des festen Körpers im plastischen deformablen Zustand.* Nachrichten der Kgl. Gesellschaft der Wissenschaften Göttingen, Math.-phys. Klasse, 582 - 592, 1913.

[136] R. v. Mises: *Mechanik der plastischen Formänderung von Kristallen.* ZAMM 8(3): 161 - 185, 1928.

[137] H. Müller, O. Vöhringer: *Zum Zug- und Druckverformungsverhalten von Stählen in verschiedenen Wärmebehandlungszuständen.* Härterei-Tech. Mitt. 41(5): 340 - 346, 1986.

[138] I. Müller: *Thermodynamik - Die Grundlagen der Materialtheorie.* Bertelsmann Universitätsverlag, Düsseldorf, 1973.

[139] S. Murakami, A. Sawczuk: *A unified approach to constitutive equations of inelasticity based on tensor function representations.* Nucl. Eng. Des. 65: 33 - 47, 1981.

[140] J. Murín, M. Dutko, H. Altenbach: *Zur Lösung ebener und räumlicher, geometrisch nichtlinearer Aufgaben mit Hilfe der Methode der finiten Elemente bei elastisch-plastischen Materialgesetzen mit kinematisch-isotroper Verfestigung.* Technische Mechanik 10(2): 85 - 91, 1989.

[141] A. Nadai: *Theory of Flow and Fracture of Solids.* McGraw-Hill, New York, 1950.

[142] E. Nechtelberger: *Raumtemperaturkriechen und Spannungsabhängigkeit des E-Moduls von Graugußwerkstoffen.* Österr. Ing. Archit. Z. 130(1): 29 - 36, 1985.

[143] А. Ф. Никитенко, И. Ю. Цвелодуб: *О ползучести анизотропных материалов с разными свойствами на растяжение и сжатие.* Динамика сплошной среды 43: 69 – 78, 1979.

[144] T. Nishitani: *Mechanical behavior of nonlinear viscoelastic celluloid under superimposed hydrostatic pressure.* Trans. ASME. J. Pressure Vessel Technol. 100(3): 271 – 276, 1978.

[145] F. N. Norton: *Creep on High Temperatures.* McGraw Hill, New York, 1929.

[146] В. В. Новожилов: *О принципах обработки результатов статических испытаний изотропных материалов.* Прикл. Мат. и Мех. XV(6): 709 – 722, 1951.

[147] В. В. Новожилов: *О связи между напряжениями и деформациями в нелинейно-упругой среде.* Прикл. Мат. и Мех. XV(2): 183 – 194, 1951.

[148] В. В. Новожилов: *Вопросы механики сплошной среды.* Судостроение, Ленинград, 1989.

[149] F. K. G. Odqvist, J. Hult: *Kriechfestigkeit metallischer Werkstoffe.* Springer-Verlag, Berlin u.a., 1962.

[150] M. Ohnami: *Plasticity and High Temperature Strength of Materials.* Elsevier Applied Science, London/New York, 1987.

[151] О. Е. Ольховик: *Влияние объемной деформации на прочность и деформативность конструкционных материалов.* Bericht 2444-85, ВИНИТИ, Москва, 1984.

[152] О. Е. Ольховик: *Статическая прочность эпоксидного компаунда при объемном напряженном состоянии.* Изв. вузов. Машиностроение (9): 3 – 7, 1986.

[153] О. Е. Ольховик, В. Г. Баранцев: *Экспериментальное изучение объемной податливости полимеров при сдвиге.* Высокомолекулярные соединения XXVI (А)(4): 822 – 828, 1984.

[154] N. S. Ottosen: *A failure criterion for concrete.* Trans. ASCE. J. Eng. Mech. 103: 527 – 535, 1977.

[155] W. A. Palmow: *Rheologische Modelle für Materialien bei endlichen Deformationen.* Technische Mechanik 5(4): 20 – 31, 1984.

[156] P. Paul: *Macroscopic criteria of plastic flow and brittle fracture.* In: H. Liebowitz (Hrsg.): Fracture: An Advanced Treatise, Vol. II (Mathematical Fundamentals). Academic Press, New York, 1968.

[157] L. Pintschovius, E. Gering, D. Munz, T. Fett, J. L. Soubeyroux: *Determination of non-symmetric secondary creep behaviour of ceramics by residual stress measurements using neutron diffractometry.* J. Mater. Sci. Lett. 8(7): 811 – 813, 1989.

[158] Г. С. Писаренко, А. А. Лебедев: *Деформирование и прочность материалов при сложном напряженном состоянии.* Наукова думка, Киев, 1976.

[159] Ю. Н. Работнов: *О механизме длительного разрушения.* In: Вопросы прочности материалов и конструкций, 5 – 7. Изд. АН СССР, Москва, 1959.

[160] Yu. N. Rabotnov: *Creep Problems in Structural Members.* North Holland, Amsterdam, London, 1969.

[161] Ю. Н. Работнов: *Механика деформируемого твердого тела.* Наука, Москва, 1979.

[162] G. C. Rauch, R. L. Daga, S. V. Radcliffe, R. J. Sober, W. C. Leslie: *Volume expansion, pressure effects, and the strength differential in as-quenched iron-carbon martensite.* Metallurgical Transactions A 6A: 2279 – 2287, 1975.

[163] G. C. Rauch, W. C. Leslie: *The extent and nature of the strength-differential effect in steels.* Metallurgical Transactions 3: 373 – 385, 1972.

[164] M. Reiner: *Rheologie.* Fachbuchverlag, Leipzig, 1967.

[165] H. Riedel: *Fracture at High Temperatures.* Materials Research and Engineering. Springer-Verlag, Berlin et al., 1987.

[166] S. Sähn, H. Göldner, J. Nickel, K.-F. Fischer: *Bruch- und Beurteilungskriterien in der Festigkeitslehre.* Fachbuchverlag, Leipzig, 1993.

[167] G. Sandel: *Über die Festigkeitsberechnungen.* Diss., TH Stuttgart 1920.

[168] B. Sarabi: *Anstrengungsverhalten von Kunststoffen unter biaxial-statischer Belastung.* Kunststoffe 76(2): 182 – 186, 1986.

[169] Х. К. Саркисян: *Анизотропия статической дефортивности стеклопластиков типа СВАМ.* Изв. АН Арм. ССР. Механика 24(3): 61 – 72, 1971.

[170] J. Sauter, N. Wingerter: *Neue und alte statische Festigkeitshypothesen.* Bd. 191. Fortschritt-Berichte VDI Reihe 1: Konstruktionstechnik/Maschinenelemente. VDI-Verlag, Düsseldorf, 1990.

[171] P. Schieße: *Ein Beitrag zur Berechnung des Deformationsverhaltens anisotrop geschädigter Kontinua unter Berücksichtigung der thermoplastischen Kopplung.* Diss., Ruhr-Universität Bochum 1994.

[172] F. Schleicher: *Der Spannungstzustand an der Fließgrenze (Plastizitätsbedingung).* ZAMM 6(6): 199 – 216, 1926.

[173] M. Schlimmer: *Einfache Stoffgleichungen für mehrachsiges Kriechen nichtlinearviskoelastischer Werkstoffe.* Z. Werkstofftech. 15: 403 – 410, 1984.

[174] M. Schlimmer: *Zeitabhängiges mechanisches Werkstoffverhalten.* Springer-Verlag, Berlin u.a., 1984.

[175] W. Schmarje: *Zum Langzeitverhalten von GUP-Mattenlaminaten bei Zug-, Druck- und Biegebeanspruchung.* IfL-Mitt. 18(1): 29 – 33, 1979.

[176] В. П. Сдобырев: *Критерий длительной прочности жаропрочных сплавов при сложном напряженном состоянии.* Изв. АН СССР. ОТН. Мех. и Машиностроение (6): 93 – 99, 1959.

[177] G. Sines, G. Ohgi: *Fatigue criteria under combined stress or straims.* Trans. ASME. J. Engng. Materials and Technol. 103(2): 82 – 90, 1981.

[178] E. W. Smith, K. J. Pascoe: *The role of shear deformation in the fatigue failure of a glass fibre-reinforced composite.* Composites 8(4): 237 – 243, 1977.

[179] A. Soločevskij, V. Konkin, O. Moračkovskij, S. Koczyk: *Eine Theorie zur nichtlinearen Verformung anisotroper Körper und ihre Anwendung auf die Berechnung des Kriechverhaltens dünner Schalen.* Technische Mechanik 6(4): 27 – 36, 1985.

[180] В. П. Соседов: *Свойства конструкционных материалов на основе углерода.* Металлургия, Москва, 1975.

[181] О. В. Соснин: *О ползучести материалов с разными характеристиками на растяжение и сжатие.* Журнал прикладной механики и технической физики (5): 136 – 139, 1970.

[182] W. A. Spitzig, R. J. Sober, O. Richmond: *Pressure dependence of yielding and associated volume expansion in tempere martensite.* Acta Metall. 23: 885 – 893, 1975.

[183] H. W. Swift: *Length changes in metals under torsional overstrain.* Engineering 163(4): 253 – 257, 1947.

[184] И. И. Тарасенко: *О критерии хрупкой прочности металлов.* Сб. научн. тр. Ленингр. инж.-строит. института 26: 161 – 168, 1957.

[185] P. S. Theocaris: *The symmetric ellipsoid failure surface for the transversely isotropic body.* Acta Mechanica 92: 35 – 60, 1992.

[186] H. Tresca: *Mémoire sur l'ecoulement des corps solides.* Mémoires Pres. par Div. Sav. 18: 75 – 135, 1868.

[187] A. Troost: *Einführung in die allgemeine Werkstoffkunde.* Bd. 1 B.I.-Wissenschaftsverlag, Mannheim u.a., 1980.

[188] C. Truesdell: *Second-order effects in the mechanics of materials.* In: M. Reiner, D. Abir (Hrsg.): Second-Order Effects in Elasticity, Plasticity and Fluid Dynamics, 228 – 251. Pergamon Press, Oxford et al., 1964.

[189] И. Ю. Цвелодуб: *О некоторых подходах к описанию установившейся позучести в сложных средах.* Динамика сплошной среды 25: 113 – 121, 1976.

[190] И. Ю. Цвелодуб: *К разномодульной теории упругости изотропных материалов.* Динамика сплошной среды 32. 123 – 131, 1977.

[191] И. Ю. Цвелодуб: *О некоторых возможных путях построения теории установившейся позучести сложных сред.* Изв. АН СССР. Мех. тв. тела (2): 48 – 55, 1981.

[192] И. Ю. Цвелодуб: *Постулат устойчивости и его приложения в теории ползучести металлических материалов.* Институт гидродинамики, Новосибирск 1991.

[193] А.О. Удрис, З.Т. Упитис: *Экспериментальное исследование упругих и прочностных свойств эпоксидного связующего ЭДТ-10 в условиях сложного напряженного состояния.* Механика композитных материалов (6): 972 – 978, 1988.

[194] R. R. Vandervoort, W. L. Barmore: *Compressive creep of polycrystalline beryllium oxide*. J. Amer. Ceram. 46(4): 180 – 184, 1963.

[195] J. Wang: *Low cycle fatigue and cycle dependent creep with continuum damage mechanics*. Int. J. of Damage Mechanics 1(1): 237 – 244, 1992.

[196] M. Waniewski: *A simple law of steady-state creep for material with anisotropy introduced by plastic prestraining*. Ingenieur-Archiv 55: 368 – 375, 1985.

[197] Z. Wu: *Kriechen und Kriechschädigung von Eis unter mehrachsiger Belastung*. Bd. 135. Fortschritt-Berichte VDI Reihe 18: Mechanik/Bruchmechanik. VDI-Verlag, Düsseldorf, 1993.

[198] И. Г. Жигун, В. А. Поляков: *Свойства пространсвенно-армированных пластиков*. Зинатне, Riga, 1978.

[199] А. А. Золочевский: *Об учете разносопротивляемости в теории ползучести изотропных и анизотропных материалов*. Журнал прикладной механики и технической физики (4): 140 – 144, 1982.

[200] А. А. Золочевский: *Определяющие уравнения и некоторые задачи разномодульной теории упругости анизотропных материалов*. Журнал прикладной механики и технической физики (4): 131 – 138, 1985.

[201] А. А. Золочевский: *К тензорной связи в теориях упругости и пластичности анизотропных композитных материалов, разносопротивляющихся растяжению и сжатию*. Механика композитных материалов (1): 53 – 143, 1985.

[202] А. А. Золочевский: *К теории цилиндрических оболочек, выполненных из анизотропных материалов*. Прикладная механика 22(3): 37 – 43, 1986.

[203] А. А. Золочевский: *Обоснование определяющих уравнений нелинейного деформирования материалов, разносопротивляющихся растяжению и сжатию*. Журнал прикладной механики и технической физики (6): 139 – 143, 1986.

[204] A. A. Zolochevskii: *Determining equations of nonlinear deformation with three stress-state invariants*. Soviet Applied Mechanics 26(9): 277 – 282, 1990.

[205] A. A. Zolochevskij: *Kriechen von Konstruktionselementen aus Materialien mit von der Belastung abhängigen Charakteristiken*. Technische Mechanik 9: 177 – 184, 1988.

[206] A. Zolochevsky: *Creep of isotropic and anisotropic materials with different behaviour in tension and compression*. In: M. Życzkowski (Hrsg.): Creep in Structures IV, 217 – 220. Springer-Verlag, Berlin, Heidelberg, 1991.

[207] M. Życzkowski: *Combined Loadings in the Theory of Plasticity*. PWN-Polish scientific publisher, Warszawa, 1981.

Stichwortverzeichnis

1-Parameter-Kriterium, 94, 114
2-Parameter-Kriterium, 97, 115
3-Parameter-Kriterium, 101
3-Parameter-Modell, 69, 78
4-Parameter-Kriterium, 103, 104
5-Parameter-Kriterium, 104
6-Parameter-Kriterium, 89
6-Parameter-Modell, 69, 77, 107

Abhängigkeit vom Beanspruchungszustand, 9, 24
Abhängigkeit vom Spannungszustand, 9
Abhängigkeit von der Belastungsart, 9
Abhängigkeit von der Belastungsrichtung, 14
Ableitungen von Invarianten, 44
allgemeine tensoriell lineare isotrope Konstitutivgleichung, 60
allgemeine tensoriell nichtlineare isotrope Konstitutivgleichung, 60
Anfangsschädigung, 105
anisotropes Kriechen, 124
anisotropes HOOKEsches Gesetz, 126
assoziierte Fließregel, 54
assoziiertes Fließgesetz, 48, 72

Basisinvarianten, 39
Basisinvarianten eines Deviators, 40
Belastung
    aktiv, 74
    neutral, 74
    proportional, 74
beschleunigtes Kriechen, 104
Biaxialtest, 13
BIRGER-Kriterium, 103
BOTKIN-MIROLYUBOV-Kriterium, 98
Bruch, 87

CAUCHY-Elastizität, 46
CAUCHYscher Verzerrungstensor, 45
COULOMB-TRESCA-SAINT VENANT-Kriterium, 94
CROSSLAND-Kriterium, 115

Darstellungssatz für isotrope Funktionen tensorieller Argumente, 44
Dauerschwingfestigkeit, 56

Deformationstheorie, 72, 75, 79
Dehnung, 11
Deviator, 37
Dilatation, 9, 15, 18, 19, 78
Dissipationsenergie, 105
Dissipationsleistung, 105, 124
doppelt skalares Produkt, 36
Druckversuch, 12
Dyade, 35

Effekte 2. Ordnung, 62, 79
Effekte unterschiedlicher Größenordnung, 10
Einfluß des hydrostatischen Spannungszustandes, 27
Einheitstensor, 36
elastisch plastischer Körper, 53
elastisches Material, 46
elastisches Potential, 53, 64, 125
Elastizität, 10, 45, 46
Elastizitätsmodul, 14
Energiehypothese, 32
Entfestigung, 61
Entlastung, 74
Ermüdung, 55, 87
Ermüdungsfestigkeitskriterium, 112
erweiterte Modelle, 32
Evolutionsgleichung, 54, 117, 125

Festigkeitskriterium, 87
Festigkeitstensor, 56
Festigkeitsverlust, 88
Fließbedingung, 47, 49, 74, 77
Fließbedingung nach HUBER-VON MISES-HENCKY, 59
Fließfläche, 47
Fließgrenze, 55, 56, 88
Fließkriterium, 87
Fließregel, 48
Fließtheorie, 72, 74

GALILEI-LEIBNIZ-Kriterium, 95
gemischte Invariante, 121
Gleitung, 12
GOODMAN-Kriterium, 115
GREEN-Elastizität, 47
Grenzfläche, 57, 88

Grenzfläche im Spannungsraum, 56
Grenzflächenkonzept, 45, 56
Grenzflächenkriterium, 87
Grenzkurve, 57
Grenzspannungszustand, 56
Grenzverhalten, 87
Grenzwert der Spannungen, 57
Grenzzugspannung, 26, 89
Grundinvarianten, 39, 59
Grundmodelle des Deformationsverhaltens, 45
Grundversagensfälle, 34
Grundversuch, 93
Grundversuche
    dünnwandige Hohlprobe unter Innendruck, 90, 92
    dünnwandige Hohlprobe unter Innendruck und Längskraft, 91, 92
    einachsiger Druck, 66, 67, 75, 76, 82, 83, 90, 92, 107, 108, 126, 127, 129–131
    einachsiger Zug, 65, 66, 75, 76, 82, 83, 90, 91, 107, 108, 126, 127, 129–131
    einachsiger Zug in einer Hochdruckkammer, 91, 92
    hydrostatischer Druck, 66, 68, 76, 82, 83, 108, 109
    reine Torsion, 66, 68, 75, 76, 82, 83, 90, 92, 107, 109, 127, 130, 131
Grundversuche der mechanischen Werkstoffprüfung, 11

HAIGH-WESTERGAARD-Spannungsdiagramm, 56
HAMILTON-Operator, 42
Hauptachsentransformation, 38
Hauptdehnungshypothese, 96
Hauptdehnungshypothese bei Volumenkonstanz, 96
Hauptinvarianten, 38, 58
Hauptinvarianten eines Deviators, 40
Hauptrichtungen, 38
Hauptrichtungen eines Tensors, 37
Hauptspannungen, 93
Hauptwerte, 38
Hauptwerte eines Tensors, 37
HOOKEsches Gesetz, 72
HUBER-VON MISES-HENCKY-Kriterium, 94

hydrostatischer Druck, 16–18, 20, 24, 25, 27, 63, 90, 91, 95, 98, 100
hydrostatischer Druckversuch, 12
hydrostatischer Spannungszustand, 41
Hyperelastizität, 47
Hyperfläche, 47

Identifikationsprozedur, 30
inkrementelle Konstitutivgleichung, 50
irreduzible Invarianten, 39
Isotropie, 123

JUNE WANG-Modell, 120

KELVIN-Effekt, 9, 15, 63
KINASOSHVILI-Kriterium, 116
kinematischer Tensor, 121
klassische Modelle, 32
klassischer Grundversuch, 90
Kompressibilität, 12, 24, 79
Kontinuum, 29
Kontinuumsmechanik, 30
KOVAL'CHUK-Kriterium, 100
Kriechen, 10, 45, 52, 87
Kriechen deformierbarer Körper, 54
Kriechexponent, 22
Kriechpotential, 52, 54, 80
Kriechprozeß
    beschleunigter, 20
    stationärer, 20
    verzögerter, 20
Kriechquerzahl, 24
Kriechschädigung, 104
Kriechschädigungsmodell
    klassisch, 111
Kriechtheorie
    klassisch, 80, 84
Kriterium der maximalen Hauptspannung, 95
kubische Hauptinvariante, 38
kubische Invariante, 59, 69, 85
Kugeltensor, 37

Langzeitfestigkeit, 107
linear elastischer Körper, 53
linear elastisches isotropes Materialgesetz, 72
lineare Elastizität, 125
lineare Hauptinvariante, 38
lineare Invariante, 59
LODE-Parameter, 41, 56

Makrozerstörungen, 55
Materialtensor, 129
Materialtensoren, 121, 126, 128
Materialtheorie, 30
Mikrozerstörungen, 55
VON MISESsches Maximumprinzip, 48
Mittelspannung, 112
Modellierung
  deduktiv, 30
  induktiv, 30
MOHR-Kriterium, 98
Multiplikation
  dyadische, 35
  skalare, 35

Nablaoperator, 42
Nachgiebigkeitstensor, 51, 126
nichtassoziierte Fließregel, 48
Niedriglastspielzahl-Ermüdung, 28, 111
NOVOZHILOVsche Invarianten, 41

Oberspannung, 112
orthotroper Werkstoff, 123
Orthotropie, 123, 126

PAUL-Kriterium, 101
phänomenologische Versagenstheorie, 87
phänomenologisches Versagen, 45
PISARENKO-LEBEDEV-Kriterium, 99
plastische Dissipationsleistung, 74
plastische Inkompressibilität, 18
plastische Potentialfunktion, 47
plastische Querzahl, 19
plastischer Deformationstensor, 48
plastisches Fließen, 55, 87
plastisches Potential, 48, 49, 53, 72, 128
Plastizität, 10, 45, 47, 128
Plastizitätskriterium, 87
Plastizitätstheorie
  klassische, 16, 77, 79
Potential, 58, 121
Potential der Ergänzungsarbeit, 49
POYNTING-SWIFT-Effekt, 25, 84
POYNTING-Effekt, 9, 15, 63
primäres Kriechen, 22
Prinzip des Maximums der Dissipationsleistung, 52

quadratische Hauptinvariante, 38
quadratische Invariante, 59

Querdehnung, 11

RABOTNOV-Parameter, 106
Raum der Deviatorspannungen, 56
Raum der Hauptspannungen, 56
Raum der Oktaederspannungen, 56
reale Werkstoffstruktur, 10
reine Schubbeanspruchung, 62
rheologische Modelle, 30

SANDEL-Kriterium, 99
Satz von CALEY-HAMILTON, 39
Schädigung, 105, 117
Schädigungsakkumulation, 61, 105
Schädigungsevolutionsgleichung, 106
Schädigungsgleichung, 112
Schädigungsmaß, 106
Schädigungsprozeß, 25, 124
Schwellbeanspruchung, 112
Schwellfestigkeit, 112
SDOBYREV-Kriterium, 97
sekundäres Kriechen, 22
Sicherheitsbeiwert, 56
SINES-Kriterium, 115
Skalar, 35
Sonderfälle der Anisotropie, 123
Spannungsamplitude, 112
Spannungsgeschwindigkeit, 47
Spannungshypothese, 32
Spannungsinkrement, 47
Spannungspotentialfunktion, 47
Spannungsverhältnis, 112
spezifische Dissipationsarbeit, 25
Sprödbruch, 55, 87
Spur eines Tensors, 37
stationäres Kriechen, 22, 104
Streckgrenze, 55
Struktureffekt
  lokal, 30
Strukturparameter, 61, 80, 81
SWIFT-Effekt, 18, 79

TARASENKO-Kriterium, 103
Tensor, 36
  antisymmetrischer, 37
  symmetrischer, 37
  transponierter, 36
Tensor der Grenzspannungen, 56
Tensor der kinematischen Variablen, 58

tensoriell lineare Gleichung, 69, 78, 85, 110, 125, 128
tensoriell nichtlineare Gleichung, 79, 110
tensorielle Nichtlinearität, 62
Theorie des Kriechpotentials, 52
Torsionsversuch, 12
Triaxialtest, 13
Tsvelodub-Kriterium, 101
twin-shear stress-Kriterium, 97, 100

unterschiedliches Verhalten bei Zug und Druck, 9, 13, 15, 16, 19, 20, 22, 27, 94, 95, 100
Unterspannung, 112

Vektor, 35
verallgemeinerte anisotrope Konstitutivgleichung, 122
verallgemeinertes Ermüdungsfestigkeitskriterium, 111
verallgemeinertes Versagenskriterium, 87
verallgemeinertes Hookesches Gesetz für isotrope Werkstoffe, 53
Verfestigung, 61
Verfestigungsmaß, 74
Vergleichsdehnung, 32, 56
Vergleichsdehnung nach von Mises, 17
Vergleichshypothese, 32
Vergleichskriechdehnung nach von Mises, 22
Vergleichskriechgeschwindigkeit, 106
Vergleichsspannung, 32, 53, 56–58, 78, 80, 106, 122, 125
Vergleichsspannung nach von Mises, 17, 22, 41
Versagen, 34
Versagensform, 87
Versagenszustände im engeren Sinne, 87
Versagenszustände im erweiterten Sinne, 87
Versagenszustand, 26
Versuche für mehrachsige Beanspruchungen, 13
verzögertes Kriechen, 22
Verzerrungsenergie, 46
Verzerrungsenergiedichte, 46
Verzerrungsgeschwindigkeit, 47
Verzerrungshypothese, 32
Verzerrungsinkrement, 47
Verzerrungspotentialfunktion, 46, 47
Volumenänderung, 78

Volumendeformation, 12
Volumenkriechen, 25

Wechselbeanspruchung, 112
Wechselfestigkeit, 28, 112
Werkstoff
  künstlich, 9
  natürlich, 9
Werkstoffmechanik, 10, 30
Werkstoffmodell
  phänomenologisch, 29, 30
Werkstoffprüfung, 10
Werkstoffschädigung, 87, 124
Werkstoffverfestigung, 54
Werkstoffverhalten
  elastisch, 34, 46
  inelastisch, 34
  rheonom, 10, 34
  skleronom, 10, 34

Zeitstandsfestigkeit, 56
Zugfestigkeit, 55, 56, 88
Zugversuch, 11
zyklenabhängiges Kriechen, 117